普通高等教育"十一五"国家级规划教材

工业设计专业系列教材

人机工程学

Ergonomics

（第二版）

谢庆森 黄艳群 编著

中国建筑工业出版社

图书在版编目（CIP）数据

人机工程学/谢庆森，黄艳群编著．—2版．—北京：中国建筑工业出版社，2009（2022.6重印）

普通高等教育“十一五”国家级规划教材．工业设计专业系列教材

ISBN 978-7-112-11085-8

Ⅰ．人…　Ⅱ．①谢…②黄…　Ⅲ．人—机系统—高等学校—教材　Ⅳ．TB18

中国版本图书馆CIP数据核字（2009）第105475号

责任编辑：李东禧
责任设计：赵明霞
责任校对：兰曼利　关　健

普通高等教育“十一五”国家级规划教材
工业设计专业系列教材
人机工程学（第二版）
谢庆森　黄艳群　编著
*
中国建筑工业出版社出版、发行（北京西郊百万庄）
各地新华书店、建筑书店经销
北京天成排版公司制版
北京建筑工业印刷厂印刷
*
开本：787×1092毫米　1/16　印张：14¾　字数：303千字
2009年11月第二版　2022年6月第八次印刷
定价：**40.00**元
ISBN 978-7-112-11085-8
（18320）

工业设计专业系列教材　编委会

序

工业设计学科自20世纪70年代引入中国后，由于国内缺乏使其真正生存的客观土壤，其发展一直比较缓慢，甚至是停滞不前。这在一定程度上决定了我国本就不多的高校所开设的工业设计成为冷中之冷的专业。师资少、学生少、毕业生就业对口难更是造成长时期专业低调的氛围，严重阻碍了专业前进的步伐。这也正是直到今天，工业设计仍然被称为“新兴学科”的缘故。

工业设计具有非常实在的专业性质，较之其他设计门类实用特色更突出，这就意味此专业更要紧密地与实际相联系。而以往，作为主要模仿西方模式的工业设计教学，其实是站在追随者的位置，被前行者挡住了视线，忽视了“目的”，而走向“形式”路线。

无疑，中国加入世界贸易组织，把中国的企业推到国际市场竞争的前沿。这给国内的工业设计发展带来了前所未有的挑战和机遇，使国人越发认识到了工业设计是抢占商机的有力武器，是树立品牌的重要保证。中国急需自己的工业设计，中国急需自己的工业设计人才，中国急需发展自己的工业设计教育的呼声也越响越高！

局面的改观，使得我国工业设计教育事业飞速前进。据不完全统计，全国现已有几百所高校正式设立了工业设计专业。就天津而言，近几年，设有工业设计专业方向的院校已有十余所，其中包括艺术类和工科类，招生规模也在逐年增加，且毕业生就业形势看好。

为了适应时代的信息化、科技化要求，加强院校间的横向交流，进一步全面提升工业设计专业意识并不断调整专业发展动向，我们在2005年推出了《工业设计专业系列教材》一套丛书，受到业内各界人士的关注，也有更多的有志者纷纷加入本系列教材的再版编写的工作中。其中《人机工程学》和《产品结构设计》被评为普通高等教育“十一五”国家级规划教材。

经过几年的市场检验与各院校采用的实际反馈，我们对第二次8册教材的修订和编撰，作了部分调整和完善。针对工业设计专业的实际应用和课程设置，我们新增了《产品设计快速表现诀要》、《中英双语工业设计》、《图解思考》三本教材。《工业设计专业系列教材》的修订在保持第一版优势的基础上，注重突出学科特色，紧密结合学科的发展，体现学科发展的多元性与合理化。

本套教材的修订与新增内容均是由编委会集体推敲而定，编写按照编写者各自特长分别撰写或合写而成。在这里，我们要感谢参与此套教材修订和编写工作的老师、专家的支持和帮助，感谢中国建筑工业出版社对本套教材出版的支持。希望书中的观点和内容能够引起后续的讨论和发展，并能给学习和热爱工业设计专业的人士一些帮助和提示。

2009年8月于天津

目 录

第1章 | 绪论 / 007

1.1　人机工程学的命名及定义 / 007

1.2　人机工程学的起源与发展 / 008

1.3　以人为中心的设计 / 011

1.4　人机工程学的研究内容与方法 / 011

1.5　人机工程学与工业设计 / 020

第2章 | 人体基本生理特征及作业空间设计 / 023

2.1　人体静态测量参数 / 023

2.2　设计用人体模板 / 029

2.3　人体动态测量参数 / 032

2.4　作业空间的人体尺度 / 035

2.5　作业面设计 / 041

2.6　控制台设计 / 044

2.7　办公台设计 / 048

2.8　工作座椅设计 / 050

第3章 | 人的感知与认知特征及显示装置设计 / 055

3.1　人的基本感知特征 / 055

3.2　人的视觉特征 / 057

3.3　视觉显示器的设计 / 062

3.4　人的听觉特征 / 081

3.5　听觉传示装置设计 / 082

3.6　肤觉、嗅觉和味觉 / 088

3.7　人的信息传递与处理 / 090

3.8　图形符号设计 / 093

第4章 | 人的运动特征及操纵装置设计 / 101

4.1 人体运动特征 / 101
4.2 人的操作动作分析 / 105
4.3 操纵装置的类型与特征 / 108
4.4 手动操纵装置设计 / 118
4.5 手握式工具设计 / 127
4.6 脚动操纵装置设计 / 132
4.7 操纵装置设计与选择的人机工程学原则 / 135

第5章 | 人的行为特征与设计 / 139

5.1 人的行为习性 / 139
5.2 人的错误 / 144
5.3 疲劳 / 148
5.4 基于用户行为的设计原则 / 154

第6章 | 环境与设计 / 157

6.1 作业环境 / 157
6.2 微气候 / 159
6.3 照明环境 / 167
6.4 噪声环境 / 175
6.5 建筑环境设计 / 186

第7章 | 人机系统的设计与可靠性分析 / 195

7.1 人机系统的设计 / 195
7.2 人机系统的可靠性分析 / 204

第8章 | 人机工程学的综合应用 / 217

8.1 人机工程学与汽车 / 217
8.2 人机工程学与机床 / 226
8.3 人机工程学与舒适生活 / 230

第1章 ｜ 绪论

1.1 人机工程学的命名及定义

人机工程学是20世纪40年代后期跨越不同学科和领域，应用多种学科的原理、方法和数据发展起来的一门新兴的边缘学科。由于它的学科内容的综合性、涉及范围的广泛性以及学科侧重点的不同，学科的命名具有多样化的特点。例如，在欧洲多称为工效学(Ergonomics)，在美国多称为人类因素学(Human Factors)、人类工程学(Human Engineering)、工程心理学(Engineering Psychology)，在日本称为人间工学等。在我国所用的名称有人机工程学、工效学、人机学、人体工程学等，本书使用人机工程学这一名称。

人机工程学目前无统一的定义。

著名的美国人机工程学专家W.E.伍德森(W.E.Woodson)认为：人机工程学研究的是人与机器相互关系的合理方案，亦即对人的知觉显示、操纵控制、人机系统的设计及其布置和作业系统的组合等进行有效的研究，其目的在于获得最高的效率和作业时感到安全和舒适。

前苏联的学者将人机工程学定义为：人机工程学是研究人在生产过程中的可能性、劳动活动方式、劳动的组织安排，从而提高人的工作效率，同时创造舒适和安全的劳动环境，保障劳动人民的健康，使人从生理上和心理上得到全面发展的一门学科。

国际人机工程学会(International Ergonomics Association，简称IEA)的定义认为，人机工程学是研究人在某种工作环境中的解剖学、生理学和心理学等方面的因素，研究人和机器及环境的相互作用，研究在工作、生活和休假时怎样统一考虑工作效率、健康、安全和舒适等问题的学科。

《中国企业管理百科全书》中对人机工程学所下的定义为：人机工程学是研究人和机器、环境的相互作用及其合理结合，使设计的机器和环境系统适合人的生理、心理特点，达到在生产中提高效率、安全、健康和舒适的目的。

综上所述，尽管各国学者对人机工程学所下的定义不同，但在下述两方面却是一致的：

1）人机工程学的研究对象是人、机、环境的相互关系。

2）人机工程学研究的目的是如何达到安全、健康、舒适和工作效率的最优化。

1.2 人机工程学的起源与发展

英国是世界上开展人机工程学研究最早的国家，但本学科的奠基性工作实际上是在美国完成的。所以，人机工程学有“起源于欧洲，形成于美国”之说。虽然本学科的起源可以追溯到20世纪初期，但作为一门独立的学科已有50多年历史。在其形成与发展史中，大致经历了下面三个阶段。

1.2.1 经验人机工程学

20世纪初，美国学者F.W.泰勒(Frederick，W.Taylor)在传统管理方法的基础上，首创了新的管理方法和理论，并据此制订了一整套以提高工作效率为目的的操作方法，考虑了人使用的机器、工具、材料及作业环境的标准化问题。例如他曾经研究过铲子的最佳形状、重量，研究过如何减少由于动作不合理而引起的疲劳等。其后，随着生产规模的扩大和科学技术的进步，科学管理的内容不断充实丰富，其中动作时间研究、工作流程与工作方法分析、工具设计、装备布置等，都涉及人和机器、人和环境的关系问题，而且都与如何提高人的工作效率有关，其中有些原则至今对人机工程学研究仍有一定意义。因此，人们认为他的科学管理方法和理论是后来人机工程学发展的奠基石。

泰勒的科学管理方法和理论的形成到第二次世界大战之前，被称为经验人机工程学的发展阶段。这一阶段主要研究内容是：研究每一职业的要求；利用测试来选择工人和安排工作；规划利用人力的最好方法；制订培训方案，使人力得到最有效的发挥；研究最优良的工作条件；研究最好的管理组织形式；研究工作动机，促进工人和管理者之间的通力合作。

在经验人机工程学发展阶段，研究者大都是心理学家，其中突出的代表是美国哈佛大学的心理学教授H.闵斯特泼格(H.Münsterberg)，其代表作是《心理学与工业效率》。他提出了心理学对人在工作中的适应与提高效率的重要性。闵氏把心理学研究工作与泰勒的科学管理方法联系起来，就选择、培训人员与改善工作条件、减轻疲劳等问题曾做过大量的实际工作。由于当时该学科的研究偏重于心理学方面，因而在这一阶段大多称本学科为“应用实验心理学”。学科发展的主要特点是：机械设计的主要着眼点在于力学、电学、热力学等工程技术方面的原理设计上，在人机关系上是以选择和培训操作者为主，使人适应于机器。

经验人机工程学一直延续到第二次世界大战之前，当时，人们所从事的劳动在复杂程度和负荷量上都有了很大变化，因而改革工具、改善劳动条件和提高劳动效率成为最迫切的问题，从而使研究者对经验人机工程学所面临的问题进行科学的研究，并促使经验人机工程学进入科学人机工程学阶段。

1.2.2 科学人机工程学

本学科发展的第二阶段是第二次世界大战期间。在这个阶段中，由于战争的需要，许多国家大力发展效能高、威力大的新式武器和装备。但由于片面注重新式武器和装备的功能研究，而忽视了其中"人的因素"，因而由于操作失误而导致失败的教训屡见不鲜。例如，由于战斗机中座舱及仪表位置设计不当，造成飞行员误读仪表和误用操纵器而导致意外事故；或由于操作复杂、不灵活或不符合人的生理尺寸而造成战斗命中率低等现象经常发生。失败的教训引起决策者和设计者的高度重视。通过分析研究，设计者逐步认识到，在人和武器的关系中，主要的限制因素不是武器而是人，并深深感到"人的因素"在设计中是不能忽视的一个重要条件；同时还认识到，要设计好一个高效能的装备，只有工程技术知识是不够的，还必须有生理学、心理学、人体测量学、生物力学等学科方面的知识。因此，在第二次世界大战期间，首先在军事领域中开展了与设计相关学科的综合研究与应用。例如，为了使所设计的武器能够符合战士的生理特点，武器设计工程师不得不请解剖学家、生理学家和心理学家为设计操纵合理的武器出谋献策，结果收到了良好的效果。军事领域中对"人的因素"的研究和应用，使科学人机工程学应运而生。

科学人机工程学一直延续到20世纪50年代末。在其发展的后一阶段，由于战争的结束，本学科的综合研究与应用逐渐从军事领域向非军事领域发展，并逐步应用军事领域中的研究成果来解决工业与工程设计中的问题，如飞机、汽车、机械设备、建筑设施以及生活用品等。人们还提出在设计工业机械设备时也应集中运用工程技术人员、医学家、心理学家等相关学科专家的共同智慧。因此，在这一发展阶段中，本学科的研究课题已超出了心理学的研究范畴，使许多生理学家、工程技术专家涉身到该学科中来，从而使本学科的名称也有所变化，大多称为"工程心理学"。本学科在这一阶段的发展特点是：重视工业与工程设计中"人的因素"，力求使机器适应于人。

1.2.3 现代人机工程学

到了20世纪60年代，欧美各国进入了大规模的经济发展时期。在这一时期，科学技术的进步，使人机工程学获得了更多的发展机会。例如，在宇航技术的研究中，提出了人在失重情况下如何操作、在超重情况下人的感觉如何等新问题。又如原子能的利用、电子计算机的应用以及各种自动装置的广泛使用，使人—机关系更趋复杂。同时，在科学领域中，由于控制论、信息论、系统论和人体科学等学科中新理论的建立，在本学科中应用"新三论"来进行人机系统的研究便应运而生。所有这一切，不仅给人机工程学提供了新的理论和新的实验场所，同时也给该学科的研究提出了新的要求和新的课题，从而促使人机工程学进入了系统的研究阶段。从60年代至今，是现代人机工程学的发展阶段。

随着人机工程学所涉及的研究和应用领域的不断扩大，从事本学科研究的专家所涉及的专业和学科也就愈来愈多，主要有解剖学、生理学、心理学、工业卫生学、工业与工程设计、工作研究、建筑与照明工程、管理工程等专业领域。IEA在其会刊中指出，现代人机工程学发展有三个特点：

1）不同于传统人机工程学研究中着眼于选择和训练特定的人、使之适应工作要求的特点，现代人机工程学着眼于机械装备的设计，使机器的操作不越出人类能力界限之外。

2）密切与实际应用相结合，通过严密计划设定的广泛实验性研究，尽可能利用所掌握的基本原理，进行具体的机械装备设计。

3）力求使实验心理学、生理学、功能解剖学等学科的专家与物理学、数学、工程学方面的研究人员共同努力、密切合作。

现代人机工程学研究的方向是：把人—机—环境系统作为一个统一的整体来研究，以创造最适合于人操作的机械设备和作业环境，使人—机—环境系统相协调，从而获得系统的最高综合效能。

人机工程学的迅速发展及其在各个领域中愈来愈显著的作用，引起了各学科专家、学者的关注。1961年正式成立国际人类工效学学会(IEA)，该学术组织为推动各国人机工程学的发展起了重大的作用。IEA自成立至今，已分别在瑞典、原西德、英国、法国、荷兰、美国、波兰、日本、澳大利亚等国家召开了十多次国际性学术会议，交流和探讨不同时期本学科的研究动向和发展趋势，从而有力地推动着本学科不断向纵深发展。

本学科在国内起步虽晚，但发展迅速。新中国成立前仅有少数人从事工程心理学的研究，到20世纪60年代初，也只有在中科院、中国军事科学院等少数单位从事本学科中个别问题的研究，而且其研究范围仅局限于国防和军事领域。但是，这些研究却为我国人机工程学的发展奠定了基础。"十年动乱"期间，本学科的研究曾一度停滞，直至70年代末才进入较快的发展时期。

随着我国科学技术的发展和对外开放，人们逐渐认识到人机工程学研究对国民经济发展的重要性。目前，该学科的研究和应用已扩展到工农业、交通运输、医疗卫生以及教育系统等国民经济的各个部门，由此也促进了本学科与工程技术和相关学科的交叉渗透，使人机工程学成为国内科坛上一门引人注目的边缘学科。在此情况下，我国已于1989年正式成立了本学科与IEA相应的国家一级学术组织——中国人类工效学学会(Chinese Ergonomics Society，简称CES)。目前，该学术组织已成为IEA的会员国，无疑，这是我国人机工程学发展中又一个新的里程碑。

1.3 以人为中心的设计

人机工程学的核心思想是“使机器适应人”，以用户为中心的设计就是把用户“知道的”和“需要的”变成设计的基础。“人”的概念比“用户”的概念更强调人的全面需求、人的价值。

20世纪80年代中期人们提出了“对用户友好”或“以人为本”，以改进机器的设计为主要目的。

“以人为本”的设计价值观主要集中在人机界面的研究中，即，使人机界面适应人的思维特性和行动特性。迄今为止，实现这种设计目标主要以设计心理学、认知心理学、符号学为基础。动机心理学主要研究人行动的基本特性，例如一个行动包含哪些基本因素，在设计人机界面时适应人的这些特性。认知心理学主要研究人脑力劳动特性，例如记忆、理解、语言交流等方面，在设计中，减少人的这些认知负担。符号学主要研究符号(文字和图形)的构成、符号的语义以及符号使用的基本特性，在设计中，使各种符号符合人的表达和交流特性。

在人机界面的研究中，从20世纪80年代到2000年前后，人们研究的主要范围是人操作计算机的知觉特性，减少用户记忆负担和学习操作的时间。例如，在屏幕上发现目标过程中人的知觉有什么特性，显示多少个菜单项目比较适合人的知觉特性，知觉对文字图标的感觉特性，键盘字母排布方式对手操作有什么影响，鼠标形状会引起手腕的什么生理问题，各种键盘命令的构成方式对用户操作有什么影响，寻找取代键盘的方法，改进屏幕显示，把记忆操作命令的方式改为屏幕显示菜单的直接操作系统，等等。

这些措施能够改善用户界面的一些操作特性，此外，“以人为本”的设计思想强调以人为中心，使机器适应人的生理特性、行动特性的同时，还强调机器适应人的思维方式和过程等心理特性，从而减轻用户的体力和精神负担，更好地为人服务。

1.4 人机工程学的研究内容与方法

1.4.1 人机工程学的研究内容

人机工程学是一门涉及诸多方面的边缘学科。因此，它的研究内容相当广泛，不同的系统和业务部门所研究的侧重点也不尽相同，但它始终是以人—机—环境作为研究的基本对象，通过揭示人、机、环境之间相互关系的规律，以达到确保人—机—环境系统总体性能的最优化。

这里的“人”是指作为主体工作的人；“机”是人所控制的一切对象的总称；“环境”是指人、机器共处的特殊条件，它既包括物理、化学因素的效应，也包括社会因素的影响。“人”、“机”、“环境”是人—机—环境系统的三大要素。通过这三大要素之间的物质、能量和信息传递、加工与控制等作用，组成一个复杂的系统，如图 1–1 所示。很显然，对任何一个系统来讲，系统的总体性能不仅取决于各组成要素的单独性能，更重要的是取决于系统中各要素的关联形式，即物质、能量、信息的传递，加工和控制的方式。人机工程设计就是从“系统”的总体出发，一方面既要研究人、机、环境各要素本身的性能，另一方面又要研究这三大要素之间的相互关系、相互作用、相互影响以及它们之间的协调方式，运用系统工程的方法找出最优组合方案，使人—机—环境系统总体性能达到最佳状态，即满足舒适、宜人、安全、高效、经济等指标。就工程设计来讲，也是围绕人机工程的根本研究方向确定其具体研究内容。对工业设计人员来讲，从事本学科研究的主要内容，归纳起来有以下几个方面。

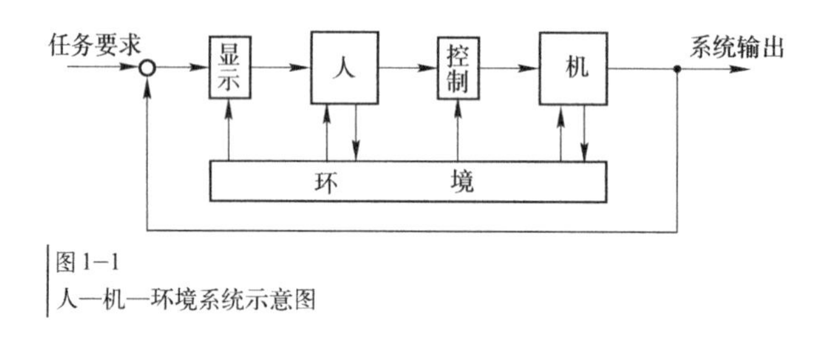

图 1—1
人—机—环境系统示意图

1）人体特性的研究

在人—机系统中，人是最活跃、最重要、同时也是最难控制和最脆弱的环节。任何机器设备都必须有人参与，因为机器是人设计、制造、安装、调试和使用的，即使在高度自动化生产过程中全部使用的是“机器人”，也都是人在操纵、监督和进行维修的。由此可见，在人—机系统中，人同机器总是相互作用、相互配合和相互制约的，而人始终起着主导作用。国外统计资料表明，生产中58%～70%的事故是与轻视“人的因素”有关，这一数字必须引起我们的重视。

人体特性研究的主要内容是：在工业产品造型设计中与人体有关的问题。例如：人体基本形态特征参数、人的感知特性、人的运动特性、人的行为特性以及人在劳动中的心理特征和人为差错等。研究的目的是解决机器设备、工具、作业场所以及各种用具的设计如何适应人的生理和心理特点，为操作者（或使用者）创造安全、舒适、健康、高效的工作条件。

2）研究人与机器间信息传递装置和工作场所的设计

要研究人与机器及环境之间的信息交换过程，并探求人在各种操作环境中的工作成效问题。信息交换包括机器（显示装置）向人传递信息和机器（操纵装置）接受人发出的信息，而且都必须适合人的使用。值得注意的是，人机工程所要解决的重点不是这些装置的工程技术的具体设计问题，而是从适合于人使用的角度出发，向设计人员提出具体要求，如怎样保证仪表能让操作者看得清楚、读数迅速准确，怎样设计操纵装置才能使人操作起来得心应手、方便快捷、安全可靠等。

工作场所设计的合理性，对人的工作效率有直接影响。工作场所设计一般包括空间设计、作业场所的总体布置、工作台或操作台设计以及座位设计等。研究工作场所的目的在于保证物质环境符合人体的特点，既能使人高效的工作，又要感到舒适和不易产生疲劳。

3）环境控制和人身安全装置的设计

生产现场有各种各样的环境条件，如高温、潮湿、振动、噪声、粉尘、光照、辐射、有毒等。为了克服这些不利的环境因素，保证生产的顺利进行，就需要设计一系列的环境控制装置，以适合操作人员的要求和保障人身安全。

“安全”在生产中是放在第一位的，这也是人—机—环境系统的特点。为了确保安全，不仅要研究产生不安全的因素，并采取预防措施，而且要探索不安全的潜在危险，力争把事故消灭在设计阶段。安全保障技术包括机器的安全本质化、防护装置、保险装置、冗余性设计、防止人为失误装置、事故控制方法、救援方法、安全保护措施等。

4）人的行为特性与产品设计

行为是心理的表现，人的行为反应了人的心理状况。在产品设计中，人的行为是设计师关注的焦点，不论是显示设计还是控制设计，都取决于产品支持的人的行为。

人具有许多适应环境的本能性行为，它们是在长期的人活动中，由于环境与人的交互作用而形成的，这种本能称为人的行为习性。此外，人总会犯各种错误。产品设计中应考虑用户的各种行为习性，减少用户出错，提高舒适性和工作效率。

5）人机系统的整体设计

人们设计人—机系统的目的，就是为了使整个系统工作性能最优化，即系统的工作效果最佳。这是指系统运行时实际达到的工作要求，如功率大、速度快、精度高、运行可靠，以及人的工作负荷要小，即指人完成任务所承受的工作负担或工作压力要小和不易疲劳等。

人与机器各有特点，在生产中应充分发挥各自的特长，合理地分配人机功能。这对系统效率的提高影响很大。显然，为了提高整个系统的效能，除了必须使机器的各部分（包括环境系统）都适合人的要求外，还必须解决机器与人体相适应问题，即如何合理地分配人机功能，二者如何配合，以及人与机器之间又如何有效地交流信息等。

值得指出的是，随着自动化的发展，人们必须解决更复杂的测量精度、高反应速度及信息量增大等有关问题，又必须控制生产过程和规定有限的时间间隔。自动化不是从多而复杂的系统所控制的过程中把人排挤出去，而是把人摆到新的条件上去。因此，在设计新的自动化系统时，就必须充分注意人的生理和心理特性，使自动化条件能对人更有利。

1.4.2 人机工程学的研究方法

人机工程学的研究广泛采用了人体科学和生物科学等相关学科的研究方法及手段，也采取了系统工程、控制理论、统计学等其他学科的一些研究方法，而且本学科的研究也建立了一些独特的新方法，以探讨人、机、环境要素间复杂的关系问题。这些方法包括：测量人体各部分静态和动态数据；调查、询问或直接观察人在工作时的行为和反应特征；对时间和动作的分析研究；测量人在工作前后以及作业过程中的心理状态和各种生理指标的动态变化；观察和分析作业过程和工艺流程中存在的问题；分析差错和意外事故的原因；进行模型实验或用电子计算机进行模拟实验；运用数学和统计学的方法找出各变量之间的相互关系，以便从中得出正确的结论或发展成有关理论。

目前常用的研究方法：

1）观察法

为了研究系统中的人和机的工作状态，常采用各种各样的观察方法，如工人操作动作的分析、功能分析和工艺流程分析等大都采用观察法。

2）实测法

是一种借助于仪器设备进行测量的方法。例如，对人体静态与动态参数的测量，对人体生理参数的测量或者是对系统参数、作业环境参数的测量等。图 1–2 是用实测法研究人的生理、心理学能力测量装置框图。

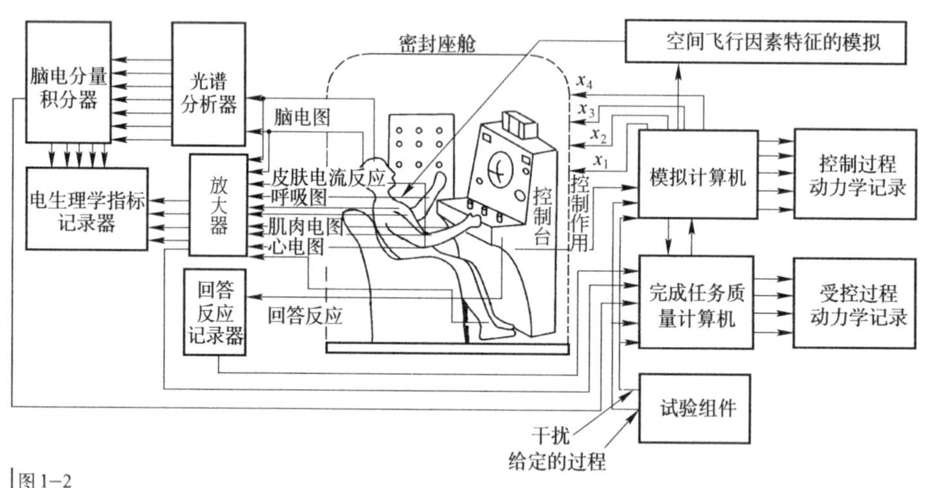

图 1–2
研究宇航员生理、心理能力测量装置框图

3）实验法

它是当实测法受到限制时采用的一种研究方法，一般在实验室进行，但也可以在作业现场进行。例如，为了获得人对各种不同显示仪表的认读速度和差错率的数据时，一般在实验室进行。如需了解色彩环境对人的心理、生理和工作效率的影响时，由于需要进行长时间和多人次的观测，才能获得比较真实的数据，通常是在作业现场进行实验。图 1–3 是研究驾驶员眼动规律的实验装置。

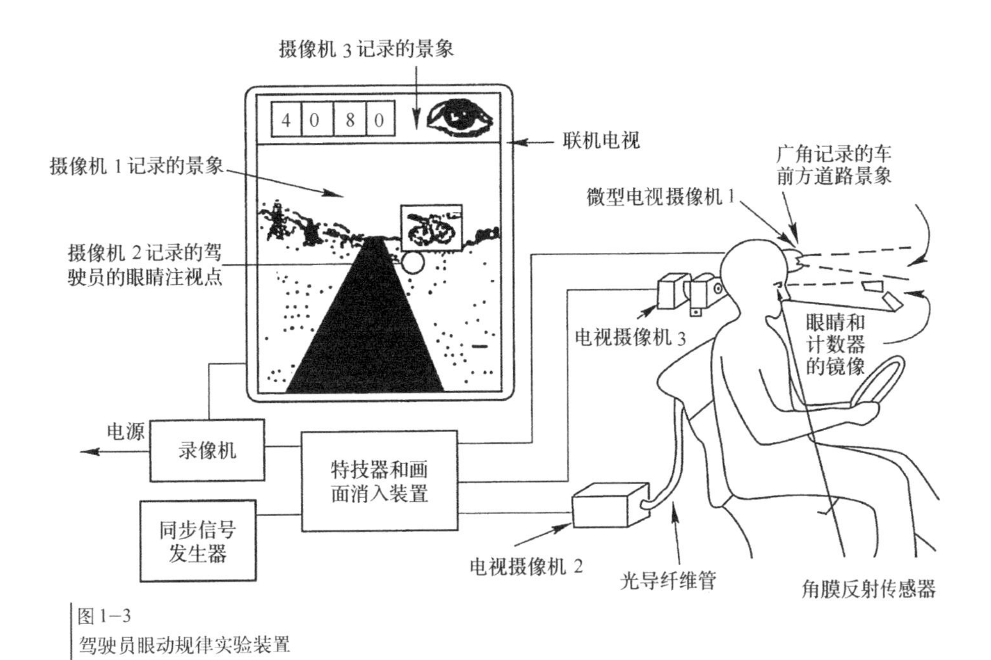

图 1–3
驾驶员眼动规律实验装置

4）模拟和模型试验法

由于机器系统一般比较复杂，因而在进行人机系统研究时常采用模拟的方法。模拟方法包括各种技术和装置的模拟，如操作训练模拟器、机械的模型以及各种人体模型等。通过这类模拟方法可以对某些操作系统进行逼真的试验，可以得到从实验室研究外推所需的更符合实际的数据。图 1–4 为应用模拟和模型试验法研究人机系统特性的典型实例。因为模拟器或模型通常比它所模拟的真实系统价格便宜得多，但又可以进行符合实际的研究，所以获得较多的应用。

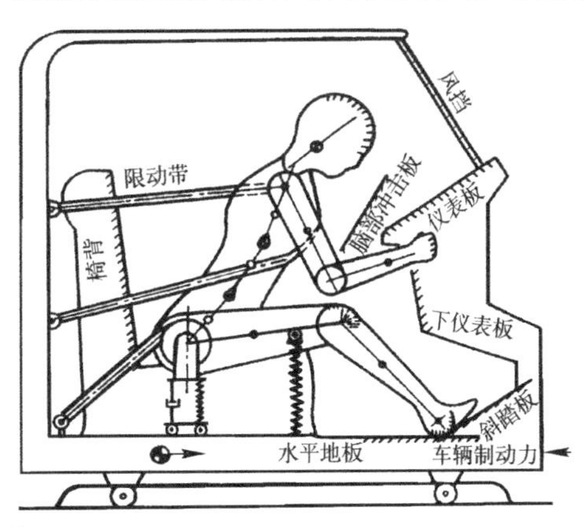

图 1–4
研究车辆碰撞的人机系统的模拟与模型

5）计算机数值仿真法

由于人机系统中的操作者是具有主观意志的生命体，用传统的物理模拟和模型研究人机系统，往往不能完全反映系统中生命体的特征，其结果与实际相比必有一定误差。另外，随着现代人机系统越来越复杂，采用物理模拟和模型方法研究复杂人机系统，不仅成本高、周期长，而且模拟和模型装置一经定型，就很难作修改变动。为此，一些更为理想而且有效的方法逐渐被研究创建并得以推广，其中的计算机数值仿真法已经成为人机工程学研究的一种现代方法。

数值仿真是在计算机上利用系统的数学模型进行仿真性实验研究。研究者可对尚处于设计阶段的未来系统进行仿真，并就系统中的人、机、环境三要素的功能特点及其相互间的协调性进行分析，从而预知所设计产品的性能，并进行改进设计。应用数值仿真研究，能大大缩短设计周期，并降低成本。图 1–5 是人体动作分析仿真图形输出。

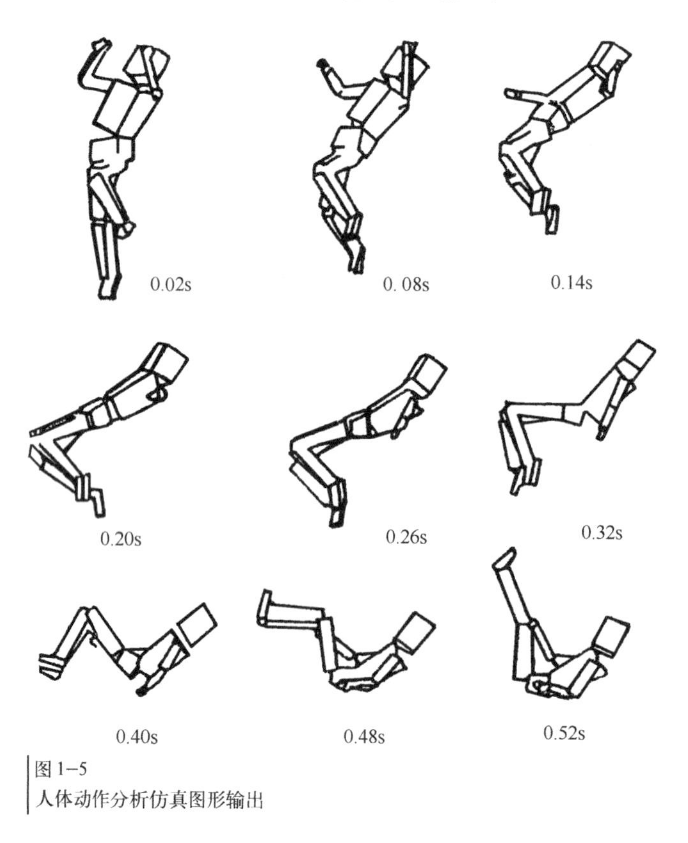

图 1–5
人体动作分析仿真图形输出

6）分析法

分析法是在上述各种方法中获得了一定的资料和数据后采用的一种研究方法。目前，人机工程学研究常采用如下几种分析法：

① 瞬间操作分析法　生产过程一般是连续的，人和机器之间的信息传递也是连续的。但要分析这种连续传递的信息很困难，因而只能用间歇性的分析测定法，即采用统计学中的随机取样法，对操作者和机器之间在每一间隔时刻的信息进行测定后，再用统计推理的方法加以整理，从而获得研究人—机—环境系统的有益资料。

② 知觉与运动信息分析法　外界给人的信息，首先由感知器官传到神经中枢，经大脑处理后，产生反应信号再传递给肢体以对机器进行操作，被操作的机器状态又将信息反馈给操作者，从而形成一种反馈系统。知觉与运动信息分析法，就是对此反馈系统进行测定分析，然后

用信息传递理论来阐明人—机间信息传递的数量关系。

③ 动作负荷分析法 在规定操作所必须的最小间隔时间的条件下，采用电子计算机技术来分析操作者连续操作的情况，从而推算操作者工作的负荷程度。另外，对操作者在单位时间内工作负荷进行分析，也可以获得用单位时间的作业负荷率来表示的操作者的全工作负荷。

④ 频率分析法 对人机系统中的机械系统使用频率和操作者的操作动作频率进行测定分析，其结果可以作为调整操作人员负荷参数的依据。

⑤ 危象分析法 对事故或近似事故的危象进行分析，特别有助于识别容易诱发错误的情况，同时，也能方便地查找出系统中存在的而又需要用较复杂的研究方法才能发现的问题。

⑥ 相关分析法 在分析方法中，常常要研究两种变量，即自变量和因变量。用相关分析方法能够确定两个以上的变量之间是否存在统计关系。利用变量之间的统计关系可以对变量进行描述和预测，或者从中找出合乎规律的东西。例如，对人的身高和体重进行相关分析，便可以用身高参数来描述人的体重。统计学的发展和计算机的应用，使相关分析法成为人机工程学研究的一种常用的方法。

7）调查研究法

目前，人机工程学专家还采用各种调查研究方法来抽样分析操作者或使用者的意见和建议。这种方法包括简单的访问、专门调查，直至非常精细的评分、心理和生理学分析判断以及间接意见和建议分析等。

1.4.3 人机工程学相关学科及其应用领域

人机工程学虽然是一门综合性的边缘学科，但它有着自身的理论体系，同时又从许多基础学科中吸取了丰富的理论知识和研究手段，因此具有现代交叉学科的特点。

1.4.3.1 人机工程学的相关学科

该学科的根本目的是通过揭示人、机、环境三要素之间相互关系的规律，从而确保人—机—环境系统总体性能的最优化。从其研究目的来看，充分体现了本学科主要是“人体科学”、“技术科学”和“环境科学”之间的有机融合的特点。更确切地说，本学科实际上是人体科学、环境科学不断向工程科学渗透和交叉的产物。它是以人体科学中的人体解剖学、劳动生理学、人体测量学、人体力学和劳动心理学等学科为“一肢”，以环境科学中的环境保护学、环境医学、环境卫生学、环境心理学和环境监测学等学科为“另一肢”，而以工程科学中的工业设计、工程设计、安全工程、系统工程以及管理工程学科为“躯干”。这些形象地构成了本学科的体系。构成本学科的各个基础学科之间的相互关系可由图 1–6 加以描述。

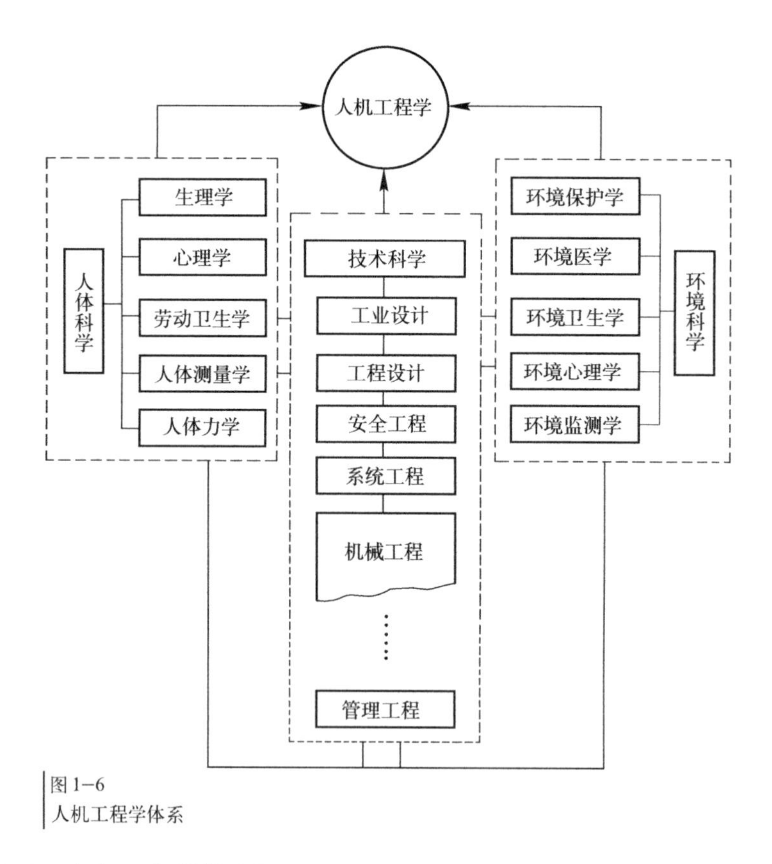

图1–6
人机工程学体系

1.4.3.2 人机工程学的应用

人机工程学在不同的产业部门，其应用如表1–1所示。无论什么产业部门，作为生产手段的工具、机械及设备的设计和运用以及生产场所的环境改善，为减轻作业负担而进行的作业方式的改善，为防止单调劳动而对作业进行合理的安排，为防止人的差错而设计的安全保障系统，为提高产品的操作性能、舒适性及安全性，而对整个系统的设计和改善等都是应该开展研究的课题。

各产业部门人机工程学的应用问题 **表1–1**

人机工程的领域 / 产业部门	作业空间、姿势、椅子、脚踏作业面、移动	信息显示操作器	作业方法与作业负担、身心负担、安全	作业环境等的危害	作业安排及组织、劳动时间、休息、交接班制
农　业	各种作业姿势，农业设计的人体测量，倾斜，地面栽培茶树的作业姿势	农机的司机视界	各种作业的RMR，农业作业灾害与安全，农业作业程序开发，选果场的最舒适作业方法	农业的噪声、振动、塑料薄膜温室，作业的环境负担，农业作业换气帽的开发研究	农业机械化与生活时间

续表

人机工程的领域 / 产业部门	作业空间、姿势、椅子、脚踏作业面、移动	信息显示操作器	作业方法与作业负担、身心负担、安全	作业环境等的危害	作业安排及组织、劳动时间、休息、交接班制
林业	斜面伐木作业姿势		各种林业劳动的RMR	链锯的振动危害	
制造业	铸造作业姿势与腰痛病的分析，办公桌高度与疲劳，传送带作业的作业高度，工厂内道路宽度情况及改善对策，造型用换位器研究与根据肌电图对姿势的评价	生产机械的操作器配置仪表的认读性能，室外天车行走的视界，中央控制室的仪表盘的设计	自动化系统的作业负担，单调劳动与附属动作，检索速度与作业负担，作业方式与产业疲劳，作业中人的差错与系统的安全，压力机械的安全设计，各种作业的RMR，各种劳动负担的评价	纺织厂的噪声，铸造工厂的恶劣环境及其改善，按SD方法对环境评价地下作业环境，使用方便的防护器具的研究，铸造工具的振动与噪声，铸造车间的粉尘浓度，工厂照明与作业程序	交接班制与疲劳及健康危害，连续作业的评价，残疾人残存机能与适当的工作，制鞋工的训练效果，对单调的劳动应采取的休息方法
建筑业	斜面劳动（堆石坝）的作业姿势与负担，脚手架与安全	建筑机械的视界	建筑机械的安全设计，高空作业与负担	建筑机械的噪声，打夯机的振动危害	
交通、服务等	叉车的驾驶姿势与空间设计，司机座椅的设计与疲劳	叉车的视界，大型拖拉机的司机视界与视线分析，船用模拟器的开发	夜间高速公路、拖拉机的劳动负担，银行业务机械化与劳动负担	高速公路收费闸门，作业员的环境负担	拖拉机连续的操作时间，2人和1人驾驶交接班制的比较

在工业生产中，人机工程首先应用于产品设计，如汽车的视角设计、仪器的表盘设计以及对操作性能、座椅舒适性、各种家用电器的使用性能等的分析研究。日本曾在1971年调查统计过，出现在商品广告上的各种产品应用人机工程学的情况，如表1–2所示。近十几年来，世界各国应用人机工程的领域更广，取得的成绩更显著。

日本商品广告上出现的产品和人机工程学应用调查表　　表1–2

	调查数			A构造因素					B机能因素							
	企业	数目	广告件数	机构	形态	材料	设计	颜色	机能	安全性	耐久性	使用简单	美的要素	减轻负担	舒适性	经济性
汽车	9	20	32	22	7	10	4	0	6	11	0	12	0	7	3	0
摩托车	1	2	3	2	2	0	0	0	0	0	0	1	0	0	0	0
自行车	3	5	5	1	1	0	0	0	0	0	0	1	0	1	0	0

续表

	调查数			A构造因素					B机能因素							
	企业	数目	广告件数	机构	形态	材料	设计	颜色	机能	安全性	耐久性	使用简单	美的要素	减轻负担	舒适性	经济性
照相机	7	11	13	4	2	0	3	0	2	0	0	11	1	0	3	0
录音机	4	5	5	4	2	0	1	2	4	0	0	6	0	0	1	0
接收机	4	4	5	1	1	0	0	0	1	0	0	1	0	2	3	0
椅子	7	7	8	3	1	1	6	1	2	0	0	0	1	3	0	0
床	5	7	7	3	0	1	1	0	2	0	0	1	0	4	1	0
浴缸	3	3	3	2	0	0	1	0	0	1	0	1	0	1	1	0
卫生陶器	3	3	3	1	1	0	1	0	0	0	0	2	0	0	0	0
保健机械	3	3	3	1	1	0	1	0	1	0	0	0	0	1	1	0
其他	36	36	36	8	6	13	9	1	4	1	0	14	3	5	3	0
合计	85	106	123	52	24	25	27	4	22	13	0	50	5	24	16	0

注：其他栏中有家用电器11件，家具及住宅设施11件，其余为杂货、下装、制图台等。

1.5 人机工程学与工业设计

人机工程学与国民经济的各个部门都有密切关系。仅从工业设计这一范畴来看，大至宇航系统、城市规划、建筑设施、自动化工厂、机械设备、交通工具，小至家具、服装、文具以及盆、杯、碗、筷之类的生活用品，总之为人类各种生产与生活所创造的一切“物”，在设计和制造时，都必须把“人的因素”作为一个重要条件来考虑。显然，研究和应用人机工程学原理和方法就成为工业设计者所面临的新课题之一。人机工程学与工业设计相关的研究领域可用表1–3加以说明。

人机工程学与工业设计相关的研究领域 **表1–3**

领　域	对　象	实　例
设施或产品的设计	宇航系统 建筑设施 机械设备 交通工具 仪器设备 器具 服装	火箭、人造卫星、宇宙飞船等 城市规划、工业设施、工业与民用建筑等 机床、建筑机械、矿山机械、农业机械、渔业机械、林业机械、轻工机械、动力设备以及电子计算机等 飞机、火车、汽车、电车、船舶、摩托车、自行车等 计量仪表、显示仪表、检测仪表、医疗器械、照明器具、办公事务器械以及家用电器等 家具、工具、文具、玩具、体育用品以及生活日用品等 劳保服、生活用服、安全帽、劳保鞋等
作业的设计	作业姿势、作业方法、作业量以及工具的选用和配置等	工厂生产作业、监视作业、车辆驾驶作业、物品搬运作业、办公室作业以及非职业活动作业等
环境的设计	声环境、光环境、热环境、色彩环境、振动、尘埃以及有毒气体环境等	工厂、车间、控制中心、计算机房、办公室、车辆驾驶室、交通工具的乘坐空间以及生活用房等

人机工程学研究的内容以及对工业设计的作用可以概括为以下几个方面：

1）为工业设计中"人的因素"提供人体特征参数

应用人体测量学、人体力学、劳动生理学、劳动心理学等学科的研究方法，对人体结构特征和机能特征进行研究，提供人体各个部分的尺寸、体重、体表面积、比重、重心以及人体各部分在活动时的相互关系和可及范围等人体结构特征参数；还提供人体各部分的出力范围、活动范围、动作速度、动作频率、重心变化以及动作时的习惯等人体机能特征参数；分析人的视觉、听觉、触觉以及肤觉等感受器官的机能特性；分析人在各种劳动时的生理变化、能量消耗、疲劳机理以及人对各种劳动负荷的适应能力；探讨人在工作中影响心理状态的因素以及心理因素对工作效率的影响等。

2）为工业设计中"物"的功能合理性提供科学依据

如搞纯物质功能的创作活动，不考虑人机工程学的原理与方法，那将是创作活动的失败。因此，如何解决"物"与人相关的各种功能的最优化，创造出与人的生理、心理机能相协调的"物"，这将是当今工业设计中在功能问题上的新课题。通常，考虑"物"中直接由人使用或操作部件的功能问题时，如信息显示装置、操纵控制装置、工作台和控制室等部件的形状、大小、色彩及其布置方面的设计基准，都是以人体工程学提供的参数和要求为设计依据。

3）为工业设计中"环境因素"提供设计准则

通过研究人体对环境中物理、化学因素的反应和适应能力，分析声、光、热、振动、粉尘和有毒气体等环境因素对人体的生理、心理以及工作效率的影响程度，确定人在生产和生活活动中所处的各种环境的舒适范围和安全限度，从保证人体的健康、安全、舒适和高效出发，为工业设计中考虑"环境因素"提供分析评价方法和设计准则。

4）为进行人—机—环境系统设计提供理论依据

人机工程学的显著特点是，在认真研究人、机、环境三个要素本身特性的基础上，不单纯着眼于个别要素的优良与否，而是将使用"物"的人和所设计的"物"以及人与"物"所共处的环境作为一个系统来研究，在人机工程学中将这个系统称为"人—机—环境"系统。在这个系统中人、机、环境三个要素之间相互作用、相互依存的关系决定着系统总体的性能。本学科的人机系统设计理论，就是科学地利用三个要素之间的有机联系来寻求系统的最佳参数。

系统设计的一般方法，通常是在明确系统总体要求的前提下，着重分析和研究人、机、环境三个要素对系统总体性能的影响，应具备的各自功能及其相互关系，如系统中机和人的职能如何分工、如何配合；环境如何适应人；机对环境又有何影响等问题，经过不断修正和完善三要素的结构方式，最终确保系统最优组合方案的实现。这是人机工程学为工业设计开拓了新的设计思路，并提供了独特的设计方法和有关理论依据。

5）为坚持“以人为中心”的设计思想提供工作程序

一项优良设计必然是人、环境、技术、经济、文化等因素巧妙平衡的产物。为此，要求设计师有能力在各种制约因素中，找到一个最佳平衡点。从人机工程学和工业设计两学科的共同目标来评价，判断最佳平衡点的标准，就是在设计中坚持以“人”为核心的主导思想。

以“人”为核心的主导思想具体表现在各项设计均应以人为主线，将人机工程学理论贯穿于设计的全过程。人机工程学研究指出，在产品设计的全过程的各个阶段，都必须进行人机工程学的设计，以保证产品使用功能得以充分发挥。表 1–4 是工业设计各阶段中人机工程学设计工作程序。

工业设计各阶段中人机工程设计工作程序　　表 1–4

设计阶段	人机工程设计工作程序
规划阶段（准备阶段）	1. 考虑产品与人及环境的全部关系，全面分析人在系统中的具体作用 2. 明确人与产品的关系，确定人与产品的关系中各部分的特性及人机工程要求的设计内容 3. 根据人与产品的功能特性，确定人与产品功能的分配
方案设计	1. 从人与产品、人与环境方面进行分析，在提出的众方案中按人机工程学原理进行分析比较 2. 比较人与产品功能特征、设计限度、人的能力限度、操作条件的可能性以及效率预测，选出最佳方案 3. 按最佳方案制作简易模型，进行模拟试验，将试验结果与人机工程学要求进行比较，并提出改进意见 4. 对最佳方案写出详细说明：方案获得的结果、操作条件、操作内容、效率、维修的难易程度、经济效益、提出的改进意见
技术设计	1. 从人的生理、心理特征考虑产品的构形 2. 从人体尺寸、人的能力限度考虑确定产品的零部件尺寸 3. 从人的信息传递能力考虑信息显示与信息处理 4. 根据技术设计确定的构形和零部件尺寸选定最佳方案，再次制作模型，进行试验 5. 从操作者的身高、人体活动范围、操作方便程度等方面进行评价，并预测可能出现的问题，进一步确定人机关系可行程度，提出改进意见
总体设计	对总体设计用人机工程学原理进行全面分析，反复论证，确保产品操作使用与维修方便、安全与舒适，有利于创造良好的环境条件，满足人的心理需要，并使经济效益、工作效率均佳
加工设计	检查加工图是否满足人机工程学要求，尤其是与人有关的零部件尺寸、显示与控制装置。对试制的样机全面进行人机工程学总评价，提出需要改进的意见，最后正式投产

社会发展、技术进步、产品更新、生活节奏紧张……这一切必然导致“物”的质量观的变化，人们将会更加注意“方便”、“舒适”、“可靠”、“价值”、“安全”和“效率”等指标方面的评价。人机工程学等新兴边缘学科的迅速发展和广泛应用，也必然会将工业设计的水准推到人们所追求的崭新的高度。

第2章 | 人体基本生理特征及作业空间设计

为设计出操作使用方便、舒适、美观、大方的工业产品，并能保证安全和高效操作，设计人员应掌握并能运用人体基本生理特征知识，主要包括人体静态和动态测量参数。与其相关的设计有作业空间、作业面、控制台、办公台、工作座椅等。

2.1 人体静态测量参数

工业产品的造型设计要符合人的使用与操作要求，必须考虑产品在造型尺度与其他方面符合正常人体各部分的结构尺寸和关节运动所能达到的范围，以及肌肉力的大小、人体在不同姿势下操作活动所需要的工作空间等。否则，设计出的产品可能造成操作者使用不便、工作效率低，或影响其身心健康。

人体测量学是通过测量人体各部位尺寸确定个体之间和群体之间在人体尺寸上的差别，用来研究人的形态特征，为工业产品造型设计和工程设计提供人体测量数据。人体测量数据主要有两类，即人体构造尺寸和功能尺寸。人体构造尺寸是静态尺寸，人体功能尺寸是动态尺寸，后者包括操作者在工作姿势或在某种操作活动状态下测量的尺寸。

2.1.1 人体结构尺寸

我国成年人的结构尺寸

我国成年人的结构尺寸的国家标准 GB 10000—88 是 1989 年 7 月开始实施的，它为人机工程设计提供了基础数据。该标准适用于工业产品设计、建筑设计、军事工业以及工业技术改造、设备更新及劳动安全保护。

该标准提供了七个类别共 47 项人体尺寸基本数据，包括人体主要尺寸、立姿人体尺寸、坐姿人体尺寸、人体水平尺寸、人体手部和足部的尺寸，并分别按性别列表。本章仅引用了工业生产中法定成年人年龄范围内的人体尺寸，分别见图 2–1～图 2–3 和表 2–1～表 2–4。

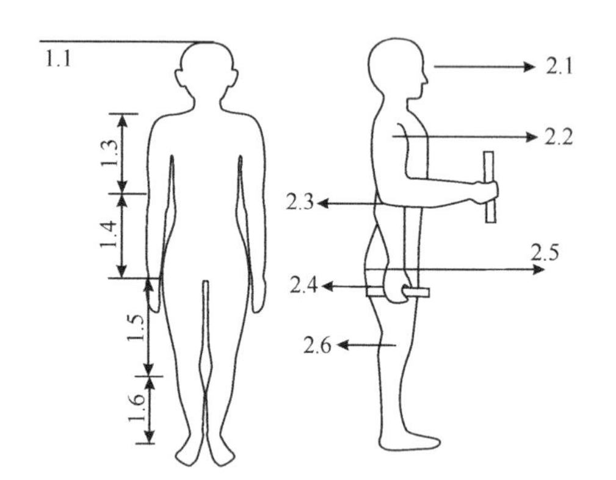

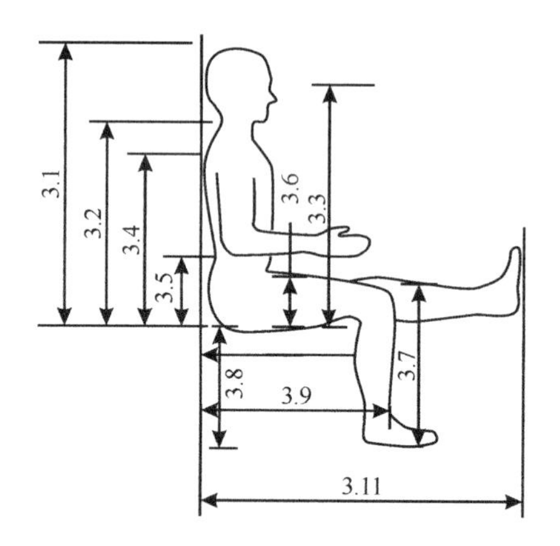

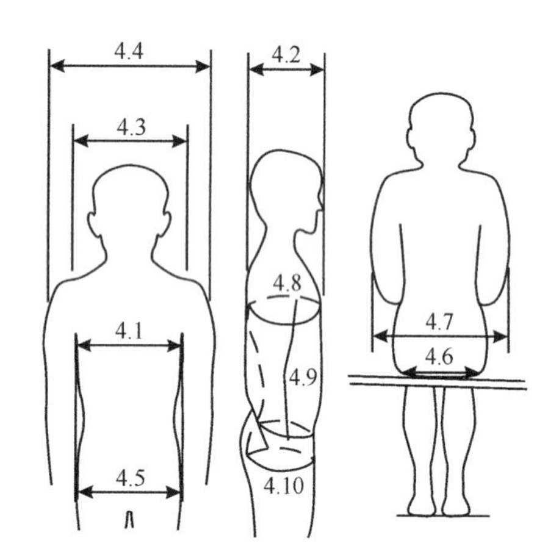

图2—1
立姿人体尺寸(图中标注项目见表2—1、表2—2)
图2—2
坐姿人体尺寸(图中标注项目见表2—3)
图2—3
人体水平尺寸(图中标注项目见表2—4)

人体主要尺寸 **表2—1**

年龄分组 / 百分位数 / 测量项目	男(18~60岁)							女(18~55岁)						
	1	5	10	50	90	95	99	1	5	10	50	90	95	99
1.1 身高(mm)	1543	1583	1604	1678	1754	1775	1814	1449	1484	1503	1570	1640	1659	1697
1.2 体重(kg)	44	48	50	59	71	75	83	39	42	44	52	63	66	74
1.3 上臂长(mm)	279	289	294	313	333	338	349	252	262	267	284	303	308	319
1.4 前臂长(mm)	206	216	220	237	253	258	268	185	193	198	213	229	234	242
1.5 大腿长(mm)	413	428	436	465	496	505	523	387	402	410	438	467	476	494
1.6 小腿长(mm)	324	338	344	369	396	403	419	300	313	319	344	370	376	390

立 姿 人 体 尺 寸　　表2–2

年龄分组 百分位数 测量项目	男(18~60岁)							女(18~55岁)						
	1	5	10	50	90	95	99	1	5	10	50	90	95	99
2.1 眼高(mm)	1436	1474	1495	1568	1643	1664	1705	1337	1371	1388	1454	1522	1541	1579
2.2 肩高(mm)	1244	1281	1299	1367	1437	1455	1494	1166	1195	1211	1271	1333	1350	1385
2.3 肘高(mm)	925	954	968	1024	1079	1096	1128	873	899	913	960	1009	1023	1050
2.4 手功能高(mm)	656	680	693	741	787	801	828	630	650	662	704	746	757	778
2.5 会阴高(mm)	701	728	741	790	840	856	887	648	673	686	732	779	792	819
2.6 胫骨点高(mm)	394	409	417	444	472	481	498	363	377	384	410	437	444	459

坐 姿 人 体 尺 寸　　表2–3

年龄分组 百分位数 测量项目	男(18~60岁)							女(18~55岁)						
	1	5	10	50	90	95	99	1	5	10	50	90	95	99
3.1 坐高(mm)	836	858	870	908	947	958	979	789	809	819	855	891	901	920
3.2 坐姿颈椎点高(mm)	599	615	624	657	691	701	719	563	579	587	617	648	657	675
3.3 坐姿眼高(mm)	729	749	761	798	836	847	868	678	695	704	739	773	783	803
3.4 坐姿肩高(mm)	539	557	566	598	631	641	659	504	518	526	556	585	594	609
3.5 坐姿肘高(mm)	214	228	235	263	291	298	312	201	215	223	251	277	284	299
3.6 坐姿大腿厚(mm)	103	112	116	130	146	151	160	107	113	117	130	146	151	160
3.7 坐姿膝高(mm)	441	456	464	493	523	532	549	410	424	431	458	485	493	507
3.8 小腿加足高(mm)	372	383	389	413	439	448	463	331	342	350	382	399	405	417
3.9 坐深(mm)	407	421	429	457	486	494	510	388	401	408	433	461	469	485
3.10 臂膝距(mm)	499	515	524	554	585	595	613	481	495	502	529	561	570	587
3.11 坐姿下肢长(mm)	892	921	937	992	1046	1063	1096	826	851	865	912	960	975	1005

人 体 水 平 尺 寸　　表2–4

年龄分组 百分位数 测量项目	男(18~60岁)							女(18~55岁)						
	1	5	10	50	90	95	99	1	5	10	50	90	95	99
4.1 胸宽(mm)	242	253	259	280	307	315	331	219	233	239	260	289	299	319
4.2 胸厚(mm)	176	186	191	212	237	245	261	159	170	176	199	230	239	260
4.3 肩宽(mm)	330	344	351	375	397	403	415	304	320	328	351	371	377	387
4.4 最大肩宽(mm)	383	398	405	431	460	469	486	347	363	371	397	428	438	458
4.5 臀宽(mm)	273	282	288	306	327	334	346	275	290	296	317	340	346	360
4.6 坐姿臀宽(mm)	284	295	300	321	347	355	369	295	310	318	344	374	382	400
4.7 坐姿两肘间宽(mm)	353	371	381	422	473	489	518	326	348	360	404	460	478	509
4.8 胸围(mm)	762	791	806	867	944	970	1018	717	745	760	825	919	949	1005
4.9 腰围(mm)	620	650	665	735	859	895	960	622	659	680	772	904	950	1025
4.10 臀围(mm)	780	805	820	875	948	970	1009	795	824	840	900	975	1000	1044

表中百分位数表示人体尺寸的等级，即表示在某一身体尺寸范围内，使用者有百分之几大于或小于给定值。例如，我国成年人身高5百分位数为1583mm，它表示这一年龄组的男性中身高等于或小于1583mm者占5%，大于此值者的占95%。设计范围越大，制成设备和工具的适用度就越高，可使用的人也就越多。

我国地域辽阔，又是多民族国家，不同地区的人体尺寸差异较大。东北华北地区的人身材比较高，西南、华南地区的人身材比较小。为了能选用合乎各地区的人体尺寸，国家标准中提供了各地区成年人身高、胸围、体重三项人体尺寸的均值和标准差，见表2–5。

六个区域的人体身高、胸围、体重的均值M及标准差S_D 表2–5

项目		东北、华北区		西北区		东南区		华中区		华南区		西南区	
		均值 M	标准差 S_D	均值 M	标准差 S_D	均值 M	标准差 S_D	均值 M	标准差 S_D	均值 M	标准差 S_D	均值 M	标准差 S_D
男(18~60岁)	身高(mm)	1693	56.6	1684	53.7	1686	55.2	1669	56.3	1650	57.1	1647	56.7
	胸围(mm)	888	55.5	880	51.5	865	52.0	853	49.2	851	48.9	855	48.3
	体重(kg)	64	8.2	60	7.6	59	7.7	57	6.9	56	6.9	55	6.8
女(18~55岁)	身高(mm)	1586	51.8	1575	51.9	1575	50.8	1560	50.7	1549	49.7	1546	53.9
	胸围(mm)	848	66.4	837	55.9	831	59.8	820	55.8	819	57.6	809	58.8
	体重(kg)	55	7.7	52	7.1	51	7.2	50	6.8	49	6.5	50	6.9

2.1.2 用经验公式计算人体参数

根据统计资料表明，人体的数据与身高、体重存在一定的关系。为了使用方便，这里根据工业产品造型设计和建筑设计的需要，介绍一些常用的、有实际参考价值的计算公式。

2.1.2.1 由身高计算各部分尺寸

正常人体的各部分尺寸之间存在一定的比例关系，因而身高常作为测量或计算身体各部分数值的基本参数。表2–6根据人体高度将亚洲、中南亚一带地区的人和欧美人分别列出推算公式。表中各结构尺寸的定义按代号参阅图2–4。

2.1.2.2 由体重计算体积和表面积

1）人体体积计算

$$V=1.015W-4.937 \qquad (2\text{–}1)$$

式中 V——人体体积(cm^3)；

W——人体体重(kg)。

人体各部位尺度与身高的比例 表2–6

分组计算公式 / 人体部位	立姿				分组计算公式 / 人体部位	立姿			
	男		女			男		女	
	亚洲人	欧美人	亚洲人	欧美人		亚洲人	欧美人	亚洲人	欧美人
1 眼高	0.933H	0.937H	0.933H	0.937H	12 双手展宽	1.000H	1.000H	1.000H	1.000H
2 肩高	0.844H	0.833H	0.844H	0.833H	13 手举起最高点	1.278H	1.250H	1.278H	1.250H
3 肘高	0.600H	0.625H	0.600H	0.625H	14 坐高	0.222H	0.250H	0.222H	0.250H
4 脐高	0.600H	0.625H	0.600H	0.625H	15 头顶—座距	0.533H	0.531H	0.533H	0.531H
5 臀高	0.467H	0.458H	0.467H	0.458H	16 眼—座距	0.467H	0.458H	0.467H	0.458H
6 膝高	0.267H	0.313H	0.267H	0.313H	17 膝高	0.267H	0.292H	0.267H	0.292H
7 腕—腕距	0.800H	0.813H	0.800H	0.813H	18 头顶高	0.733H	0.781H	0.733H	0.781H
8 肩—肩距	0.222H	0.250H	0.213H	0.200H	19 眼高	0.700H	0.708H	0.700H	0.708H
9 胸深	0.178H	0.167H	0.133~0.177H	0.125~0.166H	20 肩高	0.567H	0.583H	0.567H	0.583H
					21 肘高	0.356H	0.406H	0.356H	0.406H
10 前臂长(含手)	0.267H	0.250H	0.267H	0.250H	22 腿高	0.300H	0.333H	0.300H	0.333H
11 肩—指距	0.467H	0.438H	0.467H	0.438H	23 坐深	0.267H	0.275H	0.267H	0.275H

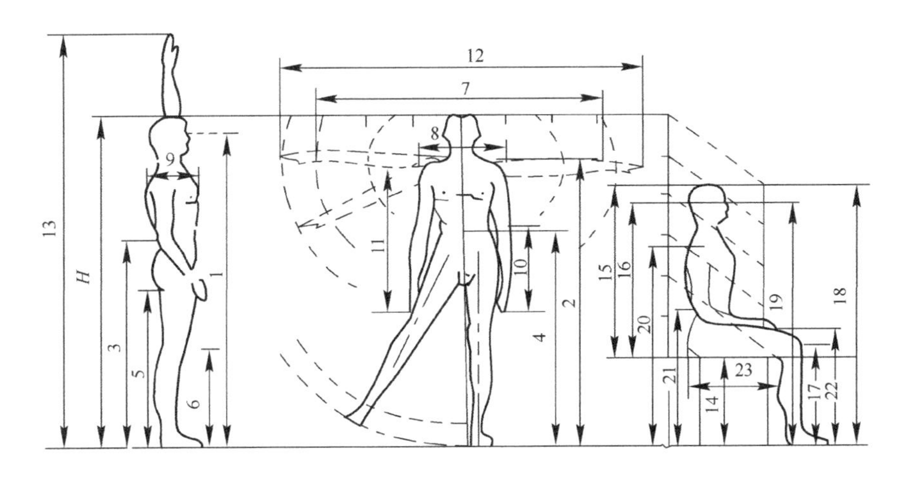

图2–4
人体尺寸部位
(图中标注项目见表2–6)

2) 人体表面积计算

$$A=0.0235H^{0.42246}W^{0.51456} \quad (2-2)$$

式中 A——人体表面(m^2);

H——人体身高(cm);

W——人体体重(kg)。

2.1.2.3 人体生物力学参数的计算

在已知人的身高 H(cm)、体重 W(kg)、体积 V(cm^3) 时，可以计算出人体生物力学各参数的近似值，见表 2–7。

人体生物力学参数 **表 2–7**

人体部分	长度L_i (cm)	体积V_i(cm^3)	重量W_i(kg)	重心位置 O_i(cm)	旋转半径 R_i(cm)	转动惯量 J_i(kg · m^2)
手　掌	L_1=0.114H	0.0056V	0.006W	0.506L_1	0.587L_1	$W_1 \cdot R_1^2$
前　臂	L_2=0.146H	0.0170V	0.018W	0.430L_2	0.526L_2	$W_2 \cdot R_2^2$
上　臂	L_3=0.159H	0.0349V	0.0357W	0.436L_3	0.542L_3	$W_3 \cdot R_3^2$
大　腿	L_4=0.250H	0.0924V	0.0946W	0.433L_5	0.540L_4	$W_4 \cdot R_4^2$
小　腿	L_5=0.238H	0.0408V	0.042W	0.433L_5	0.528L_5	$W_5 \cdot R_5^2$
躯　干	L_6=0.300H	0.6132V	0.580W	0.660L_6	0.830L_6	$W_6 \cdot R_6^2$

注：表中O_i为各肢体的重心位置(指靠近身体中心关节的距离)，R_i为各肢体的旋转半径(指靠近身体中心关节的距离)，J_i为各肢体的转动惯量(指绕关节的转动惯量)。

2.1.3 人体身高在设计中的应用

机器设备和用具是由人来操作和使用的，机器设备和用具必须适应人，这是人机工程设计的原则。人体尺度主要决定人—机系统的操作是否方便、省力和舒适。因此，各种工作台的高度和机器设备高度，如操作台、仪表盘、操纵件的安装高度以及用具的放置高度等，都要根据人的身高确定。图 2–5 是以身高为基准的设备和用具尺寸推算图。

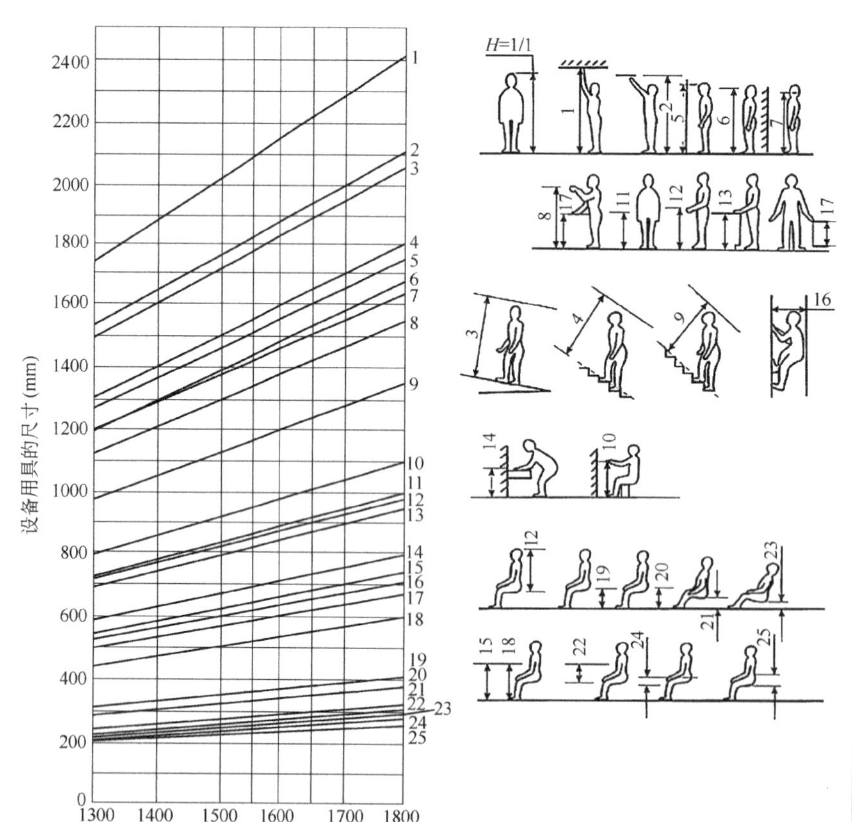

图 2–5
以身高为基准的设备和用具尺寸推算图

2.2 设计用人体模板

由于人体各部位的尺寸因人而异，而且人体的工作姿势随着作业对象和工作情况的不同而不断变化，因而要从理论上来解决人机相关位置问题是比较困难的。但是，如果利用人体结构和尺度关系，制成各种标准的人体外形模板，通过“机”与人体模板相关位置的分析，便可以直观地求出人机相对位置的有关设计参数，为合理布置人机系统提供可靠条件。

2.2.1 坐姿人体模板

GB/T 14779—93 标准规定了三种身高等级的成年人坐姿模板的功能设计基本条件、功能尺寸、关节功能活动角度、设计图和使用条件。图 2–6 是该标准提供的坐姿人体模板侧视图，其俯视图和正视图略。模板设计尺寸采用穿鞋裸体人体尺寸，并按人体身高尺寸的分布将人群分为大身材（P_{95}）、中身材（P_{50}）、小身材（P_5）三个身高等级。侧视图中人身各肢体上标出的基准线是用来确定关节调节角度的，这些角度可以从人体模板上相应部位所设置的可读盘上读出来。头部标出的眼线表示人的正常视线；鞋上标出的基准线表示人的脚掌基准线。

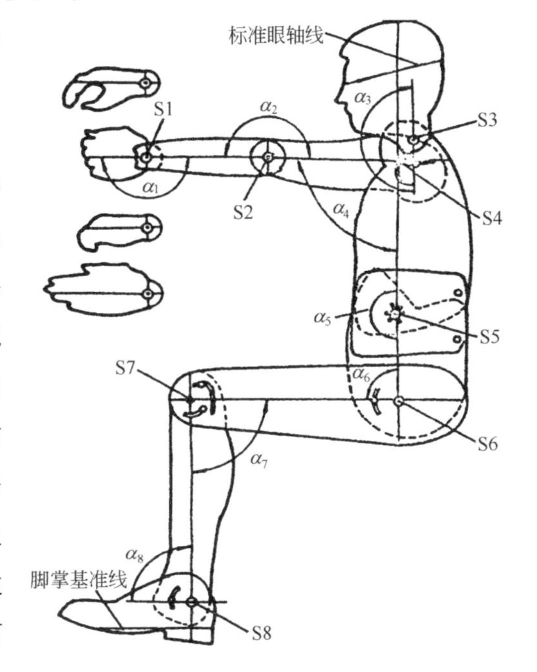

图 2–6
坐姿人体模板侧视图

人体模板可以自侧视图上演示关节的多种功能，但不能演示测向外展和转动运动。模板上带有角刻度的人体关节范围，是指功能技术测量系统的关节角度，包括人在韧带和肌肉不超过负荷的情况下所能达到的位置，而不考虑那些虽然可能、但对劳动姿势来说超出了有生理意义的界限运动。由于人体模板中部分关节的角度是根据有关专家们提供的经验数据设计的，并对一些关节结构（如P_5）做了一定程度的简化，因而没有反映人体这一区域的生理作用，其背部外形也不能表示正常人体的腰曲弧形。所以，这种人体模型不适宜作为工作座椅靠背部曲线的模型，现将人体模板关节角的调节范围列于表2–8。

人体模板关节角度的调节范围 表 2–8

身体关节	调节范围[①]					
	侧视图		俯视图		正视图	
S1，D1，V1腕关节	α_1	140°~200°	β_1	140°~200°	γ_1	140°~200°
S2，D2，V2肘关节	α_2	60°~180°	β_2	60°~180°	γ_2	60°~180°

续表

身体关节	调节范围①					
	侧视图		俯视图		正视图	
S3，D3，V3头/颈关节	α_3	130°~225°	β_3	55°~125°	γ_3	155°~205°
S4，D4，V4肩关节	α_4	0°~135°	β_4	0°~110°	γ_4	0°~120°
S5，D5，V5腰关节②	α_5	168°~195°	β_5	50°~130°	γ_5	155°~205°
S6，D6，V6髋关节	α_6	65°~120°	β_6	86°~115°	γ_6	75°~120°
S7，D7膝关节③	α_7	75°~180°	β_7	90°~104°	γ_7	—
S8，D8，V8踝关节	α_8	70°~125°	β_8	90°	γ_8	165°~200°

① 关节角度调节范围的图样是按照功能技术测量系统绘出的。
② 模板腰部的设计仅表现一种协调关系，并不体现它在生理意义上可能有的活动范围。
③ 模板的正视图中取消了膝关节，此时小腿的运动将围绕髋关节进行。

根据工作的手中姿势的不同，有下列几种姿势供选择使用：

① 三指捏在一起的手，如操纵拉钮开关；

② 握住圆棒的手，手的横轴为垂直面，表示该姿势抓握范围；

③ 伸开的手，表示手的可及范围。

2.2.2 人体外形模板

GB/T 15759—95标准提供了设计用人体外形模板的尺寸数据及图形。该模板采用穿鞋裸体人体尺寸，按人体身高尺寸不同分为四个等级，一级采用女子第P_5百分位身高点；二级采用女子第P_{95}百分位身高与男子百分位身高重叠值；三级采用女子第P_{95}百分位身高与男子第P_{50}百分位身高重叠值；四级采用男子第P_{95}百分位身高。图2−7为人体外形模板的两个视图。该模板的关节角度调节范围符合表2−10的规定。

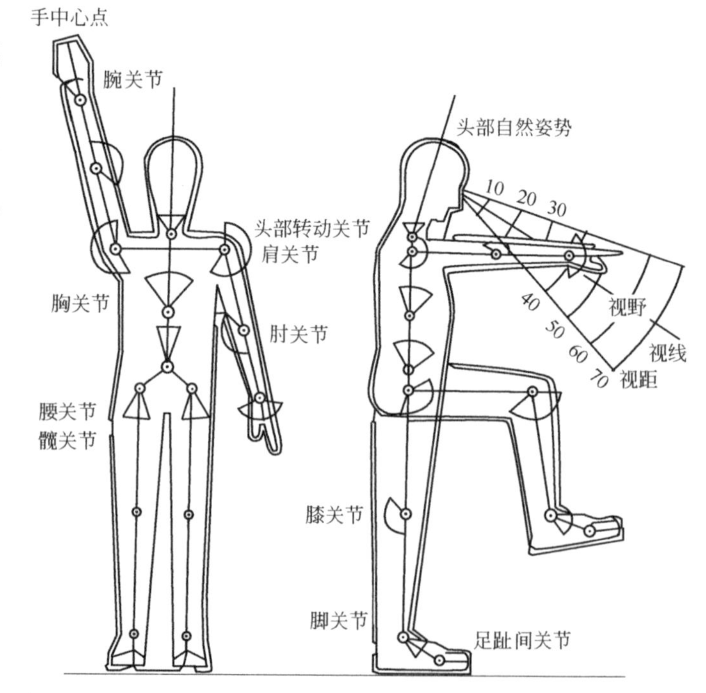

图2−7
人体外形模板

2.2.3 人体模板的应用

1）人体模板适用的范围

坐姿人体模板适用坐姿条件下确定座椅、工作面、支撑面、调节部件配备等人机工程学分析和设计。人体外形模板适用于与人体有关的工作空间、操作位置的辅助设计、机器人机工程学分析和评价。

2）人体模板的使用要求

（1）应根据规定，合理选用对应不同身高等级的人体模板；

（2）应根据典型工作姿势，合理使用人体模板；

（3）人体模板使用中应考虑链式组合的多关节运动，如脊椎的运动应由腰关节和胸关节的转动完成；

（4）人体模板尺寸设计宜采用1：10的通用比例，特殊场合也可采用1：5或1：1的比例；

（5）应根据着装的不同，对人体模板外形尺寸增加合理的宽放余量。

3）人体模板百分位的选择

在应用人体模板进行辅助制图、辅助设计、辅助演示或模拟测量的过程中，选择人体模板的百分位是很关键的问题。通常，必须根据设计对象的结构特征和设计参数来选用适当百分位的人体模板。表2—9说明人体模板的百分位的基本方法。

设计参数与人体模板百分位的关系 **表2—9**

结构特征	设计参数举例	选用人体模板百分位
外部尺寸	手臂活动触及范围	应选用“小”身材，如第5%
内部尺寸	腿、脚活动占有空间，人体、头、手、脚等部位通过空间	应选用“大”身材，如第95%
力的大小	操作力	应选用“小”身材，如第5%
	断裂强度	应选用“大”身材，如第95%

4）人体模板的应用实例

按人机工程学的要求，在设计机械、作业空间、家具、交通运输设备，特别是设计各种运行机械时，车身型式的选择、驾驶室空间的确定、显示与操作机构的布置、驾驶座以及乘客座椅尺寸等方面的设计参数的选用，都是以人体尺寸作为依据的。因而人体模板的应用也就十分广泛，主要可应用于辅助制图、辅助设计、辅助演示或模拟测试方面。

在人机系统设计时，人体模板是设计或制图人员考虑主要人体尺寸时有用的辅助手段。例如，生产区域中的工作面高度、座平面高度和脚踏板高度是在一个工作系统中互相关联的数值。但主要是由人体尺寸和操作姿势来确定的。如借助于人体模板，可以很方便地得出在理想操作姿势下各种百分位的人体尺寸所必须占有的范围和调节范围，由此便很快确定或绘制出相应的工作台、坐椅和脚踏板的设计方案。其具体方法可用图 2—8 来加以说明。

在汽车、飞机、轮船等交通运输设备设计中，其驾驶室或驾驶舱、驾驶座以及乘客座椅等相关尺寸，也是由人体尺寸以及其操作姿势或舒适的坐姿确定的。但是，由于相关尺寸非常复杂，人与“机”的相关位置要求又十分严格，为了使这种人机系统的设计能更好地符合人的生理要求，在设计中，可采用人体模板来校核有关驾驶室空间尺寸、方向盘等操纵机构的位置、显示仪表的布置等是否符合人机尺寸与规定的要求。图2–9是用人体模板校核轿车驾驶室设计的实例。

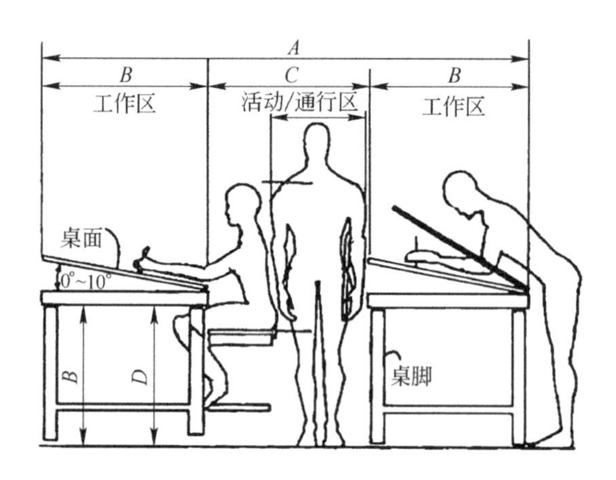

图2–8
人体模板用于绘图工作岗位分析

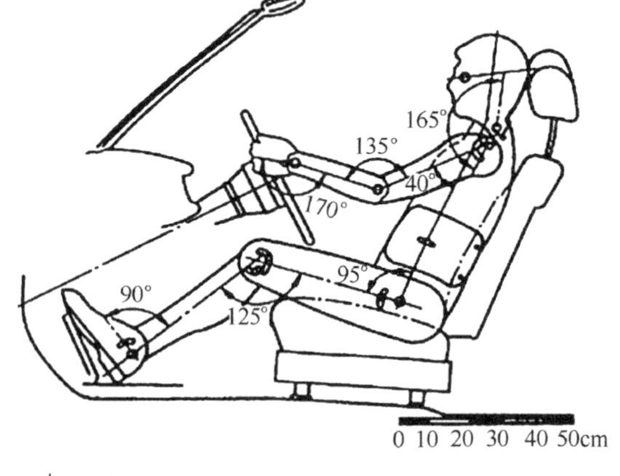

图2–9
人体模板用于轿车驾驶室的设计

2.3 人体动态测量参数

上节的静态测量参数虽然可解决不少工业产品造型设计中有关人体尺寸的问题，但是人在操纵设备或从事某种作业时并不是静止不动的，而大部分时间是处于活动状态的。因此人们关心的是以不同姿势工作时手、脚能活动的范围和体形变化等的测定。

肢体的活动范围可分为两类：一是肢体活动的角度大小，另一类是肢体活动所能及的距离范围。

1）肢体活动的角度范围

人体活动部位有头、肩胛骨、臂、手、腿、小腿和足，其活动方向与角度见图2–10和表2–10。

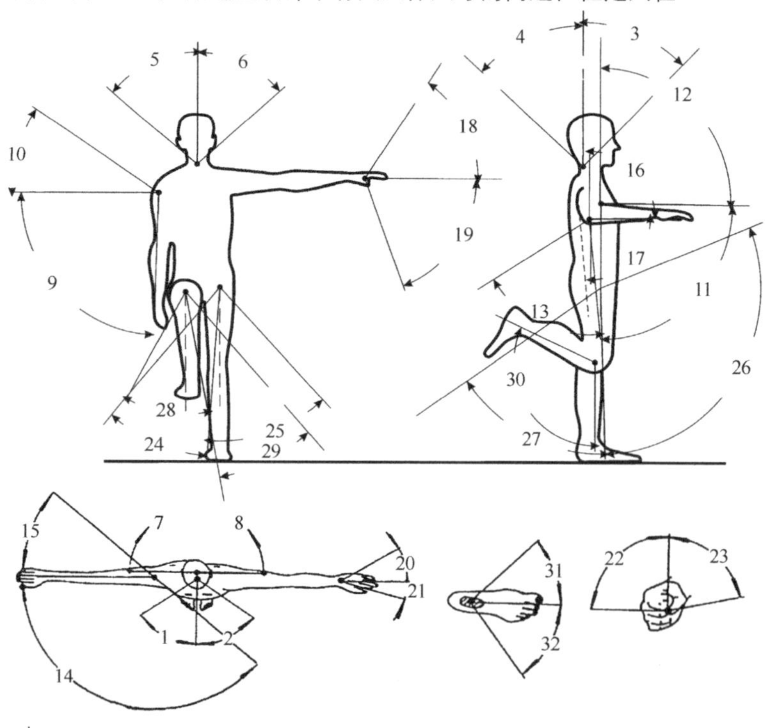

图2–10　身体各个部位的活动范围(图中标注项目见表2–10)

身体各部位的活动范围　表2–10

身体部位	移动关节	动作方向	动作角度	
			编号	(°)
头	脊柱	向右转 向左转 屈曲 极度伸展 向一侧弯曲 向一侧弯曲	1 2 3 4 5 6	55 55 40 50 40 40
肩胛骨	脊柱	向右转 向左转	7 8	40 40
臂	肩关节	外展 抬高 屈曲 向前抬高 极度伸展 内收 极度伸展 外展旋转 (外观) (内观)	9 10 11 12 13 14 15 16 17	90 40 90 90 45 140 40 90 90
手	腕 (枢轴关节)	背屈曲 掌屈曲 内收 外展 掌心朝上 掌心朝下	18 19 20 21 22 23	65 75 30 15 90 80
腿	髋关节	内收 外展 屈曲 极度伸展 屈曲时回转(外观) 屈曲时回转(内观)	24 25 26 27 28 29	40 45 120 45 30 35
小腿 足	膝关节 踝关节	屈曲 内收 外展	30 31 32	135 45 50

2）肢体活动能及的距离范围

在工作中常取的作业姿势有立、坐、跪和卧（如车辆检修中作业中的仰卧）等。图2–11为不同姿势条件下手能及的最大范围。

图中虚线表示最佳范围，点划线表示人躯干不活动时手能及的最大范围，细实线表示人躯干活动时手能及的最大范围。为了避免疲劳和保证较好工作效率，一般应当要求各种操纵装置位于人躯干不活动时手能及范围之内。

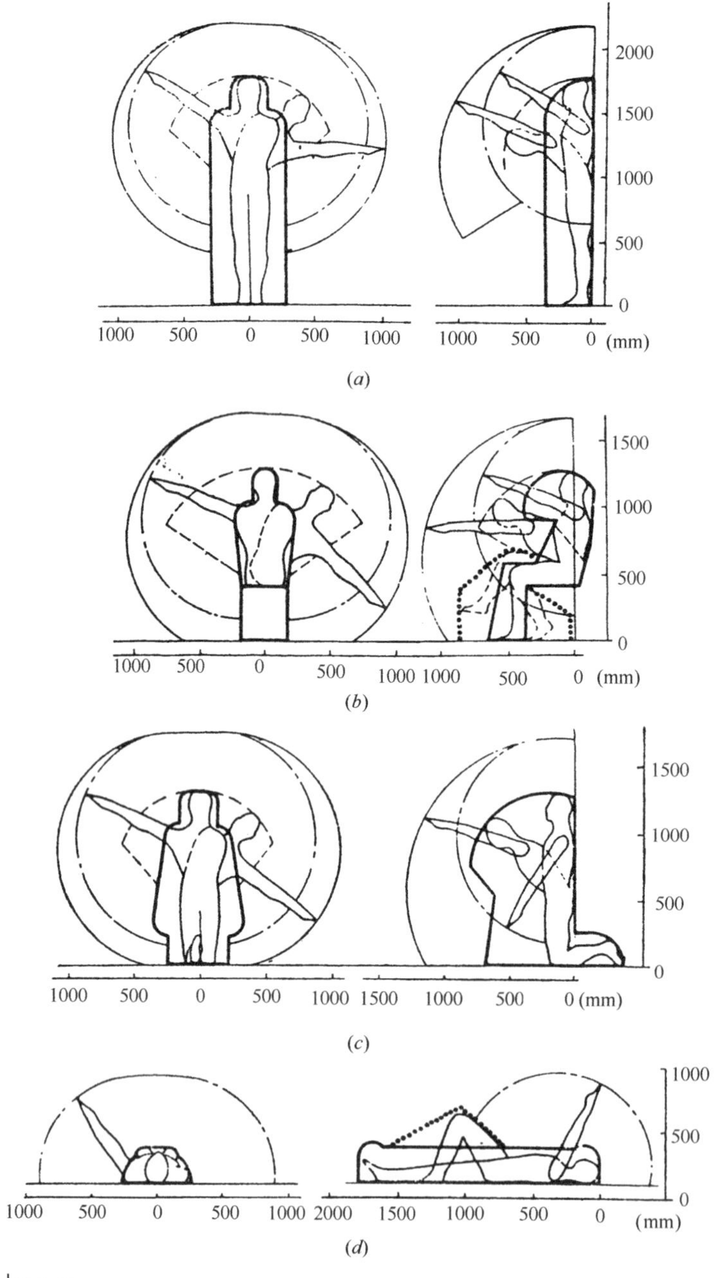

图 2–11
不同姿势条件下手能及的最大范围
(*a*)立姿；(*b*)坐姿；(*c*)跪姿；(*d*)卧姿

此外，人在运动中的出力范围、动作的灵活性与准确性等动态特征同样是设计的重要依据，将在第四章中详述。

2.4 作业空间的人体尺度

要设计一个合适的作业空间，不仅须考虑元件布置的造型与样式，还要顾及下列因素：操作者的舒适性和安全性；便于使用、避免差错、提高效率；控制与显示的安排要做到既紧凑又可区分；四肢分担的作业要均衡，避免身体局部超负荷作业；作业者身材的大小，等等。从人机工程学的角度来看，一个理想的设计只能是考虑各方面的因素折中所得，其结果对每个单项而言，可能不是最优的，但应是最大程度地减少作业者的不便与不适，使得作业者能方便而迅速完成作业。显然，作业空间设计应以“人”为中心，以人体尺度为重要设计基准。

2.4.1 有关概念

在讨论作业空间设计之前，必须澄清几个定义含糊的概念，即近身作业空间、个体作业场所和总体作业空间。

1）近身作业空间

指作业者在某一位置时，考虑身体的静态和动态尺寸，在坐姿或站姿下，其所能完成作业的空间范围。

2）个体作业场所

指操作者周围与作业有关的、包含设备因素在内的作业区域，如汽车驾驶室、计算机操作台(包括计算机、工作台与座椅等)。

3）总体作业空间

不同个体作业场所的布置构成总体作业空间。总体作业空间不是直接的作业场所，它反映的是多个作业者或使用者之间作业的相互关系，如一个办公室或计算机房。

2.4.2 作业空间设计时人体测量学数据运用

对大多数作业空间设计而言，由于要考虑身体各部位的关联与影响，因而必须基于功能尺寸进行设计。在利用人体测量学数据时，还必须注意，数据必须充分反映设计对象的使用者群体的特征。下面列出的数据运用步骤可作为设计参考：

① 确定对于设计至为重要的人体尺度(如座椅设计中，人的坐高、大腿长)。

② 确定设计对象的使用者群体，以决定必须考虑的尺度范围(如成年女性或男性士兵及地域性群体差异等)。

③ 确定数据运用准则。运用人体测量学数据时，可以按照三种方式进行设计。第一是人体设计准则，即按群体某特征的最大值或最小值进行设计。按最大值设计的例子如安全门尺寸、支承件强度；按最小值设计的例子如某一重要控制器与作业者之间的距离、常用控制器的操纵力。第二是可调设计准则，对于重要的设计尺寸给出范围，使作业者群体的大多数能舒适地操作或使用，运用的数据为第5百分位至第95百分位左右。如高度可调的工作椅设计。第三

是平均设计原则，尽管“平均人”的概念是错误的，但某些设计要素按群体特征的平均值进行考虑还是比较合适的。

④ 数据运用准则确定后，如有必要，还应选择合适的设计定位群体的百分位(比如按第5百分位或按第95百分位设计)。

⑤ 查找与定位群体特征相符合的人体测量数据表，选择有关的数据值。

⑥ 如有必要，对数据作适当的修正。群体的尺寸是随时间而变化的，比如中国成年人的身材普遍比以前更高大；有时，数据的测量与公布相隔好几年，差异会比较明显。建议在着手设计时，尽可能使用近期测得的数据。

⑦ 考虑测量的衣着情况。一般的，标准人体测量学数据是在裸体或着装很少的情况下测得的，设计时，为了确定实际使用的作业空间或设备的尺度，必须充分考虑着装的容限。

⑧ 考虑人体测量学数据的静态和动态性质。作业域一般取决于作业者的臂长，但实际作业范围可以超出臂长所及区，因为其中包含肩部和身躯的运动。再如，手抓握式作业比手指触摸式操作的作业域要小，因为必须除去指部长度能及的部分范围。图2-12为飞行员在驾驶椅上操纵时可及空间的范围。可见，对不同的方位和不同的高度，作业范围都不一样。必须注意的是，因为功能尺寸是针对特定的作业而言的，所以即使作业性质的差异很小(如操纵力)，不同的作业也会具有不同的作业姿势和所需空间；再则，有些功能尺寸可使操作者很舒适、频繁地到达，而有的功能尺寸却让操作者需很费力才能实现，见图2-13。运用数据时，必须对其各个方面加以分析。

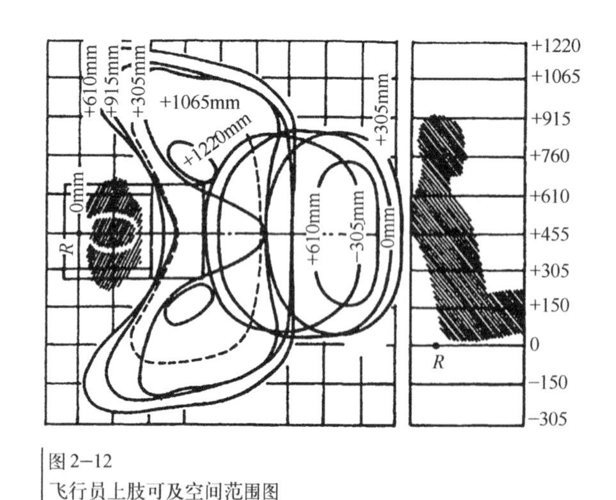

图 2-12
飞行员上肢可及空间范围图

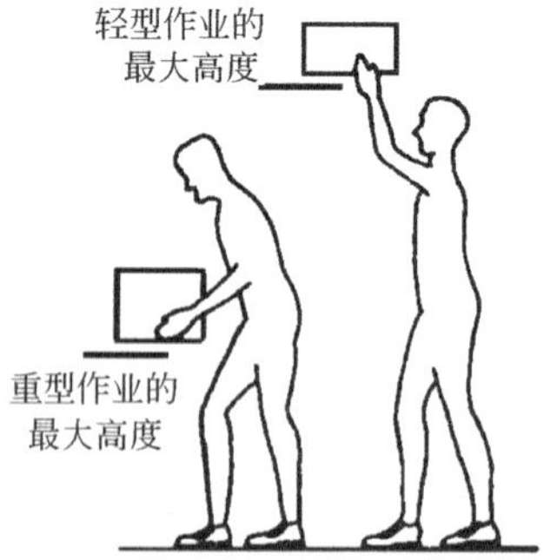

轻型作业的最大高度

重型作业的最大高度

图 2-13
考虑作业性质确定功能

2.4.3 近身作业空间

近身作业空间即指作业者操作时，四肢所及范围的静态尺寸和动态尺寸。近身作业空间的尺寸是作业空间设计与布置的主要依据。它主要受功能性臂长的约束，而臂长的功能尺寸又由作业方位及作业性质决定。此外，近身作业空间还受衣着影响。

1）坐姿近身作业空间

坐姿作业通常在作业面以上进行，其作业范围为图2-14所示的三维空间。随作业面高度、手偏离身体中线的距离及手举高度的不同，其舒适的作业范围也在发生变化。

若以手处于身体中线处考虑，直臂作业区域由两个因素决定：肩关节转轴高度及该转轴到手心（抓握）距离（若为接触式操作，则到指尖）。图2-15为第5百分位的人体坐姿抓握尺度范围，以肩关节为圆心的直臂抓握空间半径：男性为65cm，女性为58cm。

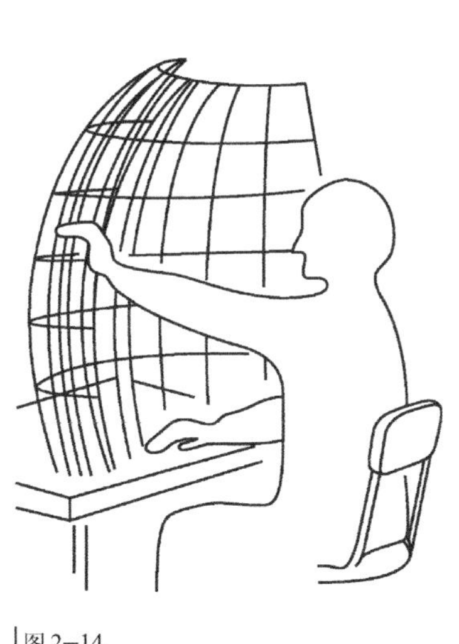

图2-14
坐姿近身作业空间

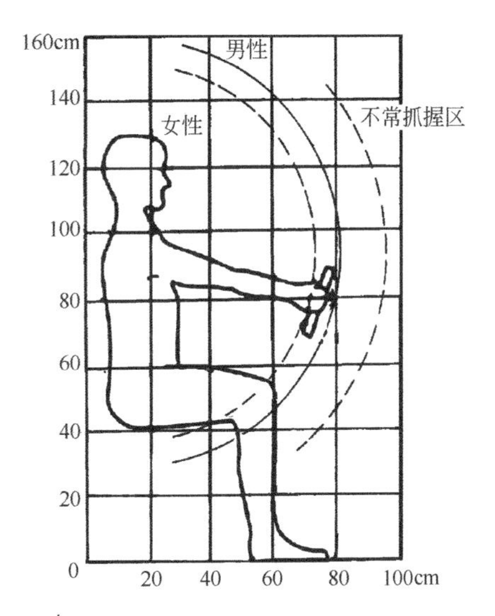

图2-15
坐姿抓握尺寸范围

2）站姿近身作业空间

站姿作业一般允许作业者自由地移动身体，但其作业空间仍需受到一定的限制。例如，应避免伸臂过长的抓握、蹲身或屈曲、身体扭转或头部处于不自然的位置等。图2-16为站姿单臂作业的近身作业空间，以第5百分位的男性为基准，当物体处于地面以上110～165cm高度，并且在身体中心左右46cm范围内时，大部分人可以在直立状态下达到身体前侧46cm的舒适范围（手臂处于身体中心线处操作），最大可及区弧半径为54cm；对于双手操作的情形，由于身体各部位相互约束，其舒适作业空间范围有所减小，见图2-17。这时伸展空间为：在距身体中线左右各15cm的区域内，最大操作弧半径为51cm。

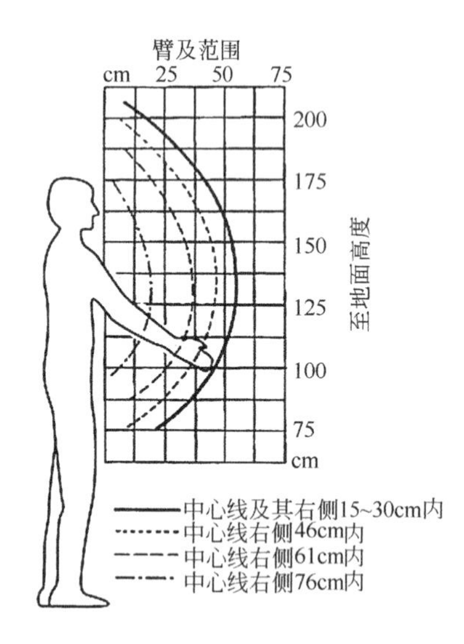

图2—16
站姿单臂作业近身作业

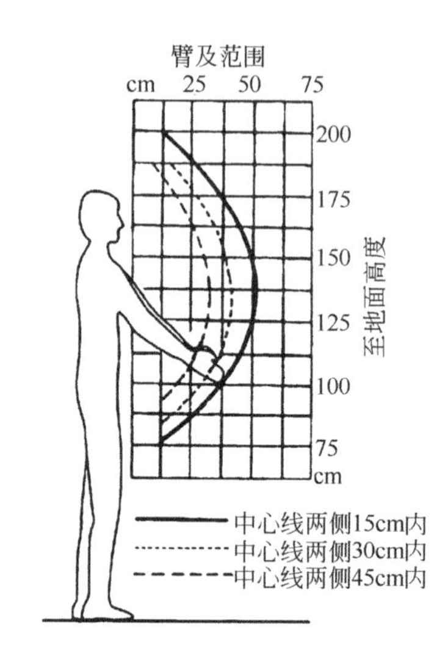

图2—17
站姿双臂作业近身空间

3）脚作业空间

与手操作相比，脚操作力大，但精确度差，且活动范围较小，一般脚操作限于踏板类装置。正常的脚作业空间位于身体前侧，座高以下的区域，其舒适的作业空间取决于身体尺寸与动作的性质。图2—18为脚偏离身体中线左右15°范围内作业空间的示意，深影区为脚的灵敏作业空间，而其余区域需要大腿、小腿有较大的动作，故不适于布置常用的操作元件。

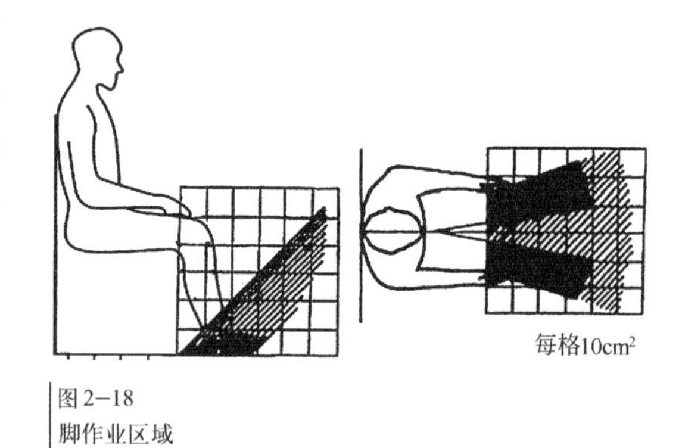

图2—18
脚作业区域

4）受限作业空间

作业者有时必须在限定的空间中进行作业，有时还需要通过某种狭小的通道。虽然这类空间大小受到限制，但在设计时，还必须使作业者能在其中进行作业或经过通道。为此，应根据作业特点和人体尺寸确定受限作业空间的最低尺寸要求。为防止受限作业空间设计过小，其尺寸应以第95百分位数或更高百分位数人体测量数值为依据，并应考虑冬季穿着厚棉衣等服装进行操作的要求。

图2—19为几种受限作业空间尺度，图2—20为几种常见通道的空间尺度，图中代号所表示的尺寸见表2—11。

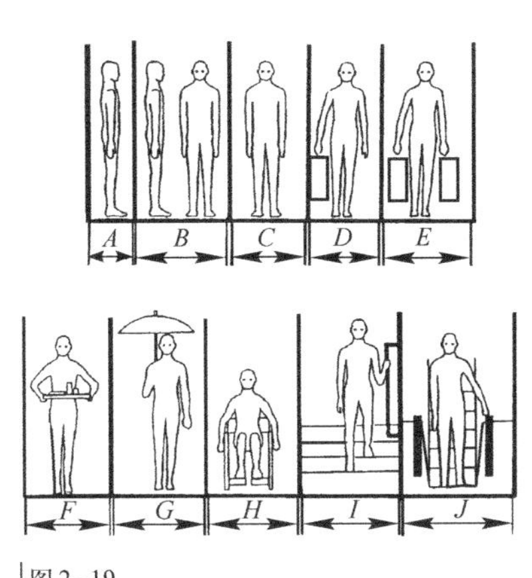

图 2-19
几种受限制作业空间尺度

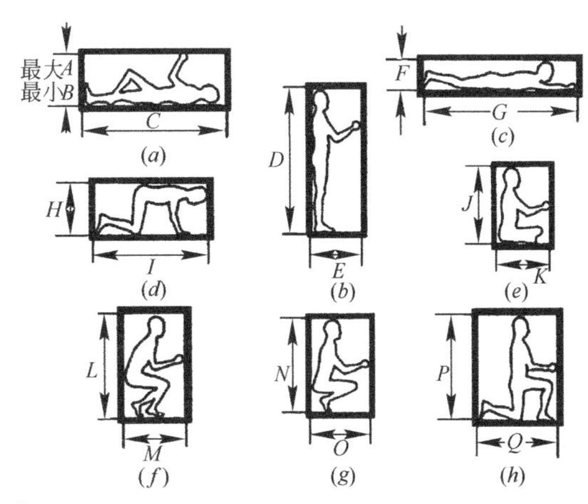

图 2-20
几种受限制作业空间尺寸

通道的空间尺寸 **表2-11**

代　号	*A*	*B*	*C*	*D*	*E*	*F*	*G*	*H*	*I*	*J*
静态尺寸(mm)	300	900	530	710	910	910	1120	760	单向760	610
动态尺寸(mm)	510	1190	660	810	1020	1020	1220	910	双向1220	1020

许多维修空间都是受限作业空间，在确定维修空间尺寸时，应考虑人的肢体尺寸、维修作业姿势、零件最大尺寸、标准维修工具尺寸以及维修时是否需要目视等因素。表2-12是由上肢和零件尺寸限定的维修空间，表2-13是由标准工具尺寸和使用方法确定的维修空间。

由上肢和零件尺寸限定的维修空间 **表2-12**

开口部尺寸	尺寸(mm)		开口部尺寸	尺寸(mm)	
	A	*B*		*A*	*B*
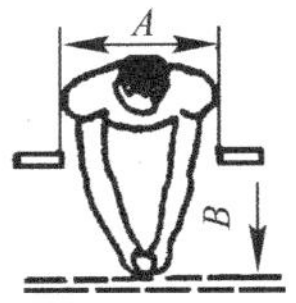	650	630	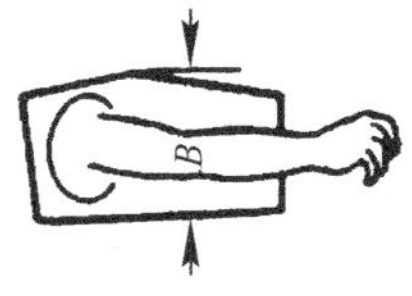		250
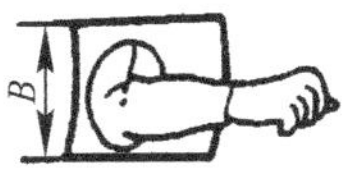		200	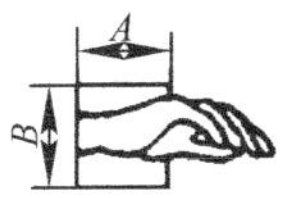	100	50
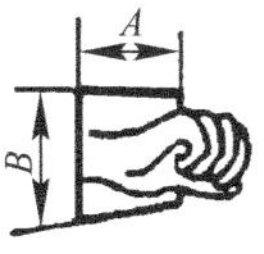	125	90	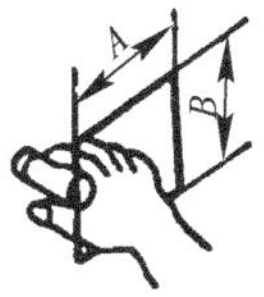	120	130

续表

开口部尺寸	尺寸(mm)		开口部尺寸	尺寸(mm)	
	A	B		A	B
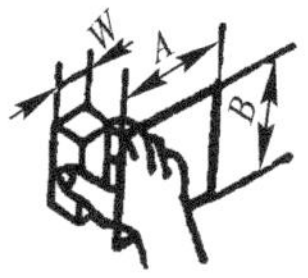	W+45	130	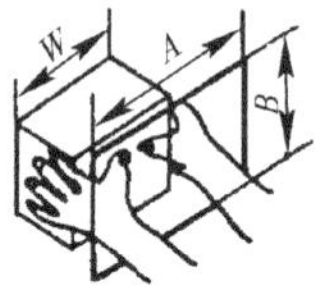	W+150	130
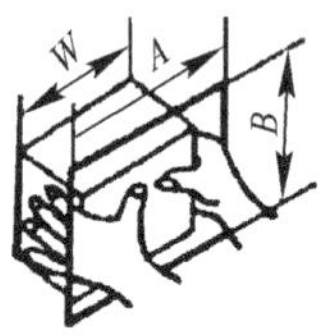	W+75	130	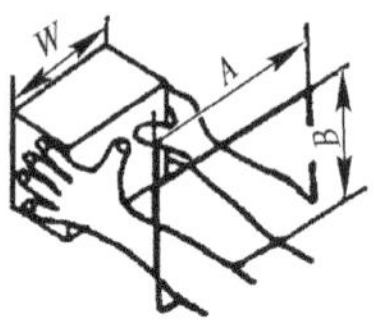	W+150	130

由标准工具尺寸和使用方法限定的维修空间　　表2–13

开口部尺寸	尺寸(mm)		开口部尺寸	尺寸(mm)			使用工具
	A	B		A	B	C	
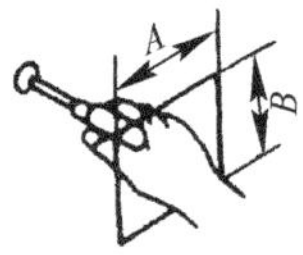	140	150	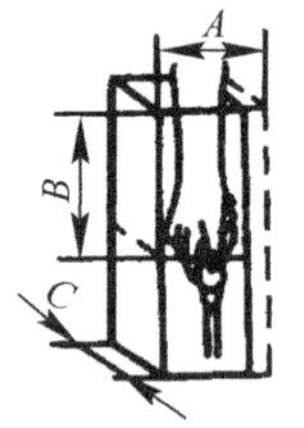	135	125	145	可使用螺丝刀等
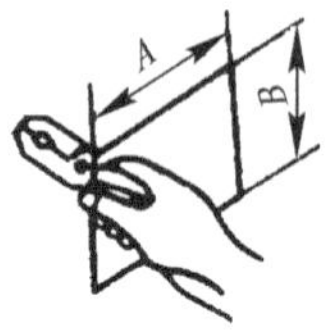	175	135	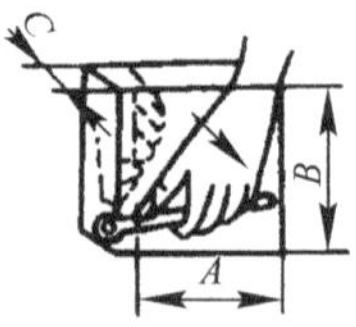	160	215	115	可用扳手从上旋转60°
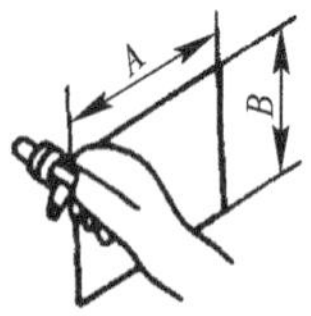	200	185	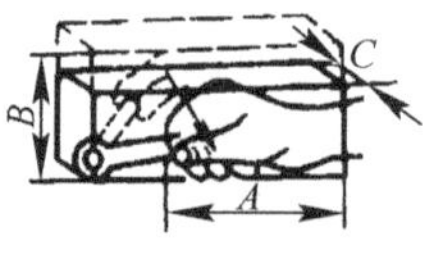	215	165	125	可用扳手从前面旋转60°

续表

开口部尺寸	尺寸(mm)		开口部尺寸	尺寸(mm)			使用工具
	A	*B*		*A*	*B*	*C*	
	270	205		215	130	115	可使用钳子、剪线钳等
	170	250					
	90	90		305		150	可使用钳子、剪线钳等

2.5 作业面设计

2.5.1 水平作业面

水平作业面主要在坐姿作业或坐/站作业场合采用，它必须位于作业者舒适的手工作业空间范围内。对于正常作业区域，作业者应能在小臂正常放置而上臂处于自然悬垂状态下舒适地操作；对最大作业区域，应使在臂部伸展状态下能够操作，且这种作业状态不宜持续很久。见图2-21中细实线与虚线所示。

作业时，由于肘部也在移动，小臂的运动与之相关联。考虑到这一点，则水平作业区域小于上述范围，见图2-21中粗实线所示。在此水平作业范围内，小臂前伸较小，从而能使肘关节处受力减小。因此考虑臂部运动相关性，确定的作业范围更为合适。

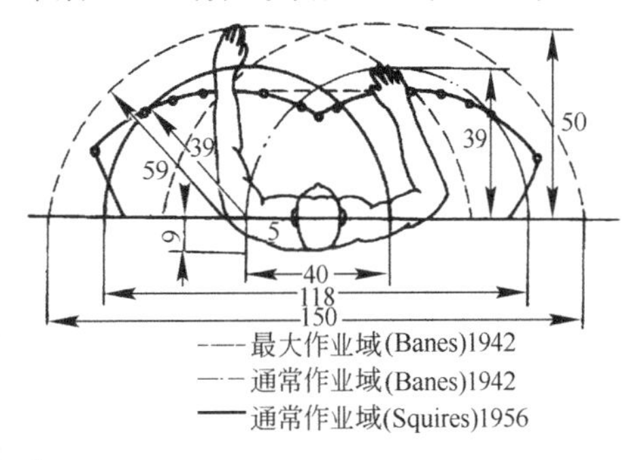

图2-21
水平作业面的正常尺寸和最大尺寸(cm)

办公室工作通常在水平台面上进行，如阅读、写作。但研究发现，适度倾斜的台面更适合于这类作业，实际设计中也有采用斜作业面的例子。当台面倾斜12°～24°时，人的姿势较自然，躯干的移动幅度小，与水平作业面相比，疲劳与不适感会减小。绘图桌桌面一般是倾斜的，如果桌面水平或位置太低，因头部倾角不能超过30°，绘图者就必须身体前屈。为了适应不同的使用者，绘图桌面应设计成可调式：高度66～133cm(以适应从坐姿到站姿的需要)；角度0°～75°。

2.5.2 作业面高度

进行作业场所设计时，作业面高度是必须抉择的要素之一。作业面如太低，则背部过分前屈；如果太高，则必须抬高肩部，超过其松弛位置，引起肩部和颈部的不适。作业面高度的确定应遵从下列原则：

1）如果作业面高度可调节，则必须将高度调节至适合操作者身体尺度及个人喜好的位置。

2）应使臂部自然下垂，处于合适的放松状态，小臂一般应接近水平状态或略下斜；任何场合都不应使小臂上举过久。

3）不应使脊椎过度屈曲。

4）若在同一作业面内完成不同性质的作业，则作业面高度应可调节。

一般，作业面高度应在肘部以下5～10cm。对于特定的作业，其作业面高度取决于作业的性质、个人的喜好、座椅高度、作业面厚度、操作者大腿的厚度等。表2–14为作业面高度推荐值，适用于身材较高地区。对于写字或轻型装配，其作业面高度为正常位置；重荷作业面高度低是为了臂部易于施力，且避免手部负重；对于精细作业，较高的作业面使得眼睛接近作业对象，便于观察。

坐姿作业面高度(单位：cm) **表2–14**

作业类型	男　性	女　性
精细作业(如钟表装配)	99~105	89~95
较精密作业(如机械装配)	89~94	82~87
写字或轻型装配	74~78	70~75
重荷作业	69~72	66~70

① 站姿

对于站姿作业，其作业面高度的设计要素与坐姿相似，即肘高(此时应从地板面算起)和作业类型。基本原则与坐姿作业面相同。图2–22为三种不同作业面的推荐高度，图中零位线为肘高，我国男性肘高均值为102cm，女性为96cm。图2–23为轻荷作业面高度随身高不同而调节的情况，它可作为设计可调作业台的依据。

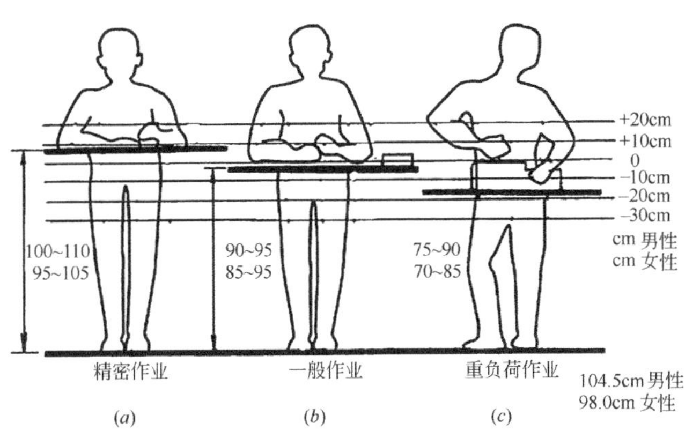

图 2-22
站姿作业面高度与作业性质的关系
(a)精密作业；(b)一般作业；(c)重荷作业

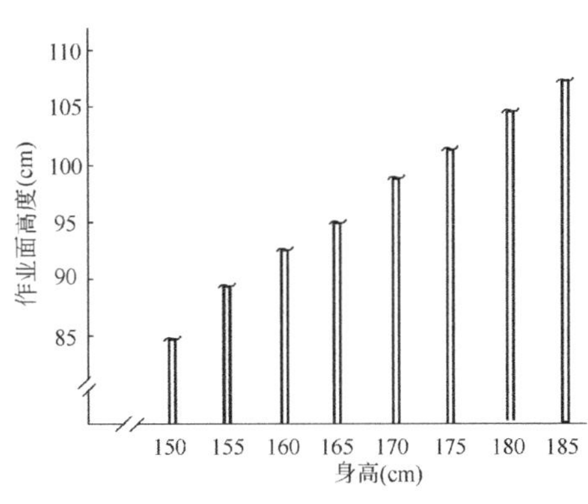

图 2-23
站姿一般作业面高度与身高的关系

② 坐/站姿

为使操作者能变换姿势，以消除局部疲劳或利于操作，有时采用坐姿站姿交替式作业。在这种情况下，作业面高度的设计应保持上臂处于自然松弛状态，椅子与踏板应便于交换姿势。因此，交替式作业面并不是单纯地提高坐姿作业面高度，而且必须考虑作业的性质与变换的频率。

2.5.3 作业空间的布置

作业空间的布置是指在限定的作业空间内，设定合适的作业面后，显示器与控制器(或其他作业设备、元件)的定位与安排。作业空间或设施的设计对人的行为、舒适感与心理满足感有相当大的影响，而其设计的重要方面之一就是各组成元素在人们使用的空间或设施中的布置问题。

2.5.3.1 作业场所布置总则

任何元件都可有其最佳的布置位置，这取决于人的感受特性、人体测量学与生物力学特性以及作业的性质。对于一个作业场所而言，因为显示与控制器众多，不可能使每个元件都处于其本身理想的位置。这时，就必须依据一定的原则来安排。从人机系统的整体考虑，最重要的是要保证方便、准确的操作。据此可确定作业场所布置的总体原则。

1）重要性原则

即首先考虑操作上的重要性。最优先考虑的是实现系统作业的目标或达到其他性能最为重要的元件。一个元件是否重要往往根据它的作用来确定。有些元件可能并不频繁使用，但却是至关重要的，如紧急控制器，一旦使用，就必须保证迅速而准确。

2）使用频率原则

显示与控制器应按使用的频率优先排列。经常使用的元件应置于作业者易见易及的位置，比如冲床的动作开关。

3）功能原则

在系统作业中，应按功能性相关关系对显示器、控制器以至机器进行适当的编组排列。比如温度显示器与温度控制器应编组排列，配电指示与电源开关应处于同一布置区域。

4）使用顺序原则

在设备操作中，为完成某动作或达到某一目标，常按顺序使用显示器与控制器。这时，元件则应按使用顺序排列布置，以使作业方便、高效。例如，开启电源、启动机床、看变速标牌、变换转速等。

在进行系统中各元件布置时，不可能只遵循一种原则。通常，重要性和频率原则主要用于作业场所内元件的区域定位阶段，而使用顺序和功能原则侧重于某一区域内各元件的布置。选择何种原则布置，往往是根据理性判断来确定，没有很多经验可供借鉴。在上述四种原则都可以使用的情况下，有研究表明，按使用顺序原则布置元件，执行时间最短，见图2-24。

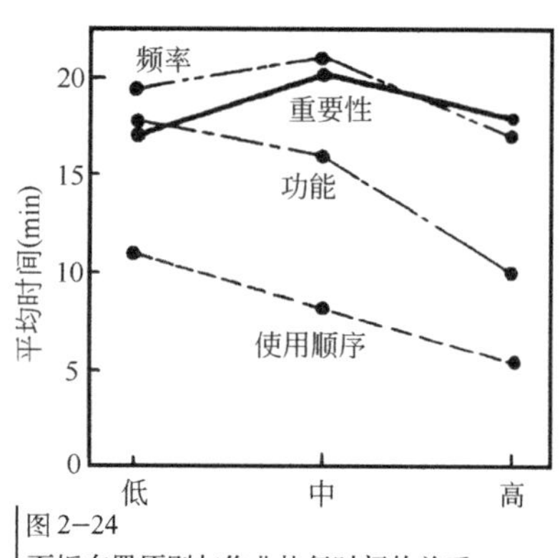

图 2-24
面板布置原则与作业执行时间的关系

2.5.3.2 作业场所布置考虑顺序

上述布置原则从空间位置上讨论了作业场所的布置问题。对于包含显示与控制的个体作业空间，还可以从以下的时间顺序上考虑布置的问题，以作出合适的折中。

第一位：主显示器；

第二位：主显示器相关的主控制器；

第三位：控制与显示的关联（使控制器靠近相关的显示器，运动相关性关系等）；

第四位：按顺序使用的元件；

第五位：使用频率的元件处于便于观察、操作的位置；

第六位：与本系统或其他系统的布局一致。

2.6 控制台设计

由于工作岗位不同，工作台种类繁多。在现代化生产系统中，常将有关的显示器、控制器等器件集中布置在工作台上，让操作者方便而快速地监控生产过程，具有这一功能的工作台称为控制台。

对于自动化生产系统，控制台就是包含显示器和控制器的作业单元，它小至像一台便携式打字机，大到可达一个房间。此处仅介绍一般常用控制台的设计。

2.6.1 控制台形式

1）桌式控制台

桌式控制台的结构简单，台面小巧，视野开阔，光线充足，操作方便。适用于显示、控制器件数量较少的控制，如图2–25(*a*)所示。

2）直柜式控制台

其构成简单，台面较大，视野效果较好。适用于显示、控制器件较多的控制，一般多用于无须长时间连续监控的控制系统，见图2–25(*b*)。

3）组合式控制台

组合式控制台的组合方式千变万化，有台和台、台和箱、柜和柜等组合方式，具体视其功能要求而定。与桌式控制台相比，虽然其结构较复杂，但它除了布置显示、控制器件外，还可以将有关的电气元件配置在箱柜中，是一种风格独特的控制台，见图2–25(*c*)。

4）弯折式控制台

弯折式控制台与弧型控制台属于一种形式，其结构复杂，适用于显示、控制器件数量很多的控制，一般多用于需长时间连续监控的控制系统。与直柜式控制台相比，具有监视观察视野佳、控制操作舒适方便等特点，如图2–25(*d*)所示。

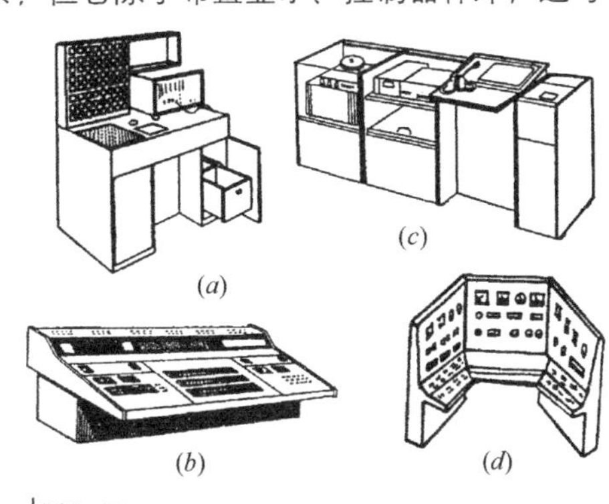

图2–25
控制台形式

2.6.2 控制台的设计要求

控制台的设计，最关键的是控制器与显示器的布置必须位于作业者正常的作业空间范围内，保证作业者能良好地观察必要的显示器，操作所有的控制器，以及为长时间作业提供舒适的作业姿势。控制台有时在操作者前侧上方也有作业区，所以这些区域都必须在可视可及区内。因此，控制台设计的主要工作是客观地掌握人体尺度。

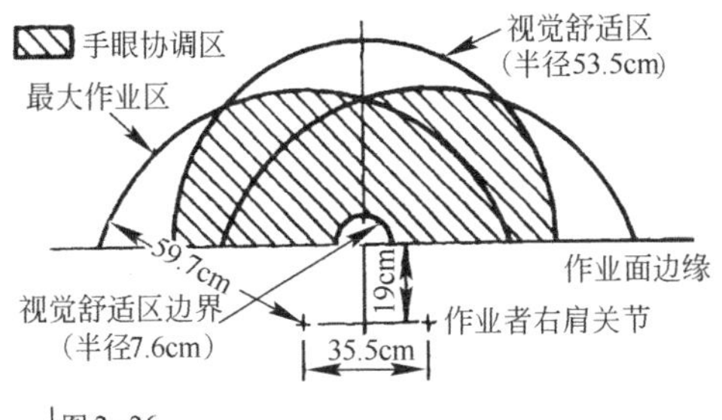

图2–26
推荐的控制台作业面布置区域

1）控制台作业面

图2–26为较方便舒适的显示控制作业面。该图是基于第2.5百分位的女性作业者人体测量学数据作出的。根据图中阴影区的形状来设计控制台，可使得操作者具有良好的手–眼配合协调性。

2）显示器面板型式

控制台显示器面板大多为平坦的矩形。但对于大型控制室内，常将控制台设计成显示—控制分体式，即显示器面板与控制台分开配置。此种类型的控制台，其面板形状应具有灵活性。图 2–27 为各种不同形式的显示器面板，对分体式控制台应采用展开 U 形或半圆形等形式，选型时应充分考虑到操作人员的立体操作范围。

3）控制台上方干涉点高度

对于分体式控制台，由于控制台高度方向上的干涉点可能遮挡视线，在显示面板的下方产生死角，因此在死角部分不能配置仪表，如图2–28 所示。

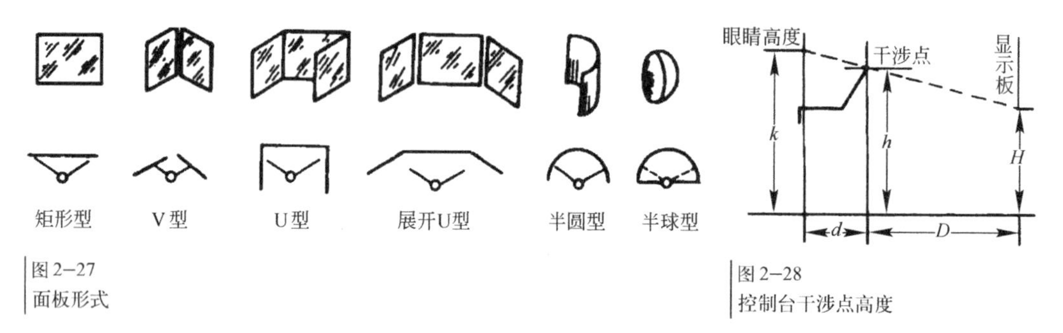

图 2–27
面板形式

图 2–28
控制台干涉点高度

在设计时，为保证操作者能方便地观察到显示面板的仪表，控制台上方干涉点的高度h可用下式计算：

$$h=\frac{Dk+dH}{D+d} \qquad (2\text{–}3)$$

式中h为干涉点高度；k为操作者眼高；H为显示面板下端高度；d为操作者眼点与干涉点的投影距离；D为干涉点与显示面板的投影距离。

2.6.3 常用控制台设计

1）坐姿低台式控制台

当操作者坐着监视其前方固定的或移动的目标对象，而又必须根据对象物的变化观察显示器和操作控制器时，则满足此功能要求的控制台应按图2–29(*a*)所示进行设计。

首先控制台的高度应降到坐姿人体视线水平线以下，以保证操作者的视线能达到控制台前方；其次应把所需的显示器、控制器设置在斜度为20°的面板上；再根据这两个要点确定控制台其他尺寸。

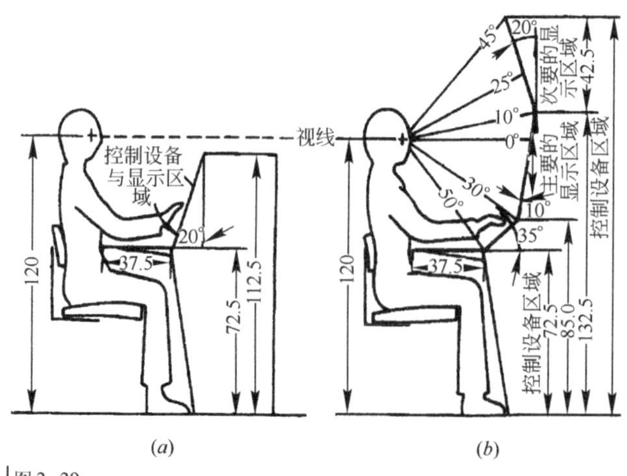

图 2–29
坐姿控制台(单位：cm)

2）坐姿高台式控制台

当操作者以坐姿进行操作，而显示器数量又较多时，则设计成高台式控制台。与低台式控制台相比，其最大特点是显示器、控制器分区域配置，见图2−29(*b*)。

首先在操作者视水平线以上10°至以下30°的范围内设置斜度为10°的面板，在该面板上配置最重要的显示器；其次，从视水平线以上10°～45°范围内设置斜度为20°的面板，这一面板上应设置次要的显示器；另外，在视水平线以下30°～50°范围内设置斜度为35°的面板，其上布置各种控制器。最后确定控制台其他尺寸。

3）坐/立姿两用控制台

操作者按照规定的操作内容，有时需要坐着，有时又需要立着进行操作时，则设计成坐立两用控制台。这一类型的控制台除了能满足规定操作内容的要求外，还可以调节操作者单调的操作姿势，有助于延缓人体疲劳和提高工作效率。坐立两用控制台面板配置如图2−30所示。从操作者视水平线以上10°到向下45°的区域，设置斜度为60°的面板，其上配置最重要的显示器和控制器；视水平线向上10°～30°区域设置斜度10°的面板，布置次要的显示器。最后，确定控制台其余尺寸。

设计时应注意的是，必须兼顾两种操作姿势时的舒适性和方便性。由于控制台的总体高度是以操作者的立姿人体尺度为依据的，因此当坐姿操作时，应在控制台下方设有踏脚板，这样才能满足较高坐姿操作的要求。

4）立姿控制台

其配置类似于坐立两用控制台，但在控制台的下部不设容腿空间和踏脚板，故下部仅设容脚空间或封板垂直。

5）标准控制台

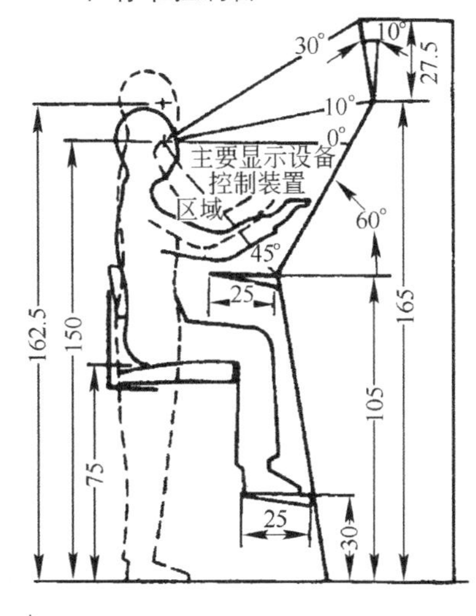

图2−30
坐立两用控制台(单位：cm)

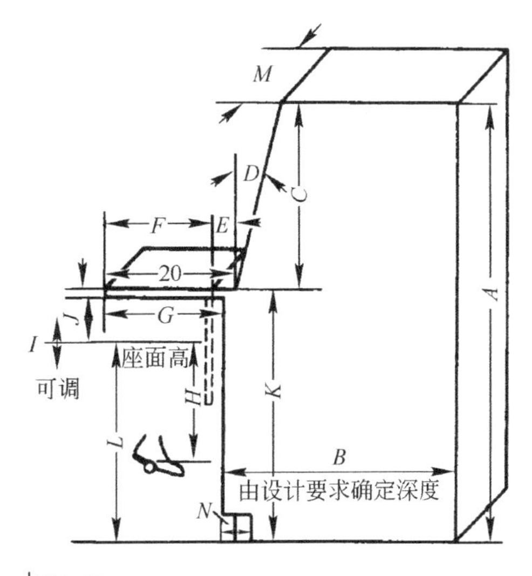

图2−31
一种控制台的标准设计(单位：cm)

作业姿势不同，控制台的尺寸范围也不相同。图2－31是一种控制台的标准设计，在三种作业姿势及其他有关条件下，各种尺寸范围见表2－15。

标准控制台(单位：cm) **表2－15**

尺寸序标	尺寸名称	坐/站姿	坐姿	站姿0
A	控制台最大高度	158	130~158	183
B	控制台深度			
C	台面到顶部高度	66	66	91
D	面板倾角/(°)	38	38	38
E	笔架最小深度	10	10	10
F	书写表面最小深度	40	40	40
G	最小容膝空间	45	45	45
H	座面至支脚高度	45	45	45
I	座高调整范围	10	10	10
J	最小大腿空间	16.5	16.5	16.5
K	书写表面高度	91	65~91	91
L	座高	72	45~72	
M	控制面板最大宽度	91	91	91
N	最小容脚空间	10	10	10

2.7 办公台设计

采用信息处理机、电子计算机、复印机、传真机、电视会议系统等电子设备处理办公室的日常事务，已成为现代化办公室的重要手段。随着现代化办公室内电子设备的更新和完善，逐渐形成电子化办公室。与电子化办公室中电子设备相适的办公家具设计，已显得非常重要。

2.7.1 电子化办公台人体尺度

图2－32是电子化办公台示意图，由图可知，现代电子化办公室内大多数人员是长时间面

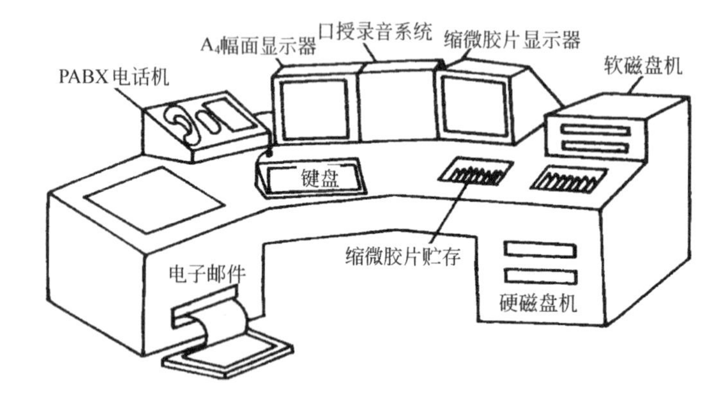

图2－32
电子化办公台示意图

对显示屏进行工作，因而要求像控制台一样具有合理的形状和尺寸，以避免工作人员肌肉、颈、背、腕关节疼痛等职业病。

按照人机工程学原理，电子办公台尺寸应符合人体各部位尺寸。图2—36是依据人体尺寸确定的电子化办公台主要尺寸，该设计所依据的人体尺寸是从大量调查资料获得的平均值。

2.7.2　电子化办公台可调设计

由于实际上并不存在符合平均值尺寸的人，即使身高和体重完全相同的人，其各部位的尺寸也有出入。因此，在电子化办公台按人体尺寸平均值设计的情况下，必须给予可调节的尺寸范围，如图2—33下部三个高度尺寸范围和座椅靠背调节范围等。

电子化办公台的调节方式有：垂直方向的高低调节、水平方向的台面调节以及台面的倾角调节等，如图2—34所示。国外电子化办公台使用实践证明，采用可调节尺寸和位置的电子化办公台，可大大提高舒适程度和工作效率。

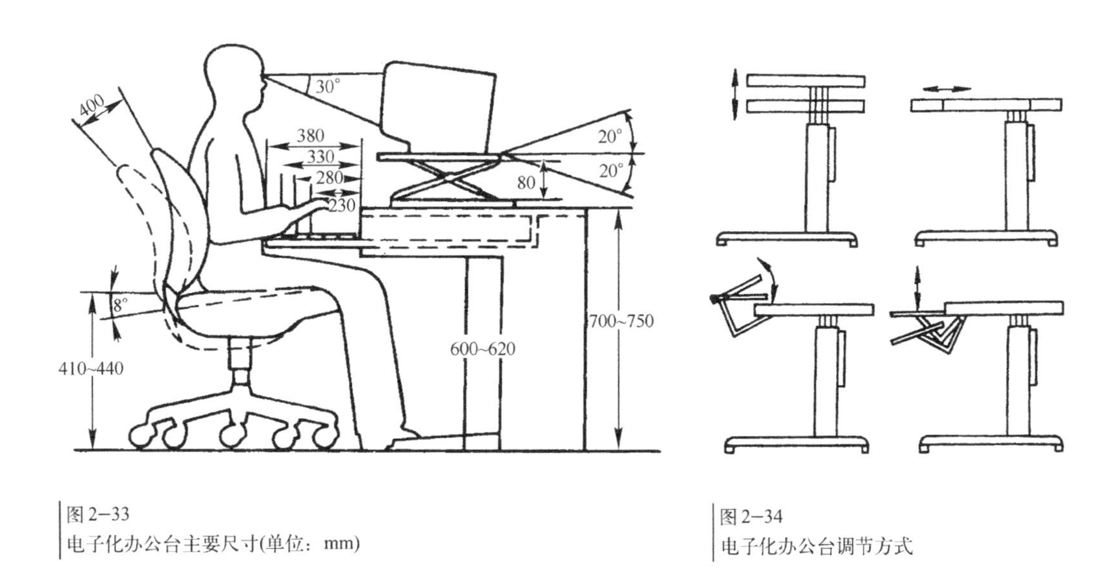

图2—33
电子化办公台主要尺寸(单位：mm)

图2—34
电子化办公台调节方式

2.7.3　电子化办公台组合设计

采用现代办公设备和办公家具，即意味着办公室内部的重新布置，因而要求办公室隔断、办公单元系列化、办公台易于拆装、变动灵活等特点。为适应这些要求，电子化办公台大多设计成拆装灵活方便的组合式，如图 2—35(*a*) 所示。

根据电子化办公台的几种基本组合单元，可组合成各种形式多变的办公单元系列，见图2—35(*b*)。

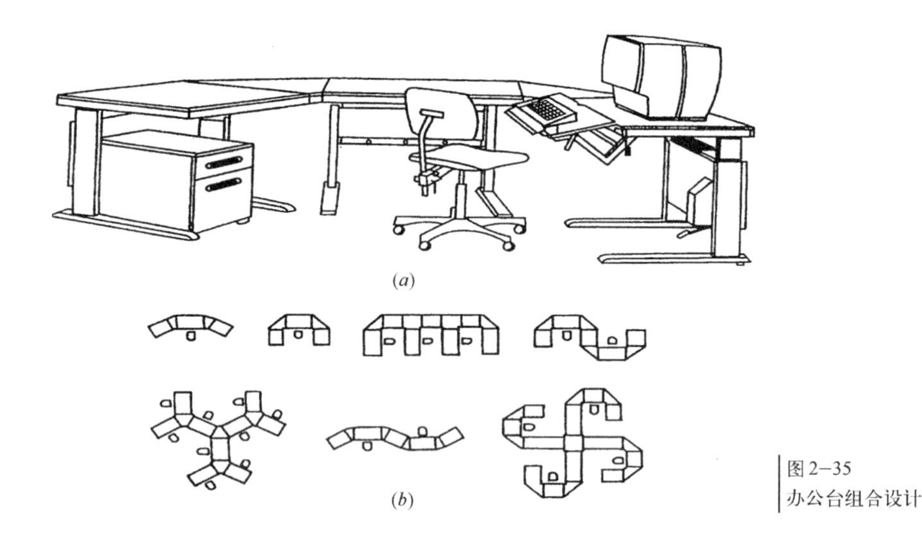

图2–35
办公台组合设计

2.8 工作座椅设计

2.8.1 一般工作场所座椅

一般工作场所座椅是指计算机房、打字室、控制室、交换台等场所坐姿操作者使用的工作座椅。CB/T 14774—93标准给出了这类工作座椅设计的一般人机工程学要求、结构形式和主要尺寸。

1）座椅设计要点

① 工作座椅的结构形式应尽可能与坐姿工作的各种操作活动要求相适应，应能使操作者在工作过程中保持身体舒适、稳定并能进行准确的控制和操作。

② 工作座椅的座高和腰靠高必须是可以调节的。座高调节范围在GB 10000中“小腿加足高”，即360～480mm之间；工作座椅坐面高度的调节方式可以是无级的或间隔20mm为一档的有级调节。工作座椅坐面高度的调节方式为165～210mm间的无级调节。

③ 工作座椅可调节部分的结构构造，必须易于调节，必须保证在椅子使用过程中不会改变已调节好的位置并不得松动。

④ 工作座椅各零部件的外露部分不得有易伤人的尖角锐边，各部结构不得存在可能造成挤压、剪钳伤人的部位。

⑤ 无论操作者坐在座椅前部、中部还是往后靠，工作座椅坐面和腰靠结构均应使其感到安全、舒适。

⑥ 工作座椅腰靠结构应具有一定的弹性和足够的刚性。在座椅固定不动的情况下，腰靠承受250N的水平方向作用力时，腰靠倾角 β 不得超过115°。

⑦ 工作座椅一般不设扶手。需设扶手的座椅必须保证操作人员作业活动的安全性。

⑧ 工作座椅的结构材料和装饰应耐用、阻燃、无毒。座垫、腰靠、扶手的覆盖层应使用柔软、防滑、透气性好、吸汗的不导电材料制造。

2）座椅结构形式

工作座椅必须具有主要构件：座面、腰靠、支架。工作座椅视情况而设的辅助构件有扶手。其主要结构形式如图2–36所示。

3）座椅主要参数

图2–36中所标注的座椅参数可依据中国成年人人体尺寸确定具体数值，见表2–16。该表中参数的确定，已考虑了操作者穿鞋和着冬装的因素。

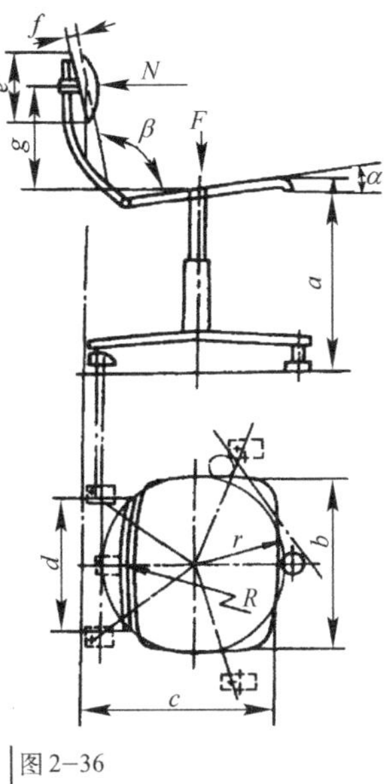

图2–36
一般工作座椅结构形式

工作座椅主要参数　　表2–16

参　数	符号	数　值	测　量　要　点
座　高	a	360~480(mm)	在座面上压以60kg、直径350mm半球状重物测量
座　宽	b	370~420(mm)推荐值400	在座椅转动轴与坐面的交点处或面深度方向二分之一处测量
座　深	c	360~390(mm)推荐值380	在腰靠高g=210mm处测量，测量时为非受力状态
腰靠长	d	320~340(mm)推荐值330	
腰靠宽	e	200~300(mm)推荐值250	
腰靠厚	f	35~50(mm)推荐值40	腰靠上通过直径400mm半球状物，施以250N力时测量
腰靠高	g	165~210(mm)	
腰靠圆弧半径	R	400~700(mm)推荐值550	
倾覆半径	r	195(mm)	
坐面倾角	α	0°~5° 推荐值3°~4°	
腰靠倾角	β	95°~115° 推荐值110°	

注：1. 表中各符号所代表的参数意义见图2–36。
　　2. 表中所、列参数a、f、g、α、β为操作者坐在椅上之后形成的尺寸、角度。

2.8.2 办公室工作座椅

图2－37为根据日本人体测量数据所设计的办公用座椅原型，从该图可以看出座椅设计后基本尺寸的情况。其设计数据是：座面高370～400mm，座面倾角2°～5°，上身支撑角约110°；工作时以靠背为中心，与一般作业场所座椅显著的不同之处是，靠背点以上的靠背弯曲圆弧在人体后倾稍做休息时，能起支撑作用。该类座椅也可作为会议室用椅。

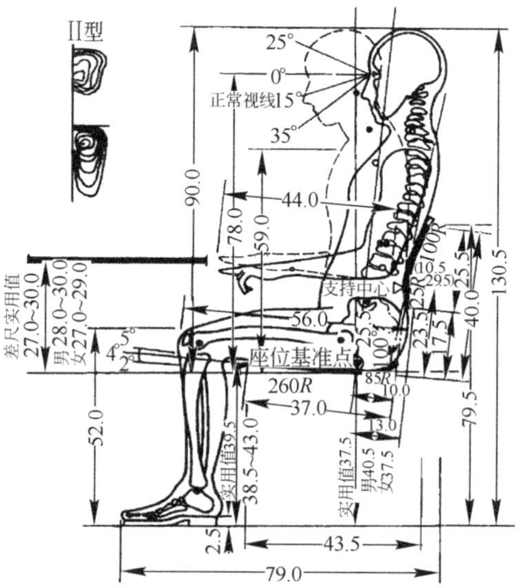

图2－37
办公用座椅原型(单位：cm)

2.8.3 座椅设计的新观念

近年来，人机工程学专家与设计师对座椅设计有新的发展。一般的座椅设计仅是从座椅固有形状与尺寸关系上进行调整性设计，而近期的座椅设计则从座椅最根本的功能要求的角度着手，从设计观念上已有所突破与创新。

1）动态座椅

所谓“动态”座椅，其设计特点是座椅能对坐者的动作与姿势作出自动响应。通常的座椅靠背与椅面夹角是固定的，座面除椅垫能部分地吸收落座时的冲击以外，没有其他吸收冲击的措施。图2－38为一“动态”座椅的设计示例，座面下配置的液压缸控制座椅角度在14°范围内连续调整，液压缸的动作由坐者重心的移动来实现。这种自动调节可以使座椅适应不同使用者习惯的坐姿，使用者也可以在座椅上时常改变姿势，以防止久坐对身体的压力局部积累。调整后，座椅还可以在任意角度锁紧。该座椅上还设计有座面提升机构，以吸收落座时的冲击。落座时，座面下陷一定高度，坐稳后，提升机构使之回复到原来位置。

图2－38
“动态”座椅的设计

图2－39
座面前倾的写字、绘图椅

2）前倾式座椅

研究表明，采用座椅适当前倾设计的工作椅会更适合于工作，尤其是办公室工作，比如对写字和绘图用椅的设计，见图2–39。当要求座面高度较高时，对于倾斜式绘图桌用椅，前倾角应达到15°以上，如果背靠角为90°，则相当于座面与靠背夹角为105°，这是坐姿的最小舒适角度。靠背对于脊椎部还能起适度的支持作用，肌肉紧张较小，背部压力在椎骨上分布也较均匀。

3）膝靠式座椅

为了适应办公室工作，如打字、书写坐姿要求，座面应设计成前倾式。但前倾式座面使坐者有从前缘滑脱的趋势，为了维持坐姿，坐者不得不腿部用力抵住地面，防止前滑。为了解决这一问题，设计时从膝部支承考虑，提供一膝部下方至小腿中部的膝靠，这样座面倾斜时前滑的趋势被膝靠阻挡，保持坐姿的稳定。

膝靠式座椅是一种打破传统座椅支承上体重量靠臀部的椅子。其设计特点如图2–40所示，由坐骨与膝盖来分担大腿以上部位的重量，以减轻脊柱和臀部的承重负担。但膝靠式座椅本身还有一些缺陷有待克服。主要问题在于进出座椅不方便；坐者只能采取前倾作业姿势，如欲后仰休息，则膝部以下被膝盖所限制。

图2–40
膝靠式座椅

2.8.4 其他工作凳椅

凳子的功能与椅子一样，具有提供工作者休息的作用，但凳子比椅子的使用更灵活。对一些特定的工作岗位，由于上身前倾或需要随时变换体位，使用凳子比座椅更为合适。

1）作业用凳

对立姿工作岗位，需间或坐一下作短暂休息，以减轻腿部疲劳时，可采用高度适宜、座面平坦作业用凳，见图2–41(*a*)。

对坐姿作业使用的座凳，其座面外形类似自行车座垫，且向前倾斜，高500～600mm。虽然座面高于小腿，但因座面在大腿部位取向前倾斜的角度，不会像水平座面那样压迫大腿后侧。该设计是考虑由坐骨结节点支承体重，下肢又能自由活动而采用的理想造型，它所提供的坐姿作业，与长时间立姿作业相比，可减轻下肢负担，但又方便操作，见图2–41(*b*)。

对于坐立交替作业使用的座凳，要求其结构十分稳固，高度可调，不用时可转至某个不妨碍操作的位置。据此要求可设计成图2–41(*c*)所示的支承旋转凳，它可便于操作者在立姿的伸展操作中改变姿势。

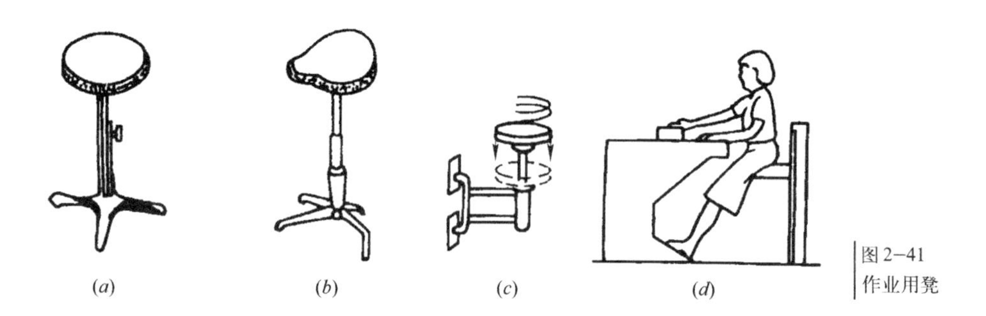

(*a*) (*b*) (*c*) (*d*)

图 2—41
作业用凳

如图2—41(*d*)所示的单边支凳，具有可调节高度和角度，在操作台上应设有脚踏板和容腿空间。当采用坐姿操作时，可使操作者尽可能接近工作面；当采用立姿操作时，可将其从操作台旁推开。

2）其他支撑物

对立姿工作岗位，如其工作面高度相对较低，为了减轻因弯腰引起人体疲劳，可采用图2—42所示支撑物，包括脚踏板和搁臂垫组合[图2—42(*a*)]，脚踏板和支承凳组合[图2—42(*b*)]，以及回跳凳[图2—42(*c*)]。这些支撑物都能够给操作者身体一个平衡力，但操作活动又不受这个力的影响。实践表明，操作者斜靠在这类支承物上，比正坐在其他椅凳上更便于改变姿势和方便操作。

此外，带转动支架的转椅，是一种设计特殊的作业用支承物，见图2—42(*d*)。该转椅的座面可回转，而且整个座椅也可绕其支架回转，它与常见的四腿座椅相比，不仅稳定、安全，而且扩大了操作者的作业范围。其缺点是占用空间很大，需置于适当之处，不得影响其他作业。

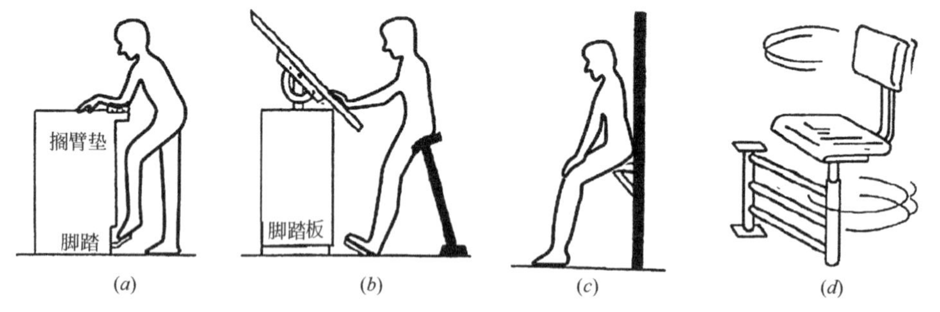

(*a*) (*b*) (*c*) (*d*)

图 2—42
作业用支承物
(*a*)脚踏板和搁臂垫组合；(*b*)脚踏板和支承凳组合；(*c*)回跳凳；(*d*)带转动支架的转椅

第3章 | 人的感知与认知特征及显示装置设计

机器和设备中，专门用来向人表达机器和设备性能参数、运转状态、工作指令，以及其他信息的装置，属于信息显示装置。它们共同的特征是能够把机器设备的有关信息以人能接受的形式显示给人。在人机系统中，按人接受信息的感觉通道不同，可将显示装置分为视觉显示、听觉显示和触觉显示。其中以视觉和听觉显示应用最为广泛，触觉显示是利用人的皮肤受到触压或运动刺激后产生的感觉而向人们传递信息的一种方式，除特殊环境外，一般较少使用。

信息显示装置的设计与人的感知和认知特征密切相关。

3.1 人的基本感知特征

人体按功能可划分为呼吸、消化、运动、泌尿、生殖、循环、内分泌、感觉和神经共九个系统。每个系统都有许多器官。各系统的功能活动相互联系、相互制约，都在中枢神经系统和体液统一支配和调节下。指挥(支配)人体全身的各个系统，构成一个统一的有机体。中枢神经系统的支配作用表现在两个方面：一是人和外界的关系；二是人的内部关系，即内脏及体表各器官的关系。

外界刺激作用于人的器官，经过神经中枢后作出反应，其关系如图3-1所示。从人机工程

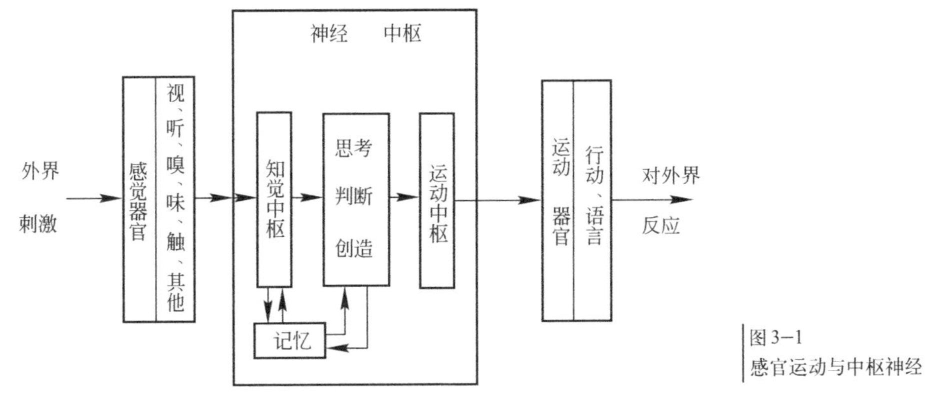

图3-1
感官运动与中枢神经

设计角度考虑，人与外界(机器、环境)直接发生联系的主要有三个系统，即感觉、神经和运动三个系统，其他六个系统则认为是人体完成各种功能活动的辅助系统。

1）人的感觉器官

感觉是人脑对直接作用于感觉器官的客观事物个别属性的反应。人的感觉器官有眼、鼻、耳、舌和皮肤，产生视、听、嗅、味和触觉五种感觉。此外还有运动、平衡、内脏感觉。综合起来，可谓八种感觉。这些感觉器官各有其独特而又相互补充的作用。综合感觉总是比单一的某种感觉反应快而准确。这是因为多个器官接受的感觉多于单一感觉器官的刺激量，大脑皮质多个部位对信息加工，进行思考和判断。

2）感觉刺激阈限

人体的各种感觉器官都有各自最敏感的刺激，其刺激形式和感觉反应详见表3−1所示。

刺激形式和感觉反应 **表3−1**

感觉类型	感觉器官	刺激输入	刺激来源	对物性的感觉反应	作用
视觉	眼	光	外部	形状、大小、色彩、明暗、位置、静动、运动方向	识别、联络
听觉	耳	声	外部	声音的强弱、声调、声色、声源的方向和远近	报警、联络
嗅觉	鼻	挥发飞散性物质	外部	辣气、香气、臭气等	报警
味觉	舌	以唾液溶解的物质	表面接触	酸、甜、苦、辣、咸、涩等	报警
触觉	皮肤及皮下组织	物理或化学物质对皮肤的作用	直接或间接接触	触觉、压感、痛感、冷热感等	报警
平衡感觉	主要是耳朵的前庭器官	运动和位置变化	外部和内部	旋转运动、直线运动、摆动等	调整作用
深部运动与内脏感觉	肌体神经和关节	外部物质对肌体的作用	外部和内部	撞击、重力、抗衡、姿势等	调整作用

感觉是物理刺激作用于感官的结果。刺激必须达到一定强度才能对感官发生作用。但是，刺激强度过大，超过某一最高阈值时，不但无效，而且还会引起相应的感觉器官损伤。能为感觉器官所感受的刺激强度范围，称为感觉阈值，见表3−2。

在刺激强度不变的情况下，感觉器官持续刺激一段时间后，感觉会逐渐减少以至消失，这种现象称为“适应”。

各种感官的感觉阈值　　表3–2

感觉类别	阈值		感觉阈的直观表达(最低值)
	最低值	最高值	
视　觉	$(2.2\sim5.7)\times10^{-17}$J	$(2.2\sim5.7)\times10^{-8}$J	在晴天夜晚，距离48km处可见到蜡烛光(约16个光量子)
听　觉	2×10^{-5}Pa	2×10Pa	在寂静的环境中，距离6m处可听到钟表嘀哒声
嗅　觉	2×10^{-7}kg/m^3		一滴香水在三间房的空间内打散后嗅到的香水气味(初入室内)
味　觉	4×10^{-7}硫酸试剂(摩尔浓度)		一茶匙砂糖溶于9L水中的甜味(初次尝试)
触　觉	2.6×10^{-9}J		蜜蜂的翅膀从1cm高处落在肩的皮肤上

在一定条件下，各种感觉器官对其适应刺激的感受能力都将受到其他刺激的干扰而降低。例如，同时输入两个视觉信息，人往往只倾向于注意其中一个而忽视另一个；当视觉与听觉信息同时输入时，听觉信息对视觉信息干扰较大。

3.2 人的视觉特征

3.2.1 视觉机能

1）视角和视力

视角是被看物体两端的光线投入眼球的夹角，如图3–2所示。视角的大小与观察距离及被看物体上两端点直线距离有关，可用下式表示：

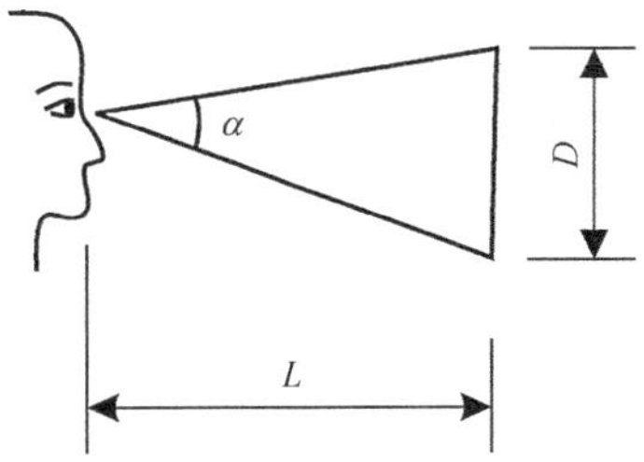

$$\alpha = 2\mathrm{arctg}(D/2L) \qquad (3-1)$$

图3–2
视角

式中　α——视角(′)；

D——被看到物体上下两端的直线距离(cm)；

L——眼睛到被看物体的距离(cm)；

眼睛能分辨被看物体最近两点的视角称为临界视角。

视力是表征人眼对物体细部分辨能力的一个生理尺度，其定义为临界角的倒数：

$$视力=1/能够分辨的最小物体的视角 \qquad (3-2)$$

公式中视力单位为1/(′)。检查人眼视力的标准规定，视角为1′时，视力为1.0称为标准视力。视力随照度、背景亮度和物体与背景的对比度的增加而增大，随年龄的增加而下降。

2）视野与视距

视野是指当头部和眼球固定不动时所能看到的正前方空间范围，或称静视野。眼球自由转动时能看到的空间范围称为动视野。视野常以角度表示。在工业造型设计中，一般以静视野为依据进行设计，以减少人眼的疲劳。正常人两眼的视野如图3−3所示。

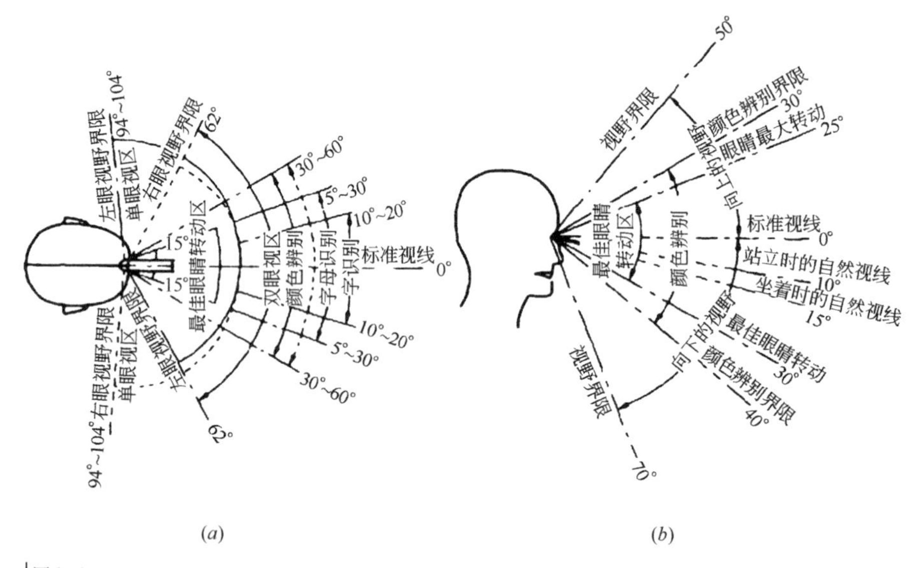

图 3−3
人的水平视野和垂直视野
(a)水平面内视野；(b)垂直面内视野

在水平面内的视野是：双眼视区大约在左右60° 以内的区域；人的最敏感视力是在标准视线每侧1° 的范围内；单眼视野界限为标准视线每侧94° ～104° 。

在垂直平面内视野是：最大视区为标准视线以上50° 和标准视线以下70°。颜色辨别界限在标准视线以上30° 和标准视线以下40°。实际上，人的自然视线是低于标准视线的。在一般状态下，站立时自然视线低于标准视线10°；坐着时低于标准视线15°；在很松弛的状态中，站着和坐着的自然视线偏离标准视线分别为30° 和38°。观看展示物的最佳视区在低于标准视线30° 的区域内。

人眼的视网膜可以辨别波长不同的光波，在波长为380～760nm的可见光谱中，光波波长只要相差3nm，人眼就可分辨。由于可见光谱中各种颜色的波长不同，对人眼刺激不同，人眼的色觉视野也不同。图3−4是人眼对不同颜色的视野。由图可知，人眼对白色的视野最大，对黄色、蓝色、红色的视野依次减小，而对绿色的视野最小。色觉视野还受背景颜色的影响。表3−3是黑色背景上的色觉视野。图3−5是不同色彩背景条件下观察色彩的感知识别距离的变化曲线。

视距是指人的眼睛观察操作系统中指示器的正常距离。人一般操作的视距在380～760mm之间，其中以560mm为最佳视距。视距过远或过近都会影响人的认读速度和准确性，而且观察

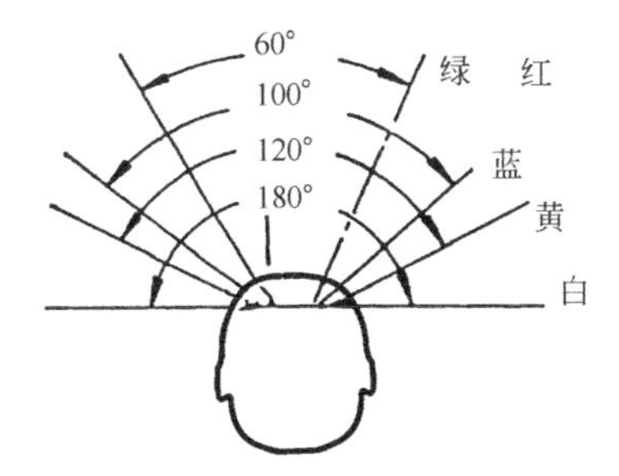

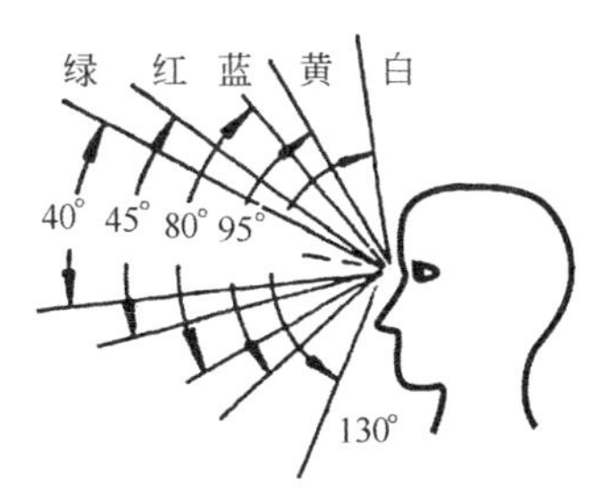

图3–4
人的色觉视野

黑色背景上几种色觉视野 表3–3

视野方向	视野(°)			
	白色	蓝色	红色	绿色
从中心向外侧(水平方向)	90	80	65	48
从中心向内侧(水平靠鼻侧)	60	50	35	25
从中心向下(垂直方向)	75	60	42	28
从中心向上(垂直方向)	50	40	25	15

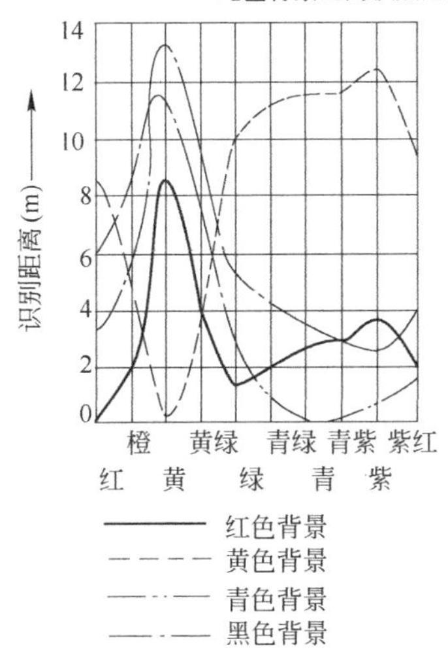

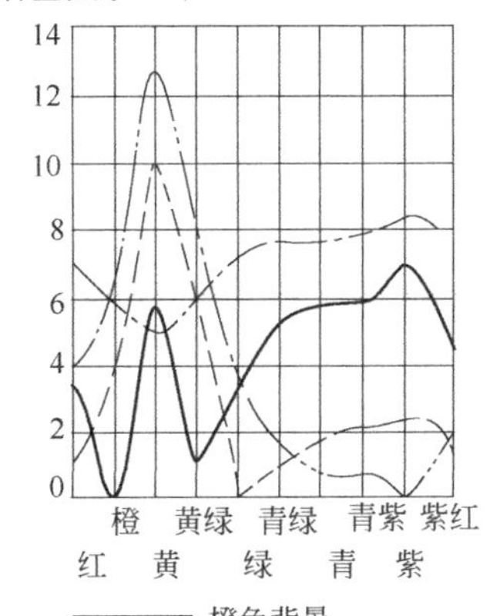

图3–5
不同色彩背景下观察色彩的识别距离

距离与工作的精确程度密切相关。因此，应根据具体工作任务的要求选择最佳视距。表3–4列出几种不同性质工作的视距选择与固定视野的关系。

几种不同性质工作视野的推荐值 表3–4

工作性质	举　　例	视距(眼至视觉对象)(mm)	固定视野直径(mm)	备　　注
最精细的工作	安装最小的部件(表、电子元件)	120~250	200~400	坐着、部分地依靠视觉辅助手段(小型放大镜、显微镜)
精细工作	安装收音机、电视机	250~350(多为300~320)	400~600	坐着或站着

续表

工作性质	举　　例	视距(眼至视觉对象)(mm)	固定视野直径(mm)	备　　注
中等粗活	在印刷机、钻井机、机床旁工作	500以下	至800	坐或站
粗活	包装、粗磨	500~1500	300~2500	多为站着
远看	黑板、开汽车	1500以上	2500以上	坐或站

3.2.2 几种常见的视觉现象

1）明暗适应

从明亮处突然进入黑暗处时，眼睛开始时什么也看不清楚，经过5～7min才渐渐看见物体，大约经过30min，眼睛才能完全适应。这种适应过程称为暗适应。在暗适应过程开始时，瞳孔逐渐放大，使进入眼睛的光通量增加。同时对弱刺激敏感的视杆细胞逐渐转入工作状态，即眼的感受性随之提高。与暗适应情况相反的过程是明适应。即由暗处转入明亮处时，开始瞳孔缩小，使进入眼睛中的光通量减少，眼的感受性随之降低。此时，视杆细胞退出工作，而视锥细胞数量迅速增加。由于视锥细胞反映较快，开始30s后感受性就会变化很慢，大约1min后明适应过程就趋于完成。明暗适应见图3-6。

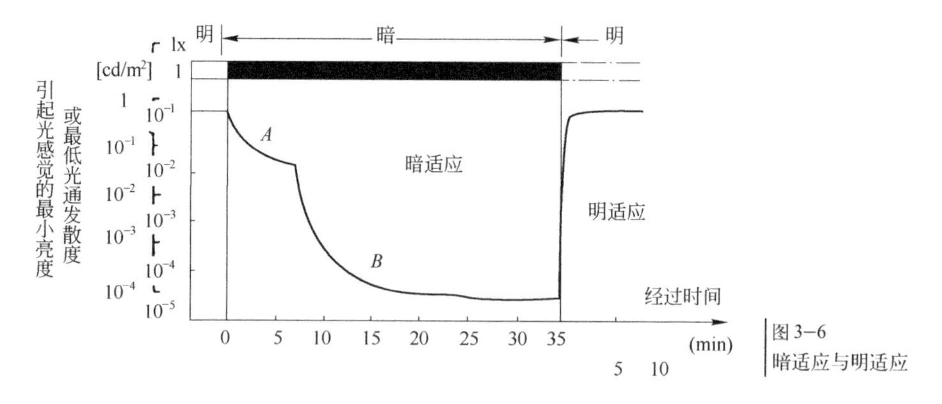

图3-6
暗适应与明适应

另外，人眼还有色彩适应。当人第一眼观察到鲜艳的色彩时，感觉它艳丽夺目。但是经过一段时间后，鲜艳感会逐渐减弱，说明已经对这种色彩开始适应。

2）眩光

所有耀眼和刺眼的强烈光线叫眩光。眩光干扰视线，使可见度降低，并使眼睛疲劳、不舒服等。它多来源于物体表面过于光亮和亮度对比过大或直接强光照射。

眩光作为一种外界信息，经过人的视觉通道所产生的生理现象是：由于高强度的刺激，使瞳孔缩小，降低了视网膜上的照度；角膜或晶状体等眼内组织产生光散射，减小了被看物体与背景间的对比度；视网膜受到高亮度的刺激，使大脑皮层细胞间产生相互作用，致使对被看物体的观察模糊。

眩光可使人的视力下降，注意力分散，产生不舒适的视觉条件，因而直接影响视觉辨认，不利于工作和学习。所以，在造型设计和作业空间布置中，应尽力限制和避免眩光。采取的主要措施有减少光源的亮度、调节光源的位置与角度、提高眩光光源周围空间的亮度、改变反射面的特性及戴上防护眼镜等。

眩光有时候也可利用，如用很多白炽灯组成各种形状的吊灯，在空间闪闪发光，以创造富丽堂皇的环境；用高亮度的光源照射在金碧辉煌的建筑饰物或其他饰物上，能辉映出金波银浪似的闪耀，给人以愉快、兴奋之感。

3）视错觉

视错觉是指人观察外界物体形象或图形所得的印象与实际形状或图形不一致的现象。这是视觉的正常现象。人们观察物体或图形时，由于物体或图形受到形、光、色的干扰，加上人的生理、心理原因，会产生与实际不符的判断性视觉误差。视错觉现象很多，产生的原因也不一样，有的原因目前还不清楚。图3-7为常见的几种视错觉。

图3-7(*a*)中均为等长的线段，因为方向不同或因附加物的影响，感觉竖线比横线长，上短下长，左长右短。

图3-7(*b*)中左边两角大小相等。因二者包含的角大小不等，感觉右边的角大于左边的

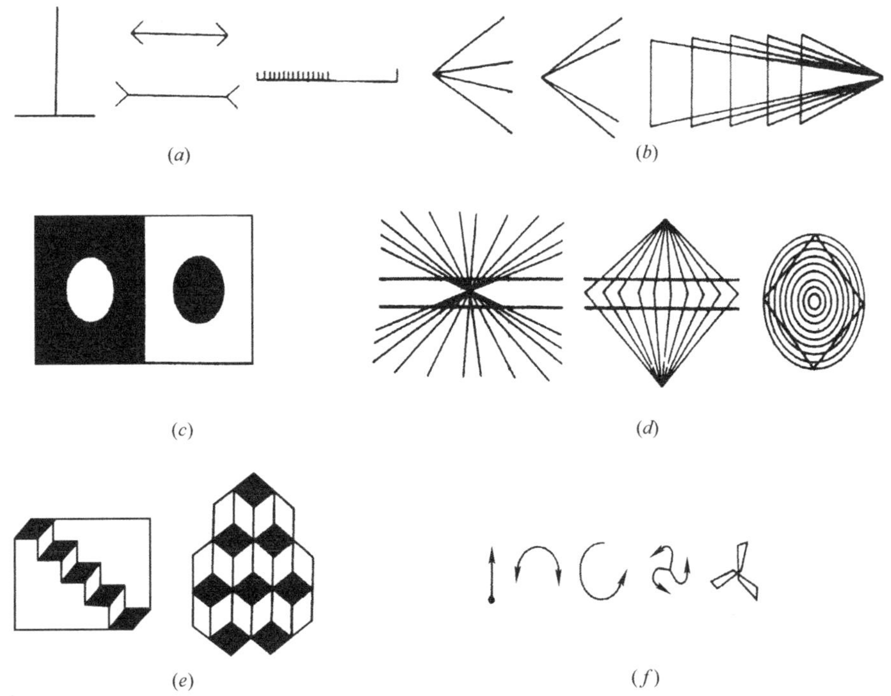

图3-7
常见的几种视错觉
(*a*)长度错觉；(*b*)对比错觉；(*c*)光渗错觉；(*d*)位移错觉；(*e*)翻转错觉；(*f*)运动错觉

角；五条垂线等长，因各线段所对的角度不等，感觉自左至右逐渐变长。

图3－7(c)中两圆直径相等，因光渗作用引起颜色上浅色大深色小的错觉，感觉到左圆大，右圆小。

图3－7(d)中的水平线和正方形，由于其他线的干扰，感觉到发生弯曲。

图3－7(e)中，眼睛注视的位置不同，图形可见虚实的翻转变化。

图3－7(f)中，线段末附加有箭头，使人感觉有图形方向感和运动感。

视错觉有害也有益。在人—机系统中，视错觉有可能造成观察、监测、判断和操作的失误。但是在工业产品造型中可以利用视错觉，以获得满意的心理效应。例如，在房间室内装饰和控制室的内部装饰设计中，对四壁墙面常采用纵向线条划分所产生的视错觉，可以增加室内空间的透视感，使空间显得长些；相反，也可利用横向线条划分所产生的视错觉，来改善室内空间的狭长感，使空间显得宽些。另外，交通中利用圆形比同等面积的三角形或正方形显得要大1/10的视错觉，规定用圆形为表示“禁止”或“强制”的标志。

3.2.3 视觉运动规律

视觉运动的主要规律有：

1）眼睛的水平运动比垂直运动快，即先看到水平方向的物体，后看到垂直方向的物体。

2）视线习惯于从左向右和从下向上运动，看圆形内的物体总是沿顺时针方向看。

3）眼睛垂直运动比水平运动更容易疲劳；对水平方向尺寸和比例的估计比垂直方向尺寸和比例估计要准确得多。

4）当眼睛偏离视中心时，在偏离距离相等的情况下，人眼对四个象限的观察率依次为：左上最好，其次是右上，再之最左下，最差的是右下。

5）眼睛是人的机体的一部分，具有一定的惰性。因此，对直线轮廓比对曲线轮廓更容易接受，看单纯的形态比看复杂的形态顺眼和舒适。

6）两眼的运动是协调的、同步的，不可能一只眼转动而另一只眼不动，也不可能一只眼在看而另一只眼不看。

7）颜色对比与人眼辨色能力有一定关系。当人从远方辨认前方不同颜色时，首先辨认红色，依次为绿、黄、白。所以，停车、危险信号标志都采用红色。

3.3 视觉显示器的设计

3.3.1 仪表显示的一般概念

3.3.1.1 仪表显示的种类

仪表是信息显示器中应用极为普遍的一种视觉显示器，按其认读特征分为两大类：数字显示器和模拟显示器。

1）数字式显示器

用数字来显示有关参数或工作状态的显示器，如各种数字显示屏、机械和电子的数字计数器等。这一类型显示器的特点是：显示简单、直接、精确、认读速度快，且不易产生视觉疲劳等。

2）模拟式显示器

用标定在刻度上的指针来显示信息的，如常见的手表、电流表、压力表等，其特点是：信息形象化，能连续、直观地反映信息变化趋势，使人对模拟值在全程量范围内所处的位置一目了然。

模拟式与数字式显示仪表特点的比较如表3-5所示。

模拟式与数字式显示仪表特点 **表3-5**

<table>
<tr><th rowspan="2">比较项目</th><th colspan="2">模拟显示仪表</th><th rowspan="2">数字显示仪表</th></tr>
<tr><th>指针活动式</th><th>指针固定式</th></tr>
<tr><td>数量信息</td><td>中：指针活动时读数困难</td><td>中：刻度移动时读数困难</td><td>好：能读出精确数值，速度快，差错少</td></tr>
<tr><td>质量信息</td><td>好：易判定指针位置，不需读出数值和刻度就能迅速发现指针的变动趋势</td><td>差：未读出数值和刻度时，难以确定变化方向和大小</td><td>差：必须读出数字，否则难以得知变化的方向和大小</td></tr>
<tr><td>调节性能</td><td>好：指针运动与调节活动有简单而直接的关系，便于调节和控制</td><td>中：调节运动方向不明显，批示的变动难控制，快速调节时不易读数</td><td>好：数字调节的监测结果精确，数字调节与调节运动无直接关系，快速调节时难以读数</td></tr>
<tr><td>监控性能</td><td>好：能很快确定指针位置，并进行监控，指针与调节监控活动关系最简单</td><td>中：指针无变化有利监控，但指针与调节监控活动的关系不明显</td><td>差：不便按变化的趋势进行监控</td></tr>
<tr><td>一般性能</td><td>中：占用面积大，照明可设在控制台上，刻度的长短有限，尤其在使用多指针显示时认读性差</td><td>中：占用面积小，仪表需局部照明，只在很小一般范围内认读，认读性好</td><td>好：占用面积小，照明面积也是最小，表盘的长短只受字符的限制</td></tr>
<tr><td>综合性能</td><td colspan="2">可靠性高
稳定性好
易于显示信号的变化趋向
易于判断信号值与额定值之差</td><td>精度高
认读速度快
无差补误差
过载能力强
易与计算机联用</td></tr>
<tr><td>局限性</td><td colspan="2">显示速度较慢
易受冲击和振动的影响
环境因素影响较大
过载能力差
质量控制困难</td><td>显示易跳动或失效
干扰因素多
需内附或外附电源
元件或焊件存在失效问题</td></tr>
<tr><td>发展趋势</td><td colspan="2">提高精度与速度
采用模拟与数字混合型显示仪表</td><td>提高可靠性
采用智能化显示仪表</td></tr>
</table>

3）按显示功能分类

按仪表的显示功能可分为读数用仪表、检查用仪表、警戒用仪表、追踪用仪表和调节用仪表。

① **读数用仪表** 用具体数值显示机器的有关参数和状态。如汽车、摩托车的速度表。

② **检查用仪表** 用以显示系统状态参数偏离正常值的情况，但使用时一般不读其确切值，而是为了检查仪表指针的指示是否偏离了正常位置。如示波器类仪表。

③ **警戒用仪表** 用以显示机器是处于正常区、警戒区还是危险区。在显示器上可用不同颜色或不同图形符号将警戒区、危险区与正常区明显区别开来。如用绿、黄、红三种不同的颜色分别表示正常区、警戒区、危险区。为避免照明条件对分辨颜色的影响，分区标志则可采用图形符号，如图3—8所示。

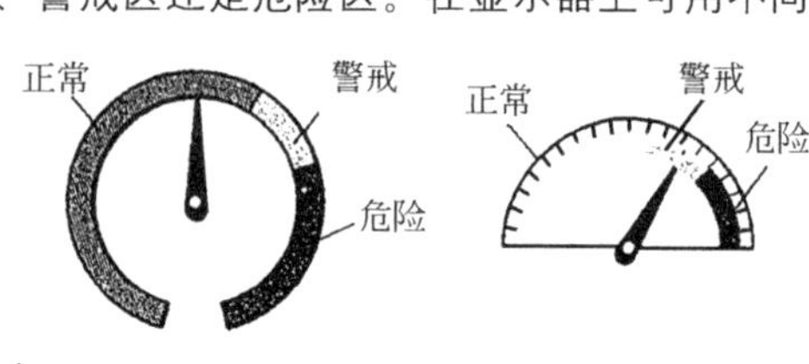

图3—8 警戒用仪表的形式

④ **追踪用仪表** 追踪操纵是动态控制系统中最常见的操纵方式之一，它根据显示器所提供的信息，进行追踪操纵，以便使机器按照所要求的动态过程工作。因此，这类显示器必须显示实际状态与需要达到的状态之间的差距及其变化趋势。宜选择直线形仪表或指针运动的圆形仪表，最理想的追踪用仪表是选用荧光屏，它可以实时模拟显示机器动态参数。

⑤ **调节用仪表** 只用以显示操纵器调节的值，而不显示机器系统运行的动态过程。一般采用指针运动式或刻度盘运动式，但最好采用由操纵者直接控制指针刻度盘运动的结构形式。

3.3.1.2 仪表显示设计的一般原则

人在各种有目的的行为中，一般都需要接受信息和处理信息。在人与机直接的信息传递过程中，机器信息显示质量，直接影响到人的信息接受和处理，这在很大程度上取决于仪表显示设计是否合理。在仪表显示设计中应考虑以下原则：

① 仪表显示设计应以人的视觉特征为依据，确保使用者迅速准确地获取所需要的信息。同时，显示的精确程度和质量应与人的辨别能力、认读过程、舒适性和系统功能要求相适应。

② 仪表显示的信息种类和数目不宜过多。同样的参数应尽可能采用同一种显示方式，显示的信息数量应限制在人的视觉通道容量所允许的范围之内，使人处于最优信息条件之下。

③ 仪表的指针、刻度标记、字符等与刻度盘之间在形状、颜色、尺度等方面应保持适当的对比关系，以使目标清晰可辨。一般目标应有确定的形状、较强的亮度和鲜明的颜色，而背景相对于目标应亮度较低、颜色较暗。

④ 显示格式应简单明了，显示意义应明确易懂，以利于使用者正确理解。

⑤ 具有良好的照明，保证对目标辨认。

3.3.2 指针式显示器的设计

在设计指针式仪表时，主要是设计和选择好刻度盘、指针、字符和色彩的匹配，并使它们之间相协调，以符合人对于信息的感受、辨别和理解等，使人能迅速而又准确地接受信息。仪表细部设计时所要考虑的人机学参数主要有如下几点：

① 使用者与显示器之间的观察距离。

② 根据使用者所处的观察位置，尽可能使显示装置布置在最佳视区范围。

③ 选择有利于显示与认读的形式，以及考虑颜色和照明条件。

3.3.2.1 刻度盘的设计

1）刻度盘的形式

刻度盘的形状和大小，主要取决于人机系统的精确要求和功能要求以及人的视觉特性。针对五种最常用的刻度盘(如图3–9)所作的实验表明：它们的认读效果是不同的，开窗式认读范围小，视线集中，眼睛扫描线路短，误读率最低，因此，优于其他四种形式。圆形和半圆形的误读率虽高于开窗式，但它给出长期以来人们观察仪表所形成的习惯，因此，圆形式和半圆形式优于直线式。由于眼睛的运动规律是水平运动比垂直运动速度快、准确度高，故水平直线式又优于垂直直线式。表3–6列出了五种显示器读数准确度的比较，可以作为仪表设计和选择时的重要参考依据。

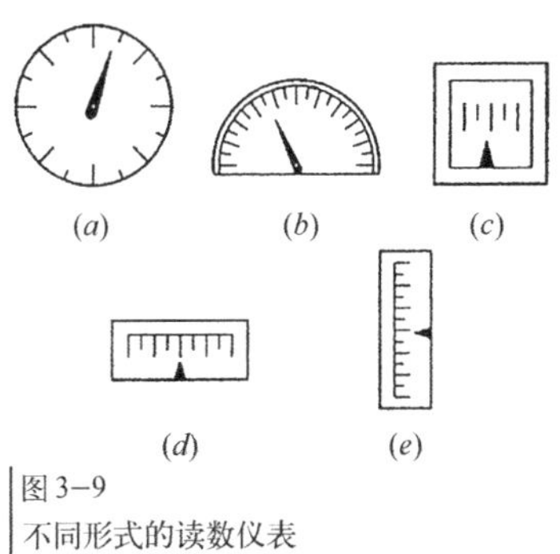

图3–9 不同形式的读数仪表

五种显示器读数准确度比较 表3–6

显示器类形	最大可见度盘尺寸(mm)	读数错误率(%)
开窗式	42.3	0.5
圆　　形	54.0	10.9
半圆形	110	16.6
水平直线形	180	27.5
垂直直线形	180	35.5

2）刻度盘的尺寸大小

刻度盘大小与其刻度标记数量和人的观察距离有关，从表3–7列出的实验结果可以了解到刻度盘的大小一般随它们的增减而相应增减。

当刻度尺寸增大时，刻度、刻度线和指针、字符均可增大，这样可提高清晰度。但不是越大越好，因为刻度盘直径大了，眼睛观察仪表时的扫描路线变长，这样反而影响认读的速度和

观察距离和标记数量与刻度盘直径的关系　　表3-7

刻度标记的数量	刻度盘的最小允许直径/mm	
	观察距离500mm时	观察距离900mm时
38	25.4	25.4
50	25.4	32.5
70	25.4	45.5
100	36.4	64.3
150	54.4	98.0
200	72.8	129.6
300	109.0	196.0

准确度，又多占据安装空间，也会使仪表安装既不紧凑，又不经济。当然，刻度盘直径也不宜过小，这样会使刻度标记过于密集，不利于认读。

在25～100mm的圆形刻度盘仪表的可读性研究中发现，当直径增大时，认读的准确性增高；增高后又下降。并发现直径在35～70mm时认读准确性没有本质差别。但当直径减少到17.5mm以下时，无错认读的速度大为降低。可见，刻度盘直径偏小或偏大都不理想，当直径为中间值时其效果最好。

从人认读仪表的视敏度来看，决定刻度盘认读效率的，不仅同刻度盘尺寸有关，还同它的观察距离的比值，即视角大小有关。因此，仪表刻度盘的最佳尺寸应根据观察者的最佳视角来确定。有关试验表明，刻度盘的最佳视角为2.5°～5°，因此，当确定了观察者与显示器之间的观察距离(视距)以后，即可以算出刻度盘的最佳尺寸。

对于圆形刻度盘的最佳直径，W.J.White等人做过试验，在视距为750mm的情况下，将直径25mm、44mm和70mm的指示仪表，安装在仪表板上进行可读性测验，然后对反应速度指标和读错率进行比较就可看出，圆形刻度盘的最优直径为44mm(如表3-8所示)，44mm盘的平均反应时间最短，读错率最低。

认读速度和准确度与直径大小的关系　　表3-8

刻度盘直径(mm)	观察时间(s)	平均反应时间(s)	读错率
25	0.82	0.76	6
44	0.72	0.72	4
70	0.75	0.75	12

3.3.2.2　刻度设计

刻度盘上两个最小刻度标记间的距离称为刻度，刻度设计时须注意以下几个问题。

1）刻度大小

刻度的大小可根据人眼的最小分辨能力来确定，刻度的最小值一般按照视角为10°左右来确定，当视距为750mm时，刻度大约在1～2.5mm来选取，在观察时间很短(如0.5～0.25s)的情况下，刻度可以取为2.3～3.8mm间距。图3-10为刻度大小对读数误差的影响的经验曲线。从曲线可知，刻度小于1mm时，读数误差增长得很快。

2）刻度线的类型

① 每一刻度线代表一定的测量数值。为了便于认读和记忆，刻度线一般分成三个等级：即长刻度线、中刻度线和短刻度线 [如图3-11(*a*)、(*b*)]，为了避免反方向认读的差错(即对刻度值附近的刻度线颠倒加减关系)，可采用“递增式刻度线” [图3-11(*c*)] 来形象地表示刻度值的增减。

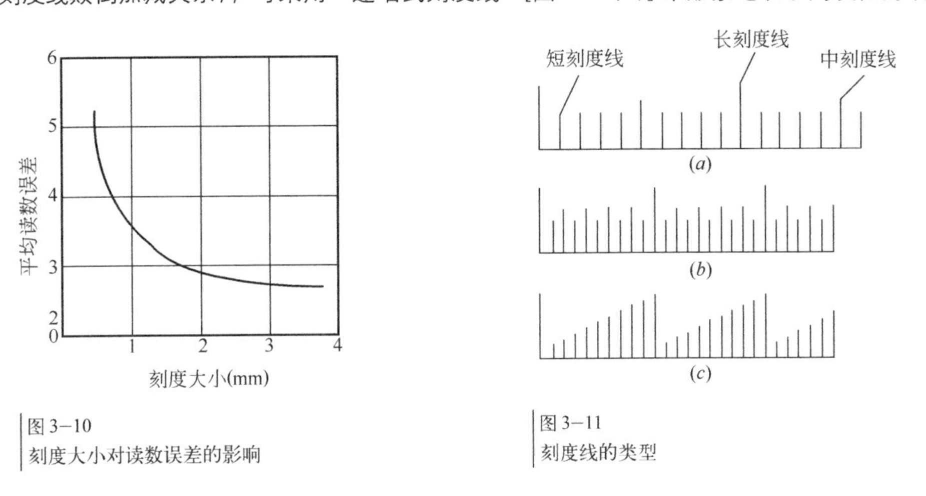

图3-10
刻度大小对读数误差的影响

图3-11
刻度线的类型

② 刻度线宽度一般取为刻度值大小的5%～15%，普通刻度线宽通常取为0.1mm±0.021mm，远距离观察时，可取为0.6～0.8mm，带有精密装置时，可取为0.0015～0.11mm。图3-12是刻度认读准确性和时间与刻度间距的关系。

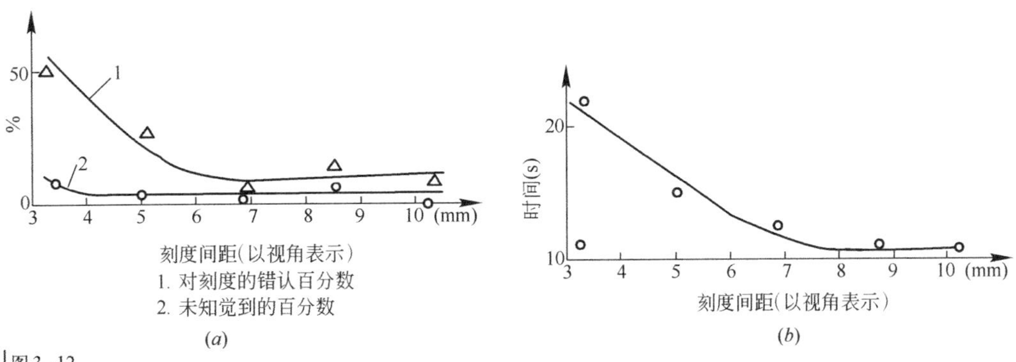

图3-12
刻度认读准确性和时间与刻度间距的关系
(*a*)认读准确性；(*b*)无错认读的时间

③ 在足够的照明条件下，当视距L一定时，刻度线的长度可参考表3-10，选取刻度线最小长度的近似计算如下：长刻度线长度=$L/90$；中刻度线长度=$L/125$；短刻度线

长度=$L/200$；刻度线间距$L/600\sim L/50$。表3–10列出刻度线长度与视距的对应关系，图3–13表示当视距为710mm时，普通刻度标记的三种刻度线间的最小尺寸关系。机械工业部颁布了机床刻度盘的刻度标记高度标准JB/GQ 108—80，如表3–11所示。

最小可辨视角和分辨颜色情况　　表3–9

时间		照度(lx)	最小可辨视角(′)	分辨颜色的能力
白天		1×10^{5}	0.7	能分辨各种颜色
		1×10^{4}	0.7	
		1×10^{3}	0.7	
黄昏或黎明	一般场所	1×10^{2}	0.8	能分辨各种浓的颜色 对淡颜色分辨不清
		10	0.9	
		1	1.5	
	航海	10^{-1}	3	淡色不能分辨，浓色分辨模糊不清
		1×10^{-2}	9	
	天文	1×10^{-3}	17	不能分辨颜色
夜间		1×10^{-4}	50	不能分辨颜色

刻度线长度与视距关系　　表3–10

视距	长刻度线长度	中刻度线长度	短刻度线长度
500	5.6	4.1	2.3
500~900	10.2	7.1	4.3
900~1800	19.8	14.2	8.6
1800~3600	39.9	28.4	17.3
3600~6000	66.8	47.5	28.7

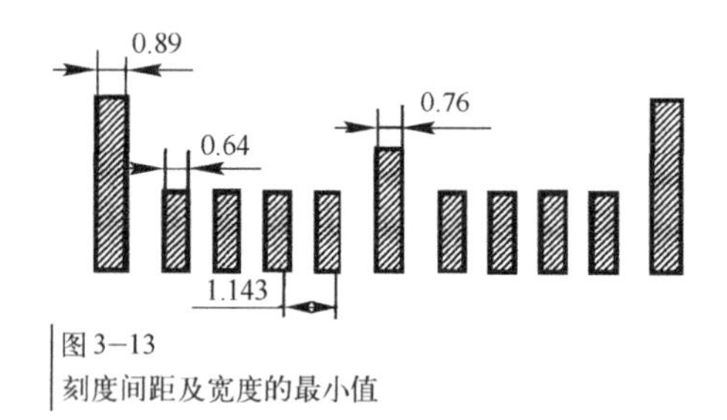

图3–13
刻度间距及宽度的最小值

JB/GQ 0/08～80刻度标记长度　　表3–11

刻度标记 / 标记长度	刻度间距b													
	≤1		>1~2			>2~3			>3~5			>5		
l	2	3	2	3	4	3	4	6	4	6	4	6	8	10
l_1	3	4	3	4	6	4	6	8	6	8	6	8	10	14
l_2	4	6	4	6	8	6	8	10	8	10	8	10	12	18

3）刻度方向

刻度方向是指刻度盘上刻度值递增顺序和认读方向。其设计必须遵循视觉运动规律，而形式可依刻度盘的不同而不同。一般情况是从左到右、从下到上、顺时针方向等，如图3–14所示。

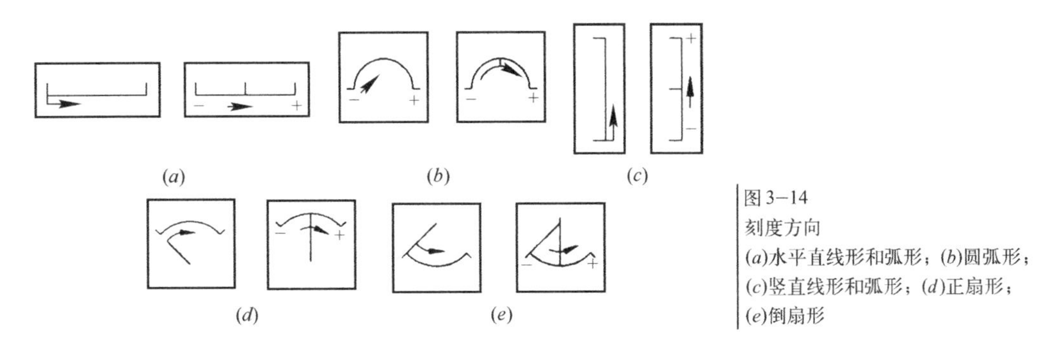

图3–14
刻度方向
(a)水平直线形和弧形；(b)圆弧形；
(c)竖直线形和弧形；(d)正扇形；
(e)倒扇形

4）刻度、刻度线与单位值的关系

仪表的每个刻度都代表一定的被测数值。这些相应的数值用数字标在刻度线上，便于使用者更好地认读。一般来说，最小刻度不标数，最大的刻度必须标数。对于指针运动式仪表，标注的数字应当呈竖直状；对表盘运动的仪表数字则应沿径向布置（如图3–15所示）。为了避免指针对标数的遮挡，在条件允许时，数字应放在刻度标记的外侧，如图3–15(*a*)所示。若条件不允许，才放在刻度标记的内侧，但刻度线间距应适当增大。对于指针在表盘外侧的仪表，数字应一律设置在刻度的内侧，如图3–15(*b*)所示。开窗式仪表窗口的大小至少应当足以显示被指示的数字及其前后两侧的两个数字，以便看清指示运动的方向和趋势，数字的设置如图3–15(*d*)(1)所示。对于圆形仪表，不论仪表刻度盘运动还是指针运动，刻度标数的顺序应按顺时针方向依次增大，0位常设置在时钟12点位置，以符合人的认读习惯。

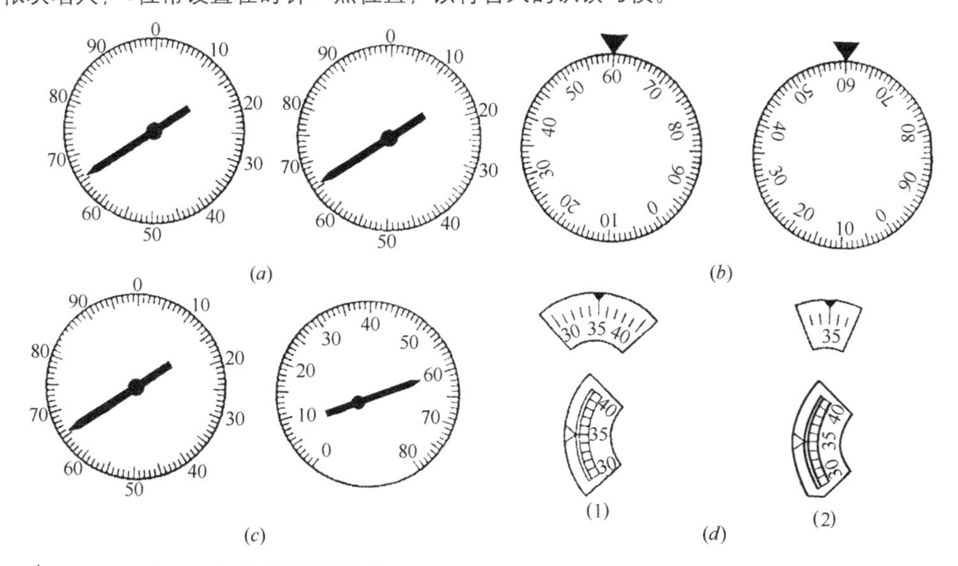

图3–15 刻度、刻度线与单位值的关系
(a)指针运动型；(b)指针固定型；(c)数字位置不同；(d)开窗式与数字立位
(1)数字立位正确；(2)数字位置不良

刻度盘上标数应尽量取整数，避免采用小数或分数，尤其要避免需要换算后才能读出的标数。为了使每一刻度线所代表的被测值一目了然，且能迅速认读，每一刻度线最好为被测量的一个单位值或2个、5个单位值或1、2、5乘以10^n(n为整数)个单位值。图3–16为手表刻度实例。

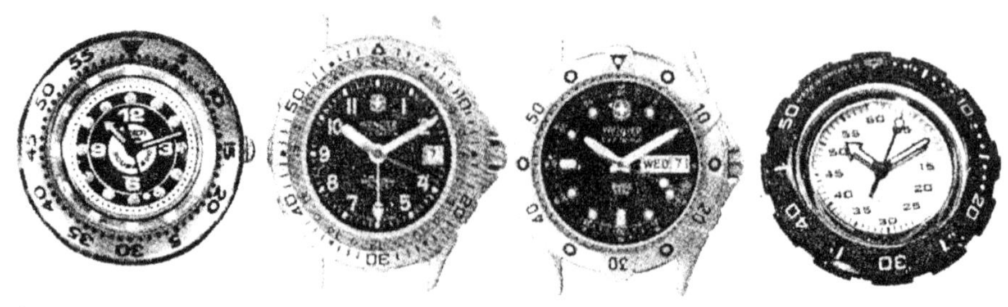

图 3–16
手表刻度实例

5）仪表文字符号设计

数字、拉丁字母及一些专用符号是用得最多的字符，在仪表上的每个字符都向人们提供机器在生产过程中的信息。要迅速、准确地把信息显示给人，除刻度和指针的设计要符合人类工程学的要求外，还必须配上按视觉特性设计的数字和符号，才能最有效地显示信息。

① **字符的形状要求** 对字符形状的要求是简单显眼，因此，可多用直线和尖角，加强字体本身特有的笔画，突出“形”的特征，不能使用草体和过度装饰的字体，如图3–17所示。

使用拉丁或英文字母时，一般情况下应用大写印刷体，因大写字线清晰，使用汉字时，最好是仿宋字和黑体字的印刷体，笔划规整，清晰易辨。

② **字符的大小要求** 在便于认读经济合理的条件下，字符应尽量大，一般字符高度为观距的1/200(如表3–12所示)，也可按下式近似计算。

$$H=L\alpha/3600$$

式中：H—字符高度mm；L—视距mm；α—眼睛的最小视角(′)。

0123456789
0123456789
0123456789
0123456789

图 3–17 数码的形式

刻度盘上的字符高度　　表3–12

视距(m)	字符高度(mm)
0.5	2.3
0.5~0.9	4.2
0.9~1.8	8.6
1.8~3.6	17.3
3.6~6.0	28.7

实验表明，当α取10′～30′左右，观察视距一定时，字符的大小就确定了，字体的宽度，按高：宽=3：2确定，拉丁字母高宽比取5：3.5，字体的笔划宽与字高为1：8～1：6。在夜间采

用发光字的情况下，采用1∶1的方形字较好。有些仪表是安装在控制台或面板上的，其字符高度受照明条件的影响，视距与字符高度的关系详见表3–12。

若是荧光屏显示，数字、字符的高与宽比常用2∶1或1∶1，其笔划宽与字高之比为1∶8或1∶10。另外，还要注意照明情况和背景的亮度对字符粗细的影响。表3–13列出不同照明条件和对比度下数字、字符的比划宽。

不同照明条件和对比度下数字、字符的笔划宽 **表3–13**

照明和对比条件	字体	笔划宽/字高
低照度下	粗	1∶5
字母与背景的明度对比较低时	粗	1∶5
明度对比值大于1∶12(白底黑字)	中粗~中	1∶6~1∶8
明度对比值大于1∶12(黑底白字)	中~粗	1∶8~1∶10
黑色字母于发光的背景上	粗	1∶5
发光字母于黑色的背景上	中~细	1∶8~1∶10
字母具有较高的明度	极细	1∶12~1∶20
视距较大而字母较小的情况下	粗~中粗	1∶5~1∶6

6）指针设计

模拟显示大多数依靠指针指示。指针的设计能否适合人的视觉特征，将直接影响仪表认读的速度和准确性，设计仪表指针一般应注意如下几个问题。

① **形状** 指针的形状要简洁、明快、有明显的指示性形状，不应有装饰。指针由针尖、针体和针尾构成，指针的基本形状如图3–18所示。

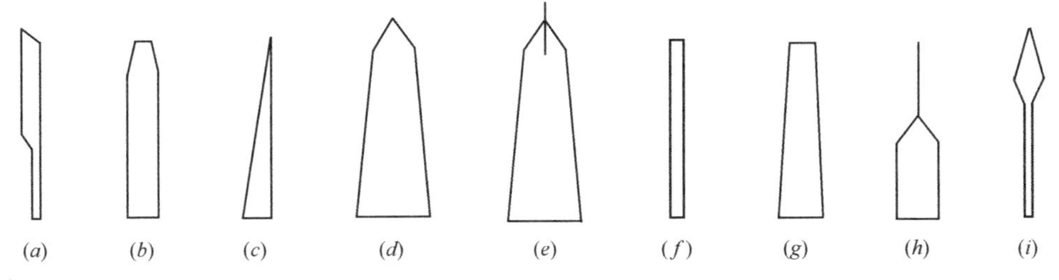

图3–18
常用的指针基本形式

② **宽度** 针尖的宽度应与最短刻度等宽，如果针尖的宽度小于最短刻度线宽时，则指针在刻度范围内的移动不易看清。反之，如果大于最短刻度线宽度，指针在两刻度线之间时，认读精度就会受到影响。如果是针体覆盖在刻度标记上的仪表，为了避免针的遮挡影响读数，针体的宽度不应大于刻度间距。针尾主要起平衡作用，故其宽度由平衡要求确定。另外，指针的宽度还与形态设计因素有关。

指针不应接触盘面，但要尽量贴近盘面，尤其是对精度要求较高的仪表，以减少双眼视差和双眼视觉不对称等因素，提高认读的准确性。如图3-19所示。

③ **长度** 指针长度要合适，针尖不应遮挡刻度标记，应离开刻度标记1.6mm左右，当然也不能远离刻度标记。圆形刻度盘的指针长度不要超过它的半径，需要超过半径时，其超过部分的颜色应与盘面的颜色相同。

指针的颜色与盘面颜色应有鲜明的对比，但指针与刻度线的颜色和字符颜色应该相同。

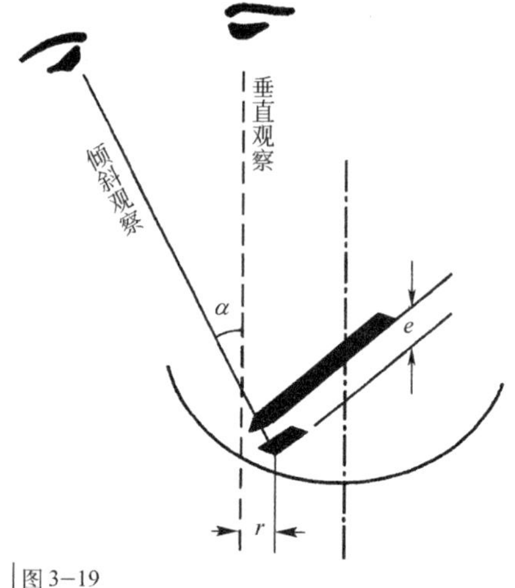

图3-19
投影误差

7）指针式仪表的颜色设计

指针式仪表的颜色设计，主要是刻度盘面、刻度标记和数字、字符以及指针的颜色匹配问题。颜色搭配是否恰当，对仪表的造型设计、仪表的认读可辨性影响很大，是仪表设计中不可忽视的问题。

① **重点考虑盘面颜色** 盘面部分是指针式仪表的重要功能部件，是仪表运行结果的指示部位。为了使盘面部分清晰、显眼，以及盘面、指针和字符既统一，又有重点，就要利用色觉原理进行色彩搭配，表3-14和表3-15给出了最清晰与最模糊的配色。在实际工作中，由于黑与白颜色比较容易掌握和使用习惯等原因，经常采用黑白两种颜色。

清晰的配色 表3-14

顺序	1	2	3	4	5	6	7	8	9	10
底色	黑	黄	黑	紫	紫	蓝	绿	白	黑	黄
被衬色	黄	黑	白	黄	白	白	白	黑	绿	蓝

模糊的配色 表3-15

顺序	1	2	3	4	5	6	7	8	9	10
底色	黄	白	红	红	黑	紫	灰	红	绿	黑
被衬色	白	黄	绿	蓝	紫	黑	绿	紫	红	蓝

仪表的用色，还应注意醒目色的使用。也就是说，配置与周围的色调特别不同的颜色时是非常醒目的。醒目色的应用与色的搭配有着相似又不相同的特点，适用于作仪表警戒部分或危险（急）信号部分的颜色；但醒目色不能大面积使用，否则会过分刺激人眼，引起视觉疲劳。如一些汽车仪表盘，盘面为白色，车体颜色为红色，指针用黄色，警戒部分用橙红色，数

字用黑色。

② **总体效果** 一个指针式仪表可以说是一个总体，许多仪表安装在仪表板或控制台上，或仪表与控制开关等安装在一个仪表板上，也可以说是一个总体，在现代工业生产中，后者使用的场合更多。因此，不但单个仪表的颜色要搭配好，而且对许多个仪表安装在一起时的颜色更要搭配好；所谓总体效果，就是要把总体的颜色搭配好，使总体颜色协调、淡雅、富有亲切感和明快感。设计的美是综合形、色和材料的美而产生的，然而在看的一瞬间呈现于眼睛的东西却是色彩配合的效果，所以要使总体的配色既满足仪表的功能要求，又满足使用者的认知和审美要求。这是色彩人机学的基本原则。

8）仪表的总体布置

为使仪表显示的信息能最有效地传达给人，仪表往往以某种方式布置在一定的空间中，并与观察者形成一定的几何关系，这种几何关系应保证每个仪表面都处于最佳观察范围内，并做到等视距。当观察者正前方一块仪表板内需布置较多的仪表时，可把仪表板设计成圆弧形和梯形（图3−20）。当采用梯形板面时，两侧板面与中央板面之间的夹角以65°（外侧锐角）为最优；双人使用时，可采用45°～55°。

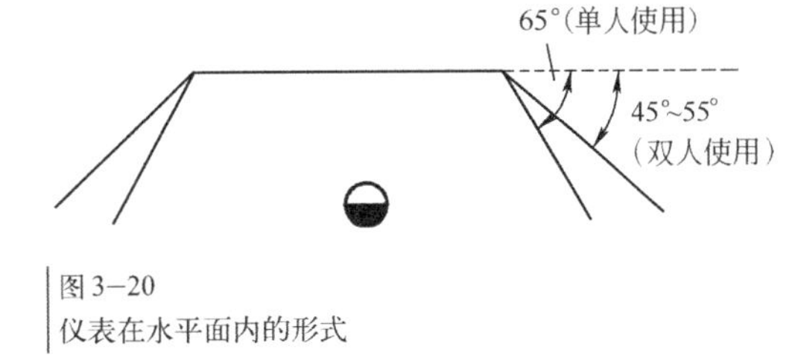

图3−20
仪表在水平面内的形式

布置一般仪表时，其视距最好在560～750mm范围内，这样的视距下，眼睛能较长时间地工作而不会疲劳。

现代工业生产中，为提高视觉工作效率，使用多个仪表时根据其功能和重要程度，突出重点，分区布置。

仪表处在人眼的不同视野上，其认读效果是不同的。前苏联的人类工程学家在20世纪60年代对仪表认读的准确性和速度问题做过详细研究，他们指出：随着仪表从视野中心远离，认读的准确性下降，而无错认读的时间增加。同时，在大约24°的水平视野范围内，无错认读时间无明显变化，但以后就开始急剧地上升，如图3−21（*b*）所示。这说明此区域为最佳视觉工作区。他们做过这样的实验，把仪表板分成两个区域，图3−21（*a*）在Ⅰ区（从正中矢面向外约24°水平的视野）里；在Ⅱ区（约从24°到57°水平视野）里，观察者只能觉察到仪表的存在，而不能辨认指针的位置，要正确认读，就必须转动头部和眼球才能使仪表处于中央凹视区。实验表明，Ⅱ区的无错认读时间显著高于Ⅰ区，如图3−21（*b*）所示，这是因为Ⅱ区里仪表被安置在人能够准确辨认物体形状的视野界限之外。图3−21（*b*）中1、2两条曲线不重合是由于视觉系统技能不对称的缘故。

由此可见，仪表的分区布置原则是，一般常用仪表应布置在20°～40°的水平视野范围内；而最重要的仪表，应设置在视野中心3°范围内，这一视野范围人的视觉工作效率最优；40°～60°区域只允许设置次要的仪表，除了不常用和不重要的仪表外，一般不宜设置在80°水平视野之外。所有仪表原则上都应设在人不必转头或转身即可看见的视野范围之内。图3–21(*a*)中的Ⅰ区是视距800mm时，按最佳视区设计的仪表板。

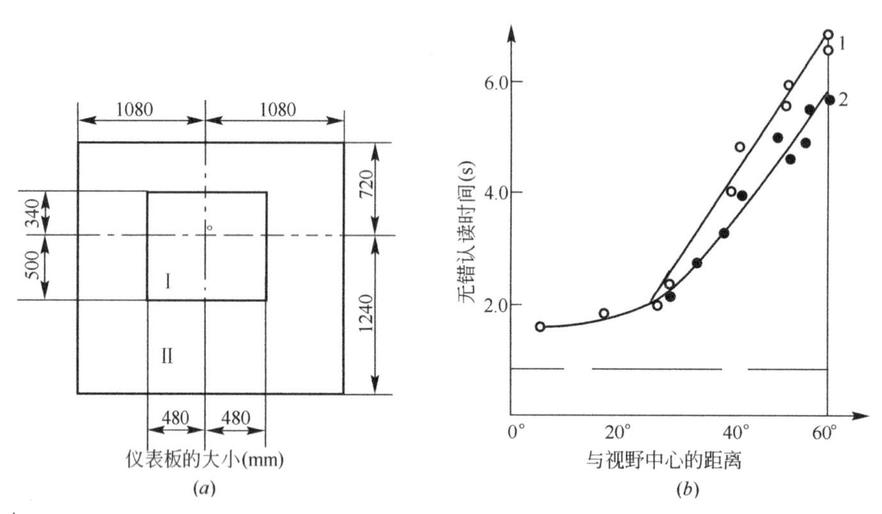

图3–21　仪表板的最优尺寸及无错认读时间与视野中心的关系
(*a*)仪表板的最优尺寸；(*b*)无错认读时间与视野中心的关系

仪表在垂直面上的分区布置，可按观察角的优劣选择，如图3–22所示。这是坐姿操作、监控的仪表台板，按不同观察角划分为四个区域，可布置不同性质的仪表。

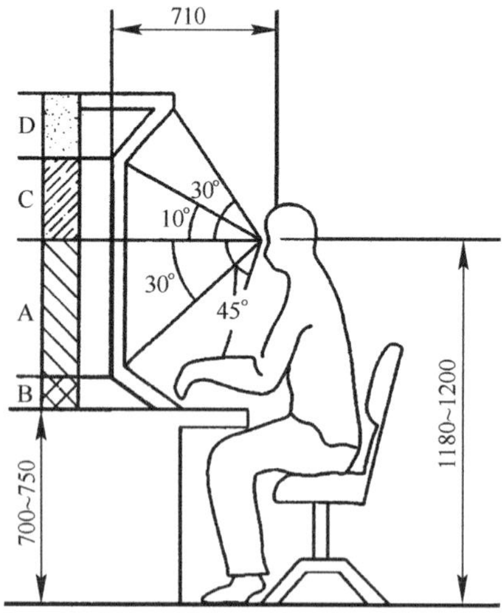

A区域处在最佳观察范围，视觉工作效率高。此区域可布置需经常观察的各类显示仪表和记录仪表。

B区域正好处于上肢的正常操作范围内，因此，它一般是仪表台的附带操纵台，可布置启动、制动、调节和信息转换的按钮和旋钮等。也可布置次常用的显示仪表。

图3–22
仪表布置的直分区

C区域一般布置次常用的仪表，即操作者可间隔一定时间巡视这些仪表的工作状态。例如，布置反映整修生产过程运行状况的仪表以及反映各主要设备和机器运行状况的仪表。

D区域的仪表，操作者需仰视才能观察，故只适宜布置那些用得极少但又不可缺的仪表，如反映全企业、全厂或全车间生产过程、起生产管理作用的仪表，以及紧急报警装置等。这些仪表中，有的已用电视屏幕来显示。

为了使分区布置的仪表彼此有明显的区别，区与区之间可采用不同的背景颜色、分界线或图案来分开，仪表分区所采用的背景图案最好能与仪表的功能相联系。性质重要的仪表区，在仪表板上应有引人注目的背景颜色。

3.3.3 数字式显示器的设计

数字显示有机械式、电子式和使用阴极射线管的计算机控制式。

3.3.3.1 机械式数字显示设计

机械式数字显示器，是将数字印制在滚筒上或金属片上，通过滚筒的转动或金属片的滑动，显示数字字符的变化。机械式数字显示装置的优点是结构简单、使用方便，缺点是有可能在显示窗口只显示出一个数字的半个字形，如只显示出8字的下部分或9的上部分，从而造成读数错误。另一方面，机械式数字显示器也不容易出现卡住的现象。

对于数字显示装置中数字的设计，最重要的是保证数字之间易于区别，如0、3、6、8、9等数字就不易区别，如再与字母B、D等合并使用，就更加不易区别。因此，改进字形设计，使数字之间不易混淆，是数字显示设计中应当认真研究的问题。图3-23为多个检查用仪表排在一起时指针的零点位置情况。

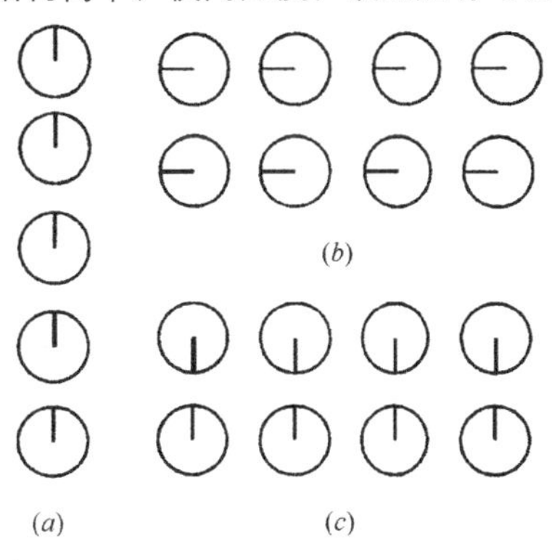

图 3-23
多个检查用仪表排在一起时指针的零点位置

数字的适宜尺寸与观察距离、对比度、照明以及显示时间等因素有关。彼德斯(Peters)和亚当(Adam)所提出的数字与字母适宜尺寸的计算公式如下：

$$H=0.0022D+K_1+K_2$$

式中 H——字高(in)；

D——视距(in)；

K_1——照明和阅读条件校正系数。对于高环境照明，当阅读条件好时，K_1取0.06in；当阅读条件一般时，K_1取0.16in；当阅读条件差时，K_1取0.26in；

K_2——重要性校正系数。一般情况下，K_2=0；对于重要项目，如故障信号，K_2可取0.075in。

在实际运用中，如果照明条件不良和为照顾近视患者，数字的高度尺寸还可适当放大些。

数字的笔划宽度与字高的最佳比值，有人以黑底白色字和白底黑色字两种情况进行实验，实验结果如图3-24所示。

由图可知，数字笔划宽度与字高的最佳比值，对于白底黑字为1∶8，此时，观察距离达到33m时仍可辨别字迹；对于黑底白字为1∶13时，观察距离达到了36m时仍可辨别字迹。由图还可知，笔划宽度与字高之比在1∶7至1∶40之间时，看清黑底上的白字比看清白底上的黑字，距离要远一些。产生上述现象的原因，是由于白底的光渗效应，即白光渗入到黑字区域，使黑字不易被看清。

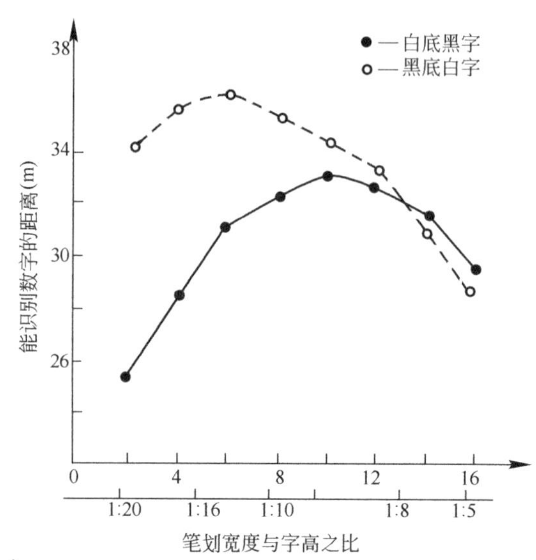

图3-24
笔画宽度与字高之比及数字可阅读的平均距离的关系

3.3.3.2 电子数字显示设计

常用的电子数字显示装置有液晶显示(LCD)和发光二极管显示(LED)。电子显示的优点是：第一，显示出的数字总是落在观察者视网膜的同一个位置，不发生数字闪动或滚过的现象；第二，发光二极管本身发光，不需外加照明，在暗处也可阅读(但液晶显示需要有背景照明)；第三，能方便地与计算机或各种电气控制系统连接；第四，可运用彩色编码显示。电子式数字显示的缺点是数字由直线段组成(常分为7段)，没有一般手写体数字的弯曲部分，因此，需要快速认读时，极易误读。同时，不同数字间的间隙也不同，如图3-25所示。

为了避免数字之间的混淆，有人提出，对于组成数字的7段直线，可采用不同的线段宽度，上面的和右面的线段宽度可取为其余四段直线宽度的2/3。此外，实验证明，使用点阵构成的数字，如图3-26所示，也可使数字之间混淆的可能性大为减少。常用的有瓦塔贝迪安7×9圆点阵、7×9方点阵和马多克斯5×7圆点阵等。

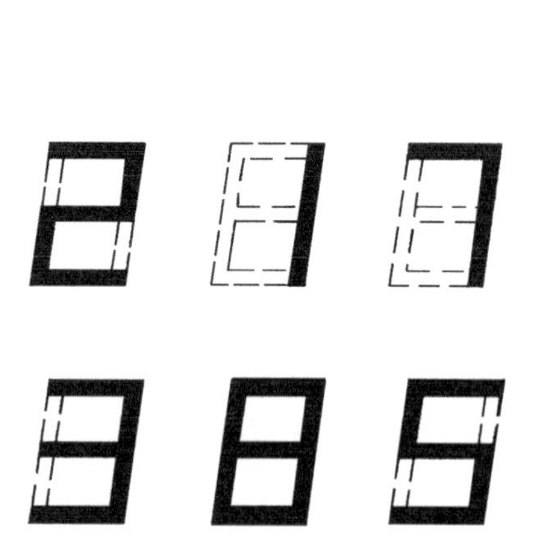

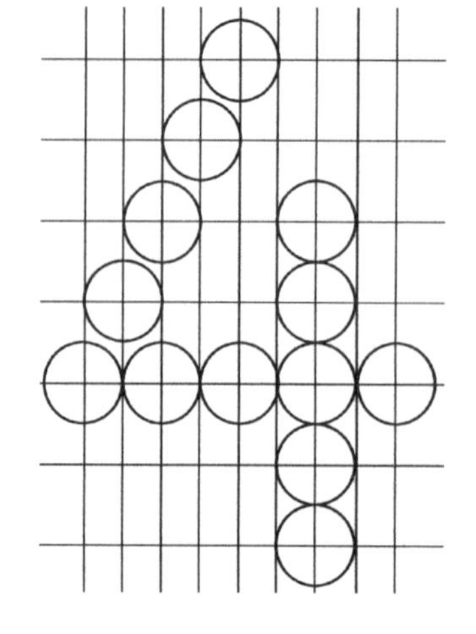

图3-25
由7段直线段组成的电子数字显示

图3-26
5×7圆点阵

3.3.4 信号显示器的设计

3.3.4.1 信号显示特征

视觉信号是指由信号灯产生的视觉信息，目前已广泛用于飞机、车辆、航海、铁路运输、家用电器及一般的仪表板等。其特点是：面积小、视距远、引人注目、简单明了，但负载信息有限，当信号较多时，信号显示会显得杂乱，并相互干扰。

信号灯通常用于指示状态或表达要求、传递信息。其作用包括两个方面：其一是借以引起操纵者的注意，或指示操纵者做某种操作，其二是借以反映某个指令和执行文件存储命令时，其硬盘指示灯颜色变红，且红绿变换闪烁，以此表示硬盘正在执行操作，文件存储命令完成后又回到绿灯显示的工作状态。

在大多数情况下，一种信号灯只具有一种功能，即只能指示一种工作状态或情况，如家电面板上的电源指示灯，它只表示电源接通的一种状态，当电源切断后，指示灯熄灭，警戒用的信号灯用来指示操作者注意某种不安全的因素；故障信号灯则指示某一机器或部位出了故障等。

3.3.4.2 信号灯设计

信号灯是以灯光作为信息传递的载体，其设计必须符合人的视觉特性，以保障信息传递的速度和认读质量。

1）亮度

与视觉密切相关的是信号灯的亮度，我们知道强光信号比弱光信号易于引起注意。因此，若要引起操作者的注意，则其亮度至少2倍于背景的亮度，同时背景以灰暗无光为好。

2）颜色

作为警戒、禁止、停顿或指示不安全情况的信号灯，最好使用红色。提醒注意的信号灯用黄色，表示正常使用的则用白色或其他颜色。

3）闪光信号

闪光信号较之固定信号更能引起注意，常用于下列情况：

① 引起观察者的进一步注意；

② 指示操作者立即采取行动；

③ 反映不符指令要求的信息；

④ 用闪光信号、闪光频率的快慢指示工作状态的快慢；

⑤ 用来指示警戒或危险信号。

闪光信号的亮度应视具体情况确定。如果是表示重要信息或危险信号，其亮度要比其他信号强，但光的强度不能大到刺眼和炫目。闪光信号频率一般为0.67～1.67Hz，或亮或暗的时间比在1：1至1：4之间。明度对比较差时，闪光频率可稍高，较优先和紧急的信号可使用较高的闪烁频率(10～20Hz)。

4）信号形象化

这样更有利于加强视觉通道的传递。信号灯的形象化，最好能与它们所代表的意义有逻辑上的联系。如用“→”代表方向，用“×”或“ϕ”表示禁止，用“!”表示警戒或者危险；用较快的频率表示快速度，用较慢的频率表示慢速度等。

信号灯应安设在显眼的地方，特别是性质重要的信号灯要置于最佳视区内；可分散装置在仪表盘上，也可集中在一起，用标识牌标出信号灯的性质和所属的位置，以供操作者及时准确地掌握生产过程的情况或产生故障的具体位置。

3.3.4.3 信号灯的位置设计

信号灯亦应布置在良好的视野范围内。对于仪表板上的信号灯，重要的应设置在视野中央3°范围内，一般信号灯安排在离视野中心20°以内，只有相当次要的才允许设置在离开视野中心60°～80°(水平视野)以外。但所有的信号灯都应设置在观察者不用转头或躯干的视野范围内。

当操纵控制台上有多种视觉显示器时，信号灯系统应与其他显示系统形成一个整体，避免相互之间的重复和干扰。例如，强的信号灯必须离亮度弱的仪表远些，以免干扰仪表的认读；若必须靠近，则信号灯的亮度和仪表的照明亮度之差不宜过大。多个信号灯的使用往往会冲淡对主要信号的警觉性，此时，可按功能分组布置，组与组之间分出明显间隔，或去掉一部分较为次要的信号灯。

当信号灯的含义与某种操作反应有联系时，必须考虑信号灯与操纵器位置关系，一般是将信号灯设置在该操纵器上，或在它的上方，且信号灯的指示方向最好与操纵器的动作方向相一致，做到准确、形象化。

3.3.5 荧光屏显示设计

3.3.5.1 荧光屏的显示特征

随着信息技术的不断发展，采用荧光屏来显示信息的场所越来越多，如电视屏幕、计算机显示屏、示波器及雷达等。使用荧光屏显示信息有其独特的优点，可以在其上显示图形、符号、文字以及实况模拟，既能作追踪显示，又能显示动态画面，并且随着这方面的软硬件技术进步，它将在人—机间的信息交换中发挥更为重要的作用。

3.3.5.2 目标条件的影响因素

1）亮度

目标的亮度愈高，愈易觉察，但是当目标亮度超过34.3cd/m^2时，视敏度不再继续有较大的改善，所以目标亮度不宜超过34.3cd/m^2。为了在屏幕上突出目标，屏幕的亮度不宜调节到最亮，而以调节成合适的亮度时，工作效率最优。

2）呈现时间

当目标呈现时间在0.01～10s范围时，目标视见度随呈现时间增大而提高，但是当呈现时间大于1s时，视见度提高速度减慢；当呈现时间大于10s时，视见度只有很小的提高。通常目标呈现时间为0.5s大体上已可满足视觉辨别的基本要求，呈现时间在2～3s时，是视觉辨别最有利的时间，但占用时间太长，影响工作效率。

3）聚焦与余晖

目标视见度在聚焦不良时变差，屏面亮度会增加这种影响。当屏面亮度为适宜亮度上下1dB时，聚焦不良对辨别的影响约10dB。目标余辉是目标物消失后，目标光点在屏面上的停留时间，一般为3～6s；当扫描周期缩短时，余辉积累效应可改进余辉的能见度(提高视觉效率1～2dB)，周围照度则以1lx时为最佳。

4）目标的运动速度

运动的目标比静止目标易于察觉，但难看清楚，因此人的视敏度与目标运动速度成反比，当目标的运动速度超过80°/s时，已很难看清目标，视觉效率大大下降，表3-16列出了视敏度与目标运动状态的关系。

视敏度与目标运动状态的关系　　**表3-16**

目标运动速度/(°/s)	静止	20	60	90	120	150	180
视敏度/(1/视角)	2.04	1.95	1.84	1.78	1.63	0.90	0.94

5）目标形体

目标形体大则易辨认，但占据的空间也大，通常在3倍视距下，屏面字符直径1cm，笔划粗与字高比1：8～1：10，目标形状优劣次序为：三角形、圆形、梯形、正方形、长方形、椭圆形、十字形。当干扰光点强度较大时，方形目标优于圆形目标，目标的颜色也会影响辨别效果，目标采用红色(631nm)或绿色(521nm)时，视觉辨别效率与白色目标相似，但红色目标易引起视觉疲劳，计算机的荧光屏上绝大多数都用绿色作目标。蓝色(467nm)的辨别效果较差，因为蓝色较大地改变视觉调节功能。

6）目标与背景的关系

目标的视见度受制于目标背景的亮度对比：当亮度对比值高于目标与背景亮度对比的可见阈值时，目标才能从背景中分辨出来。在屏面亮度0.3～34cd/m^{2}时，亮度对比阈值一般随屏面亮度而线性增加，在屏面亮度为68.6cd/m^{2}时，亮度对比达到最大阈值的90%；因此68.6cd/m^{2}被作为屏面亮度的最佳值。

荧光屏以外的照明并不是越暗越好，而是与屏面明度一致时，目标察觉、识别和追踪的效率最高。周围照明颜色与目标颜色应有清晰对比。此外，荧光屏的明度不宜亮到影响对周围环境的观察，通常取0.22mlx，目标与屏面的明度对比度，可取0.18。此时，眼睛仍能适应对6mlx以下任何周围明度的观察。

平面上的不必要信号就是噪声，这些信号会干扰观察，为保证对目标的观察应使目标亮度高于50%，辨别阈亮度5dB以上，并具有与噪声不同的形状。

3.3.5.3 屏面设计

1）屏面的形状

屏面有矩形和圆形两种，屏面坐标也相应有直角坐标和极坐标。从目标观察和定位工作效率来看，直角坐标优于极坐标。常用的是方形屏面直角坐标，如计算机显示屏数控机床显示屏等。标线的量表间隔，最好是以1×10n或5×10n为一级，也可以2×10n进行分级。坐标线之间的间距，在视距为45mm×6mm时，坐标线之间的间距小于10mm，这时目标定位精确度保持稳定；若大于10～12mm，则目标定位误差随坐标线间距增大而增加，呈线性关系。若以视角表示，则坐标线间距以观察者的视角在1°～2°之间为宜。

屏面的大小与视距有关。一般视距的范围是500～700mm，此时屏面的大小以在水平和垂直方向对人眼形成不小于30°的视角为宜，PC及常用屏面尺寸（对角线长）为300～350mm时，也有用到508mm以上的屏面，但采用大屏面时，只能适宜远距离观察，一般情况下，观察精度以及分辨率等因素应综合考虑确定。图3-27表明了屏面总体布置的关系。

2）屏面的总体设计

荧光屏面的大小和位置是这种显示装置设计中的重要问题，因它直接影响人的识别和认读，不能忽视。屏面大小对于出现在平面上不同象限的目标辨别效率具有不同的影响。在视距710mm的情况下，屏幕面积较小者（如直径为178mm雷达屏面），外圈目标的辨别效率较高；而屏面面积较大时（如直径为356mm），则内圈目标的辨别效率较高。在一般工作台（视距为355～710mm）条件下，多数人认为雷达屏面以直径127～178mm为佳。例如，飞机上使用的雷达屏幕，其直径为127mm（视距为762mm），相当于9°视角的大小。而560～710mm视距下，用于一般文字处理、办公自动化、商业等领域的计算机显示器，屏幕大小为356mm（14in）为宜；而用于工程设计、图形图像处理、虚拟现实技术、视频处理等领域的计算机显示器，宜采用432mm（17in）～508mm（20in）、对角线长的高分辨率屏幕。

荧光屏的屏面位置，应按最佳观察角进行设计，即屏幕应与观察者的视线垂直，以便操作者观察。其视距最好处于720mm左右，太远或太近均不理想。对于特殊的大屏幕，视距可按实际情况增大。图3-28是操作者与荧光屏总体布置的关系。

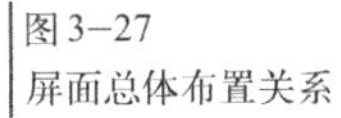
图3－27
屏面总体布置关系

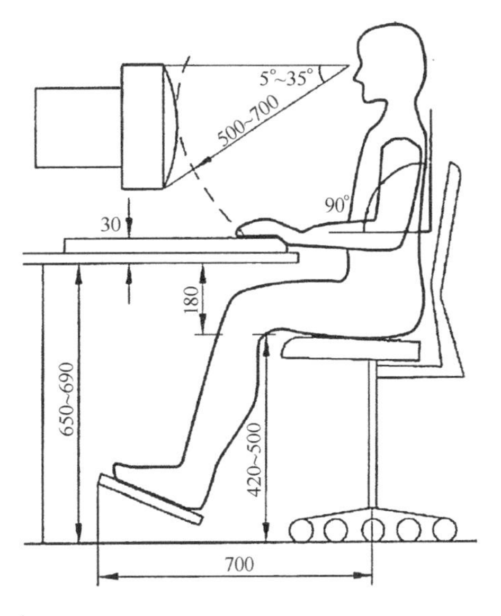

图3－28
操作者与荧光屏总体布置的关系

3.4 人的听觉特征

1）绝对阈限与可听范围

绝对阈限是指人耳感受最弱声音和痛觉声音的强度，它与频率和声压有关。听觉的绝对阈限包括频率阈限、声压阈限和声强阈限，而且后两者均是频率的函数。图3－29是人耳正常听觉的听觉区域。从图中可以看出，一个听力正常的人刚刚能听到给定各频率纯音的最低声压级Db(A)和声强级W/m^2，称为相应频率下的“听阈”。同样可看出相应频率下的耐痛极限，即“痛阈”。在工业上规定用A声压级作为评价量，并以1000Hz纯音作为测试标准，故在1000Hz时，听阈是0dB(A)，痛阈为120dB(A)。人耳的可听范围就是听阈与痛阈之间的所有声音。

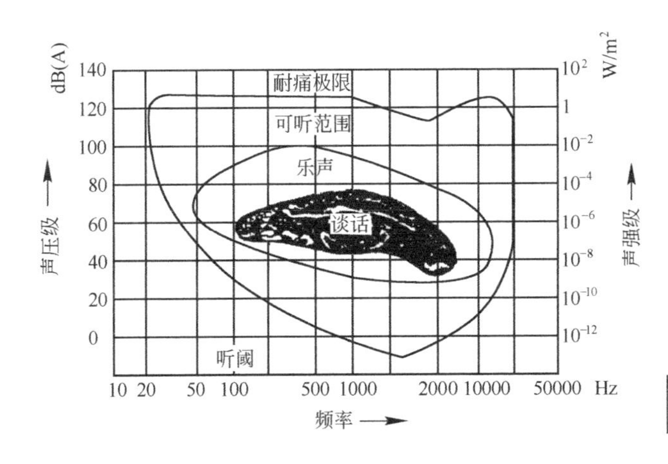

图3－29
人耳正常听觉的听觉区域

年龄可引起老年聋。随着年龄的增加，特别是高频率部分听力下降，见图3–30。从图中可看出，人到了老年，在语言频率范围内听力损失并不严重。

2）辨别声音的方向和距离

正常情况下，人两耳的听力是一致的，因而能根据声音达到两耳的强度和时间之差来判断声源的方向。声波在空气中传播速度为344m/s。若声源到达左右耳的距离差200mm，则时间差大约为0.058ms，而人耳识别声音所需的最短时间约为20～50ms。如果考虑头部的障碍作用，衰减了到达左或右耳声音的强度，故人能根据声音的强度和时间差判断声源的方向。

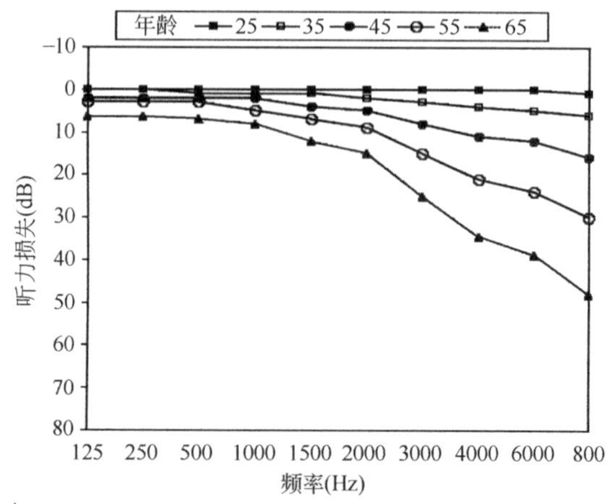

图3–30 年龄对听力敏感性的影响

判断声源的距离主要靠主观经验和声压。声波在自由空间中传播，距离每增加一倍，声压将衰减6dB。

3）听觉的掩蔽效应

两个强度相差很大的声音同时作用于人耳时，只能感受到一个声音，而另一个声音被淹没了，这种现象称为掩蔽。一个声音的听阈因另一个声音的掩蔽作用而提高的效应，称为掩蔽效应。掩蔽效应与掩蔽声的强度和频率有关，掩蔽声强度越大，其掩蔽效应也越大；掩蔽声与被掩蔽声频率相近，掩蔽效应最大；低频对高频的掩蔽效应较大，反之则较小。

掩蔽声去掉以后，掩蔽效应并不会消失。人耳的听阈恢复到原值需要一段时间。这种现象称为残余掩蔽或听觉残留。它的量值可以代表听觉疲劳的程度。掩蔽声也称疲劳声。它对人耳刺激的时间和程度，影响人耳的疲劳持续时间和疲劳程度。刺激时间越长，强度越高，疲劳也越严重。

由此可见，声音的掩蔽效应对听觉传递装置设计和语言通信关系重大，应根据实际情况尽量避免这种效应。

3.5 听觉传示装置设计

在人们的工作和生活中，声音无处不在，人机系统利用声音来进行人机间的信息交流。由于人的听觉具有反应快、能感知方向、感知信息的范围广、不受照明条件和物体障碍的限制等特点，而且声音还具有强迫人注意的特点，因此，声音传示信息的应用范围很大。随着电子语音技术的发展，听觉传示的应用领域将会进一步扩大。

3.5.1 音响报警装置

3.5.1.1 常用音响报警装置种类及其特点

1）蜂鸣器

它是低声压级、低频率的音响报警装置，它发出的声音柔和，不会引起人的紧张或惊恐，适用于较宁静的环境(50～60dB)，常与信号等一起配合使用。这样可以指示系统工作状态，也可以提示操作人员注意，并按正确的操作程序完成工作。

2）铃

依据铃的不同用途，其声压级和频率有较大的差别，如电话铃声的声压级和频率，只略高于蜂鸣器，主要是在宁静的环境引起人注意，而用作上下班的铃声和报警器的铃声，其声压级和频率较高，可在较高强度噪声的环境中使用。

3）角笛

角笛有低压声级、低频率和高压声级和高频率两种。前者为吼声，后者为尖叫声，常用于噪声环境中作报警装置。

4）汽笛

汽笛具有声强高、频率高的特点，可作远距离传递，适用于紧急状态时报警。

5）报警器

报警器的声间强度大，频率由低到高，发出的声音富有声调的上升和下降，可以抵抗其他噪声的干扰。声音可以远距离传播。它主要用于紧急事态报警，如防空报警、火警等。

3.5.1.2 音响报警装置设计要点

虽然听觉传示装置没有视觉显示装置使用那么普遍，但作为报警装置却有着特别的价值，报警装置的设计要求是：

1）音响信号传播距离很远的时候，音响报警装置要使用大功率，且避免高频。

2）在有背景噪声的场合，要把音响报警装置的频率选择在噪声掩蔽效应最小的范围内。信噪比不得小于10dB，以便人们能从噪声背景中辨别出音响信号。

3）声音要绕过障碍物通过隔墙的时候，使用低频效率的报警装置。

4）希望引起人注意场合。可采用在时间上变化的脉冲信号、变频信号、间歇信号或突发的高声强音响信号。另外，为了进一步引起注意，可以把音响报警信号与灯光信号混合显示，组成“视听”双重信号报警。

5）需要证实信号是否到达预定位置或辨别信号性质的场合，音响报警装置要安装发射信号和接收返回信号的“开”和“关”的控制装置，并保持信号传递的连续性。

3.5.1.3 言语传示设计

人与机器之间也可用言语来传递信息。传递和显示言语信号的装置称为言语传示装置，如扬声器就是言语传示装置。经常使用的言语传示系统有无线电广播、电视、电话、报话机和对话器及其他录音、放音的电声装置等。用言语作为信息载体，优点是传递和显示的信息含义准确、接收迅速、信息量较大等，缺点是易受噪声的干扰。在设计言语传示装置时应注意以下几个问题：

1）言语的清晰

用言语(包括文章、句子、词组以及单字)来传递信息，在现代通信和信息交换中占主导地位。对言语信号的要求是：语言清晰。言语传示装置的设计首先应考虑这一要求。在人类工程学和传声技术上，用清晰度作为言语的评定指标。所谓言语的清晰度是人耳对通过它的音语(音节、词或语句)中正确听到和理解的百分数。言语清晰度可用标准的语句表通过听觉显示器来进行测量，若听对的语句或单词占总数的20%，则该听觉显示器的言语清晰度就是20%。对于听对和未听对的积分方法有专门的规定，此处不作论述。表3–17是言语清晰度(室内)与主观感觉的关系。由此可知，设计一个言语传示装置，其言语的清晰度必须在75%以上，才能正确传示信息。

言语的清晰度评价 **表3–17**

言语清晰度百分率	人的主观感觉
96以上	言语听觉完全满意
85~96	很满意
75~85	满意
65~75	言语可以听懂，但非常费劲
65以下	不满意

2）言语的强度

言语传示装置输出的语音，其强度直接影响言语清晰度。当语音强度增至刺激阈限以上时，清晰度的分数逐渐增加，直到差不多全部语音都被正确听到的水平；强度在增加，清晰度分数仍保持不变，直到强度增至痛阈为止，如图3–31所示。不同研究结果表明，语音的平均感觉阈限为25～30dB(即测听材料可有50%被听清楚)，而汉语的平均感觉阈限是27dB。

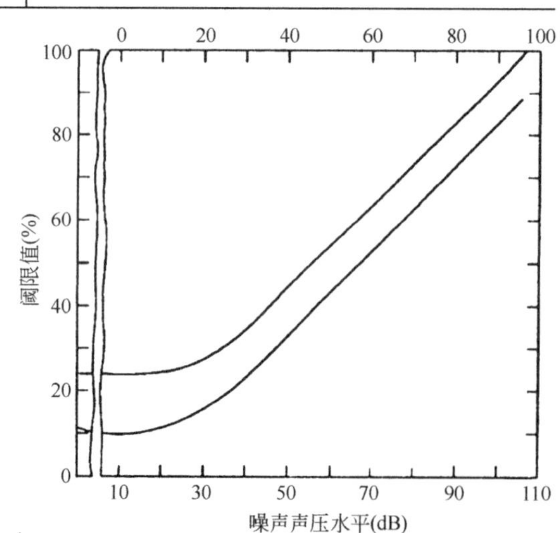

图3–31
噪声对言语清晰度的影响

由图中可以看出，当言语强度达到130dB

时，受话者将有不舒服的感觉；达到135dB时，受话者耳中即有发痒的感觉，再高便达到了痛阈，将有损耳朵的机能。因此，言语传示装置的语音强度最好在60～80dB。

3）噪声对言语传示的影响

当言语传示装置在噪声环境中工作时，噪声将影响言语传示的清晰度。如图3－33所示，语音的觉察阈限和清晰度随噪声强度的增加而增高，当噪声对言语信号的掩蔽作用(可用信噪比，即平均言语功率对平均噪声功率之比，记为S/N来描述)在掩蔽阈限之内时，S/N在很大的强度范围内是一个常数。只有在很低或很高的噪声水平时，S/N才必须增加。对于在一般噪声环境中使用的言语传示装置，S/N必须超过6dB才能获得满意的通话效果。

决定言语清晰度的主要因素是强度，但更重要的是S/N。图3－32是不同信噪比下言语清晰度与语音强度的关系。图中的曲线表明，对每一种信噪比S/N，都有一个最优的语音强度，使言语清晰度最高。例如，当S/N是+5dB时，语音强度在70dB左右，清晰度最好。若语音强度仍是70dB，而S/N增加到+10dB，则清晰度更高，因此，当言语传示装置本身存在噪声，而且言语信号与噪声同源时，即可采用提高整个S/N比值的办法来提高言语的清晰度。言语信号与噪声不同源时，只需提高S，就能使清晰度提高。

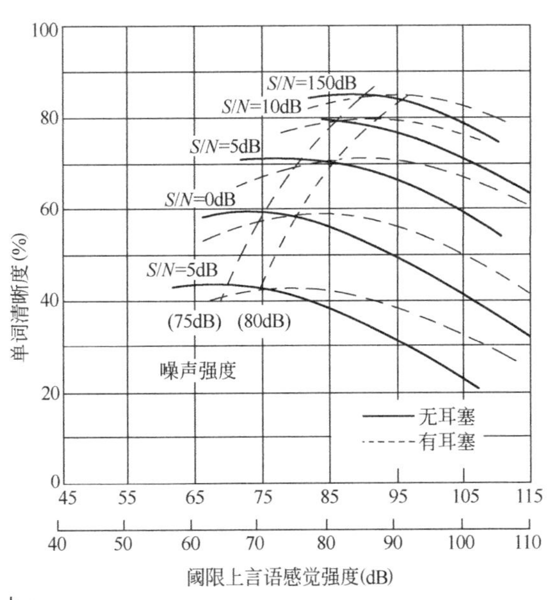

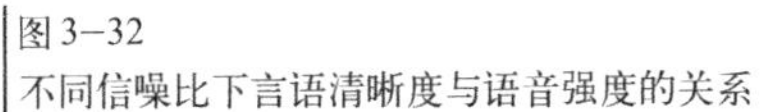
图3－32
不同信噪比下言语清晰度与语音强度的关系

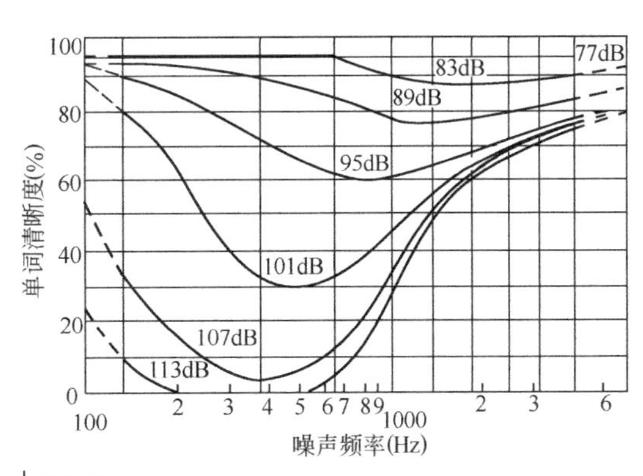

图3－33
不同频率噪声对语言的掩蔽作用

另外，不同频率的噪声对语言有不同的掩蔽作用，如图3－33所示。可以看出，当噪声强度较低时，对清晰度影响不大；在噪声强度增大时，清晰度骤然下降，强度较强的噪声，其频率在1000Hz以下时，对清晰度影响最大；而强度较弱的噪声，频率高于1000Hz时影响较大。因此，设计言语传示装置时，应注意尽量避开掩蔽作用强的噪声部分，以保证高的言语清晰度。

4）噪声环境中的言语通信

为保证在有噪声干扰的作业环境中讲话人与接收人之间能进行充分的言语通信，则需正常噪声和提高了的噪声定出极限通信距离。在此距离内，在一定语言干涉声级或噪声干扰声级下可期望达到充分的言语通信。在此情况下，言语通信与噪声干扰之间的关系如表3–18所示。

言语通信与噪声干扰之间的关系　　　　表3–18

干扰噪声的A计权声级(dB)	语言干涉声级(dB)	认为可以听懂正常噪声下口语的距离(m)	认为在提高了的噪声下可以听懂口语的距离(m)
43	35	7	14
48	40	4	8
53	45	2.2	4.5
58	50	1.3	2.5
63	55	0.7	1.4
68	60	0.4	0.8
73	65	0.22	0.45
78	70	0.13	0.25
83	75	0.07	0.14

上面所说的充分言语通信，是指通信双方的言语清晰度达75%以上。距声源(讲话人)的距离每增加1倍，言语声级将下降6dB，相当于声音在室外或室内传至5m远左右。不过，在房间中声级的下降还受讲话人与收听人附近的吸声物体的影响。在有混响的房间内，当混响时间超过1.5s时，言语清晰度将会降低。

图3–34表明了上述有关言语清晰度的各种关系。各条线均作为临界线来理解。它表示给定的噪声强度可达到的距离及可克服的干扰噪声。虚点标出的范围是自然噪声的范围。

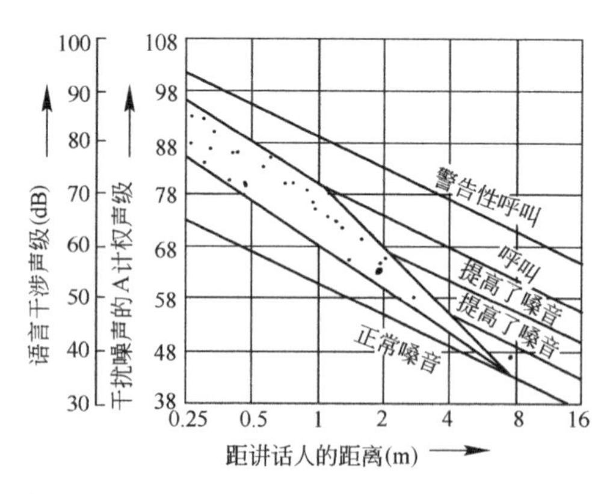

图3–34
语言通信与干扰噪声之间的关系

在噪声环境中作业，当为了保护人耳免受损害而使用护耳器时，护耳器一般不会影响言语通信。因为它不仅降低了言语的声级，也降低了干扰噪声。与不戴护耳器的人相比，戴护耳器的讲话人在噪声级降低时，声音较高，在噪声级较高时，声音较低。

使用言语传示装置(如电话)进行通信时，对收听人来说，对方的噪声和传递出来的言语音质(响度、由电话和听筒传声的线路噪声)可能会有起伏。尽管如此，表3–19所给出的关系仍然是有效的。

在电话中言语通信与干扰噪声的关系　　表3–19

收听人所在环境的干扰噪声		言语通信的质量
A计权声级(dB)	语言干涉声级(dB)	
55	47	满　意
55~65	47~57	轻微干扰
65~80	57~72	困　难
80以上	72以上	不满意

必须注意的是，当收听者的干扰噪声增强时，首先受到影响的是另一方的清晰度。这时，收听人根据经验会提高自己的噪声，对于扬声器和耳机这样的言语传示装置，要保证通过扬声器传送的语言信息有充分的语言通信功能，须使A计权语言声级至少比干扰噪声的声级高3dB。

另外，在通过扬声器对言语信号进行放声时，要按照收听人所收到的干扰噪声的声级调整言语信号的声级使其匹配(至少可以自动匹配)。根据干扰噪声的构成和房间的影响，可以采取抑制语言中的低频语言成分、提高对清晰度有较大意义的高频语言成分的方式来保证言语通信的效率。此外，还可以把语言直接送入听者的耳朵，这样可把工作场所内所有声学上的不利因素(例如，混响时间较长，不利的房间形状等)的影响限制到最小。

在使用耳机时，已排除了房间的声学特性对言语的影响，但是，噪声的干扰作用也会根据耳机类型的不同(开放式、闭式、耳塞式等)和佩戴方式的不同(单耳、双耳)，不同程度地降低言语传送的清晰度。

3.5.2 听觉传示设计原则

3.5.2.1 音响传示装置的选择原则

在设计和选择音响、报警装置时，应注意以下原则：

1) 在有背景噪声的场合，要把音响传示装置和报警装置的频率选择在噪声掩蔽效应最小的范围内，使人们在噪声中也能辨别出音响信号。

2) 对于引起人们注意的音响传示装置，最好使用断续的声音信号；而对报警装置，最好使用变频的方法，使音调有上升和下降的变化，更能引起人们注意。另外，报警装置最好与信号灯一起作用，组成视、听双重报警信号。

3) 要求音响信号传播距离最远和穿越障碍物时，应加大声波的强度，使用较低的频率。

4) 在小范围内使用音响信号，应注意音响信号装置的多少。当音响信号装置太多时，会因几个音响信号同时显示而互相干扰、混淆、遮掩了需要的信息。这种情况下可舍去一些次要的音响设置，而保留较重要的，以减少彼此间的影响。

3.5.2.2　言语传示装置的选择原则

言语传示装置比音响装置表达更准确、信息量更大。因此，在选择时应与音响装置相区别，并注意下列原则：

1）需显示的内容较多时，用一个言语传示装置可代替多个音响装置，且表达准确，各信息内容不易混淆。

2）言语传示装置所显示的言语信息，表达力强，较一般的视觉信号更有利于指导检修和保障处理工作。同时，语言信号还可以用来指导操作者进行某种操作，有时会比视觉信号更为细致、准确。

3）在某些追踪操纵中，言语传示装置的效率并不比视觉信号差。如飞机着陆导航的言语信号，船舶驾驶的言语信号等。

4）在一些非职业性领域中，如娱乐、广播、电视等，采用言语传示装置比音响装置更符合人们的习惯。

3.6　肤觉、嗅觉和味觉

3.6.1　肤觉

皮肤感觉是由物质的物理或化学作用到达皮肤表面引起的。它分为触压觉、痛觉和温度觉。肤觉是仅次于听觉的感觉，对人是很重要的，因为皮肤是人体最大的感官。尤其是视觉和听觉发生障碍时，肤觉就显示了突出的作用，许多盲人就是靠肤觉来认识世界的。

1）触觉

触觉是皮肤表面受到机械刺激而引起的感觉，可分为触压觉和触摸觉。刺激物轻微触及皮肤表面，即能引起神经反应而产生接触感。加强刺激物的作用使皮肤产生变形，人会产生压迫感觉。这种压迫感觉就是触压觉，也称为被动触觉。触摸觉靠肌肉（一般指手）的主动运动与皮肤的联合感觉，又称为主动触觉。在利用触觉来感知物体的形状和大小等特性时，主动触觉往往优于被动触觉。全身各部位的皮肤对触觉的敏感性差别很大，越是活动部位感受越强。如以背部中线的最小感受性为1，则身体其他部位的对比感受性是：背部中线1；胸部中线1.30；肩部上表面3.01；挠腕关节区3.80；腹部中线1.06；脚背表面3.38；上眼皮 7.16。

触觉的感受性因环境而异。皮肤变热时感受性提高，反之则下降。

触觉与其他感觉一样，在刺激持续作用下，感受性会下降。这种现象称为适应。如经过3s，触压觉就可下降到原水平的1/4。适应时间与刺激强度成正比，与刺激作用的面积成反比。

触觉的敏感性可以用皮肤能感受到两刺激点的最小距离值准确地测定出来。例如舌尖约为

1.1mm；指间约为2mm；唇约为4mm；手掌约为9mm；足底约为20mm；下臂约为40mm；背部则达67mm；人在疲劳、饮酒后或睡眠不足时，两点阈值加大。

2）痛觉

如果皮肤受到的机械、冷热或化学刺激强化到某一特定强度，痛感就随着刺激诱发的知觉同时出现。感知这种称为痛觉的警告信号，有两种不同的方式：

① 急剧和容易定位的表面疼痛迅速传递至大脑。大多数情况下，它能触发逃避或防御反应，或改变本身的活动来适应新的情况。

② 迟钝的或不易定位的深部疼痛，如来自肌肉、肌腱、关节的深部和内脏疼痛，由于需要传递至临近区域，以较慢速度传递至大脑，通常它导致减弱运动。

3）温度觉

冷觉和热觉统称为温度觉，它们有各自独立的冷点和热点以及各自特殊的感受器。温度强度取决于温度刺激强度和被刺激的部位。所谓温度刺激强度是指与生理零度存在温差($t-36.5$)的大小。身体各部位温度不一样。面部皮肤具有最大的温度感受性，但因经常裸露在外，所以其适应性也最强。身体上经常被遮盖的部分对冷的感受性最强，下肢的皮肤感受性最差。

3.6.2　味觉和嗅觉

味觉和嗅觉器官担负着一定的警戒任务，因为它们处于人体沟通内、外部的入口处。在安全技术中，味觉与嗅觉用作信息传递器是相当重要的。

1）味觉

凡能溶于水的物质都能向人提供味觉刺激。味觉感受器主要是分布在舌表面上的味蕾。味觉的感受性用不同浓度溶液的阈值表示。舌尖和舌侧对酸性的感受性大，舌根对苦的感受性大。

2）嗅觉

在日常生活中，很多信息是通过嗅觉得到的，如花香、菜香以及臭味等。人的嗅觉感受性是很强的，如在空气中只要有0.00004mg的人造麝香就可嗅到香味。影响嗅觉感受性的因素有环境条件和人的生理条件。温度有助于嗅觉感受，最适应的温度是37～38℃。清洁空气中嗅觉感受性也高。人在伤风感冒时，由于鼻咽黏膜发炎，感受性显著降低。

嗅觉的适应性比较快，但有选择性。接触某种气体经过一段时间之后就使感受性下降，所谓“入芝兰之室，久而不闻其香”就是这个道理。另外，某些带有刺激性气味的化学物的气体，会使人眩晕、恶心、呕吐甚至中毒，这时嗅觉就会失去作用。

影响嗅觉感受性的因素很多，也很大，所以嗅觉传示器一直没有得到广泛的应用。但在某些场合，嗅觉传示还是能够起到重要作用的。例如在煤气和液化气中加入一种有恶臭物质(硫化氢），可用来做煤气泄漏的报警气体。所以，当发现异常气味时应立即寻找原因。利用嗅觉可以早期发现泄漏、火灾等事故。

3.7 人的信息传递与处理

3.7.1 信息

信息是物质的普遍属性，是物质在相互作用中对外界物质运动状态和存在特征的反应。信息本身不是物质，也不是能量，它只是在物质相互作用中表现出来的一种物质的普遍属性。因此，信息作为客观现象的一个方面，在整个世界、整个宇宙这些大系统中也是无所不在的。信息来源广泛，含义既抽象又具体，故目前尚无明确的定义。从广义上说，信息就是知识，也就是知识在获得时与未获得时之差。

信息是人们认识世界的基础，人未获得信息时，是处于不确定状态，在获得信息后，就有可能消除这种不确定状态，这样就可使人们的知识从无到有，从少到多。但是，信息并不是越多越好，信息一多，对一个问题所产生的疑问也就多，这样反而不能消除不确定状态。关键问题是要得到有用的信息。

信息量是用事物运动状态的不确定性来度量的。事物状态的不确定性的大小与该事物状态发生的可能性及其概率有关。概率越大，获得的信息量越少。信息量与概率之间的关系为：

$$H=-\log 2P=\log 2(1/P) \tag{3-3}$$

式中 H——信息量(bit)；

P——事件发生的概率。

人体与外界之间的联系有三种基本形式，即物质、能量和信息的传递。信息传递往往是随物质和能量的传递进行的，即物质和能量是信息传递的载体。为了系统的正常运行并实现高效率，就必须管理和控制物质、能量的流动。管理和控制的本质就是信息。

在人和机器发生关系和相互作用过程中，最本质的联系是信息交换。人在人—机系统中的作用，在一定意义上讲，是进行信息的传递和加工。了解人的传递能力和提高人的传递能力，对人—机系统设计和提高效率是很重要的。

3.7.2 人体接受信息的途径及能力

1）人体接受信息的途径

人们在日常工作和生活中，不断接受外界各种变化的信息，并根据这些信息自动调节自己的活动。人们操作机器时，信息的交换是通过人机界面来实现的。具体地说，人们要进行有目的的操作行为，必须依赖于人体的感觉器官接受外界信息，即通过人机界面的刺激。感觉器官在接受到外界条件的刺激(如声、光、电等)时，就会把这种接受外界刺激通过神经系统传送至大脑，并在大脑中进行分析、判断和决策，然后发出指令，通过输出神经纤维的神经末梢，传给运动器官，转化为操作者的动作。这就是人机处理信息的整个过程。上述的"感觉—判断—行为"就构成了人体的信息处理系统，见图3–1。

人要正确地处理信息，首先要正确地接受来自人机界面的信息，然后通过人脑正确地分析、判断信息，最后通过人的行为正确操纵机器，即给出信息，也就是通过人机界面实现正确的信息交换。因此，人体正确处理信息的本质，可以说是不产生误判断和误操作。研究人体信息处理过程的目的是对影响信息处理的条件事先作好处理准备，减少误判断和误操作的机会、媒介，从而提高系统的可靠性和舒适感。具体地讲，就是如何设计各种向人显示信息的显示装置，使人清晰地得到信息，和如何设计各种人向机器传送信息的操作装置，使人操纵方便、省力、安全。这是一个需要认真研究的问题，在前面几节中已经述及。

从图1–1人—机系统模式图可看出，如图中箭头方向循环一周，可认为进行了信息处理。人们执行一次操作时，这种信息处理循环可能进行若干周。

2）人体接受信息的能力

一般说来，信息处理的核心在于判断。这就是一方面把通过知觉经过区别、识别或辨别的信息同记忆进行比较，一方面转化为反馈指令，观察操作的结果来进行判断。由此可见，判断既是利用已有知识与经验的过程，也是累积和增加新的知识与经验的过程。但是，仅有知识的精通这个前提条件，并不能说就一定能正确地进行信息处理，还要受到人体生理和心理以及环境因素的限制或影响。

人的大脑的信息容量大得惊人，约为108～1011bit，但大脑皮层却只能处理感官接受的部分信息。从感官接受信息开始经中间加工到永久储存(记忆)过程中，信息减少很多，真正作为记忆而永久储存的信息量仅有极少一部分，如表3–20所示。

不同处理阶段时人的信息传递率 表3–20

不同处理阶段	最大信息传递率(bit/s)	不同处理阶段	最大信息传递率(bit/s)
感官感受	109	意识(感知)	16
神经联系	3×106	永久储存	0.7

工作效率在很大程度上取决于人体接受的能力和速度准确性，而这些又与感觉器官的机能状态有密切联系。人具有多种感觉通道，每一种感觉通道传递信息能力均有一定的限度。在工作中，由于各种条件的不断变化，使人的感觉能力受到一定影响。当这种变化超过一定限度时，人的感觉系统便会出现差错。各种感觉通道的机能如表3–21所示。

感觉通道的物性比较　　表3–21

比较项目 物性 感觉通道	视觉	听觉	嗅觉	触觉	味觉			
					酸	甜	苦	咸
反应时间(s)	0.188~0.206	0.115~0.182	0.200~0.370	0.117~0.201	0.536	0.446	1.082	0.308
刺激种类	光	声	挥发性物质	冷、热、触、压	物质刺激			
刺激情况	瞬间	瞬间	一定时间	瞬间	一定时间			
感知范围	有局限性	无局限性	受风向影响	无局限性	无局限性			
知觉难易	容易	最容易	容易	稍困难	困难			
作用	鉴别	报警、联络	报警	报警	报警			
实用性	大	大	很小	不大	很小			

3.7.3 影响人体信息接受、处理的主要因素

1）无关信息的干扰

如果信息过多，会对想得到的信息产生干扰，很容易造成误判断。另外，当两个或两个以上信号同时发生时，若二者的强度相近，则不易区别。

2）信号维量数的影响

各种信息均以自己特有的性质作用于人的感觉器官，如声信号以它具有的频率、声强或声源方向等特性作用于听觉器官；视信号以形状、大小、亮度或颜色等特性作用于人的视觉器官。信号维量是指各个信号中包含的信号特性个数的量度，各种信号的每一特性为一个维量。例如，某物体若以其形状这一单一特性进行刺激时，该信号则为单维量信号；如果在该物体上漆有颜色，则该物体以形状和颜色两种特性同时作用于视觉器官，这时信号便是二维量的。

一般说来，多维量信号的信息传递能力高于单维量的信号，但却少于组成该多维量信号的单一维量信号传递能力之和。

3）分时的影响

分时在人机工程学中表示一个人同时做或迅速交替地做两种以上的工作的现象。分时对信息传递能力有影响，特别是几个信号同时出现时，人们常常目不暇接、惊慌失措。因此，信号的输出最好有时间先后，或者事先提供暗示，并尽量减少需短时利用两个或多个感觉通道间记忆的事件。另外，去接受同一信息，以增加信息接受的机会。实践证明，双重信号显示的效果较好(如指示灯加铃声)。视觉器官在接受外界信息刺激和做出反应方面较其他的感觉器官更为敏锐，具有相对优先性。但对警戒任务来说，听觉显示器优于视觉显示器，因为听觉抗干扰能

力强。

4）刺激—反应之间的一致性影响

刺激—反应之间的一致性可以提高信息的传递率及其可靠性。刺激—反应一致性是刺激在空间位置、运动方向和概念上分别或结合在一起，并与人的期望相一致的关系。它有三方面的含义：空间位置上的一致性，即显示单元与控制单元在空间位置排列上一一对应；运动方向上的一致性，即如仪表或运动部件的运动方向与人的观念上的适应性；概念上的一致性，如交通信号灯以绿色代表通行、红色代表停止，绿色代表安全、红色代表危险等与人的概念或习惯的适应。

5）大脑意识水平

人体信息的接受和处理直接受大脑意识水平的支配。人的大脑水平可分为五个阶段，如表3–22所示。

大脑意识水平的阶段 **表3–22**

阶段	意识状态	注意的作用	生理状态	可靠度
0	无意识，失神	0	睡眠，发呆	0
1	正常以下，意识	不注意	疲劳、单调、瞌睡、醉酒	0.9以下
2	模糊	消极的	安静起居、休息、正常作业	0.99～0.99999
3	常态，松懈	积极的	积极活动时	0.999999以上
4	超常态，过度紧张	凝视一点	精神兴奋时或恐慌时	0.9以下

五个阶段的意识水平相互隔断，人本身不易自行控制。节假日后的第一天上班，人们大多还未从假日活动疲劳中恢复过来，大脑意识水平尚停留在1阶段。此时，由于精神不集中，往往工作效率低、事故较多。当出现紧急异常情况时，无论人的意识水平处于1或2阶段，只要一意识到，就会立刻紧张起来，超越间隔，使意识水平达到3阶段，这时注意力集中，活动积极，反应灵敏。但是一旦惊慌失措，甚至产生恐惧，则会使意识水平进入4阶段。这时则完全失去了状态的综合判断能力，甚至连几个比特的信息量也不能处理了，结果是盲目蛮干或手足无措。由此可见，要想使人头脑清醒、积极工作，必须使其意识水平处于3阶段。应指出，大脑水平处于3阶段的维持时间一般一次15～30min，一天总计也不超过2～3h。

3.8 图形符号设计

图形符号是简明的或抽象的图案，代表某一事物的内容或语义。随着经济的全球化方向发展，现代产品中使用各种图形和符号来指示产品的功能、运行状态和操作知识信息已成为一种趋势，并且这些在产品上通常使用的符号正逐渐形成一种国际化的符号。这些经过对知识内容的高度概括和抽象处理而形成的知识图形标志，其传递的信息量大、抗干扰力强、易于接收。这是因为人在知觉图形和符号信息时，辨认的信号和辨认的客体有形象上的直接联系，其信息接收的速度远远高于抽象信号。并且图形的符号具有形、意、色彩等多种刺激因素。为了对标志内容作更进一步表达，有时用文字对图形符号作辅助说明，这些文字与图形结合使用，可放在图形内，也可与图形分离。

3.8.1 图形符号指示特征

用于信息显示所采用的图形符号是经过对显示内容的高度概括和抽象处理而形成的，这些图形和符号与所标志的客体间有着相似的特征，方便人们识别与记忆。图形和符号的辨认速度和准确性，与图形和符号的特征数量有关，而不是符号的形状愈简单愈易辨认。有人做过实验，选用三类传递的信息量大体相同的符号，考察其辨认效果。第一类为简单的符号，它们只有必要的特征，只按形状(三角形、梯形等)辨认；第二类为中等的符号，它们除了主要特征外还有辅助特征(外表和内部的细节)；第三类是复杂的符号，它们有若干个彼此混淆的辅助特征，实验结果表明，辨认简单符号和辨认复杂符号一样，比辨认中等符号需要的时间长，准确性更低(见表3-23)。因此，为了提高图形和符号的辨认速度和准确性，应注意设计的图形和符号更反映出客体的特征。只有高度概括，才能适宜操作者辨认。如表3-24所示的软件界面符号(新建文件、打开文件、打印)，新建文件为一张白纸，意即满足一定计算机文件格式的、没有内容的文件，较准确地传送出软件操作的基本特征。

辨认的速度和准确性与识别特征数量关系 表3-23

辨认速度和准确性的指标	符号		
	简单的	中等的	复杂的
呈现的时间阈限(s)	0.034	0.053	0.169
感觉—语言反应潜伏期(s)	3.11	2.70	3.13
认错率(占呈现总数的%)	10.8	2.20	2.5

软件界面常用符号及其含义 表3-24

图标	图标含义	图标	图标含义
	新建文件		取消
	打开文件		复制
	保存		粘贴

3.8.2 图形符号知识的意义与作用

图形符号的种类繁多，其应用的范围也相当广泛，随着信息技术及其产业的不断发展，传统上的许多硬件将逐步被软件所代替，硬件上执行文件也被图形符号所代替。尽管这些被"软"化的软件与它们的硬件原型存在着形象化联系，但它们的形态被减弱了，并且更简单、更生动，信息传递和辅助功能得到了加强。如 Photoshop 等一些绘图软件中的喷笔图标，它是实物的形象表达，但喷笔的功能比传统上的"硬件"扩大了许多，如软件喷笔的笔迹图形、喷涂的形式与压力大小的调整。

图形和符号在产品上的应用，有利于操作者迅速观察和辨认，提高操作者操作的准确性和工作效率，同时提高信息传递的速度。如汽车驾驶员在工作时，既要集中注意观察路面情况，同时也要注意驾驶室各种显示信息。这样对驾驶室内显示信息的观察时间有时只是一瞬间，这就是驾驶员要在这一瞬间了解所需信息。这时图形和符号显示的信息量大，便于驾驶员直观地获取显示信息。同时图形符号的设计艺术性，也能提升产品的精神功能。图3—35为汽车上使用的图形符号。

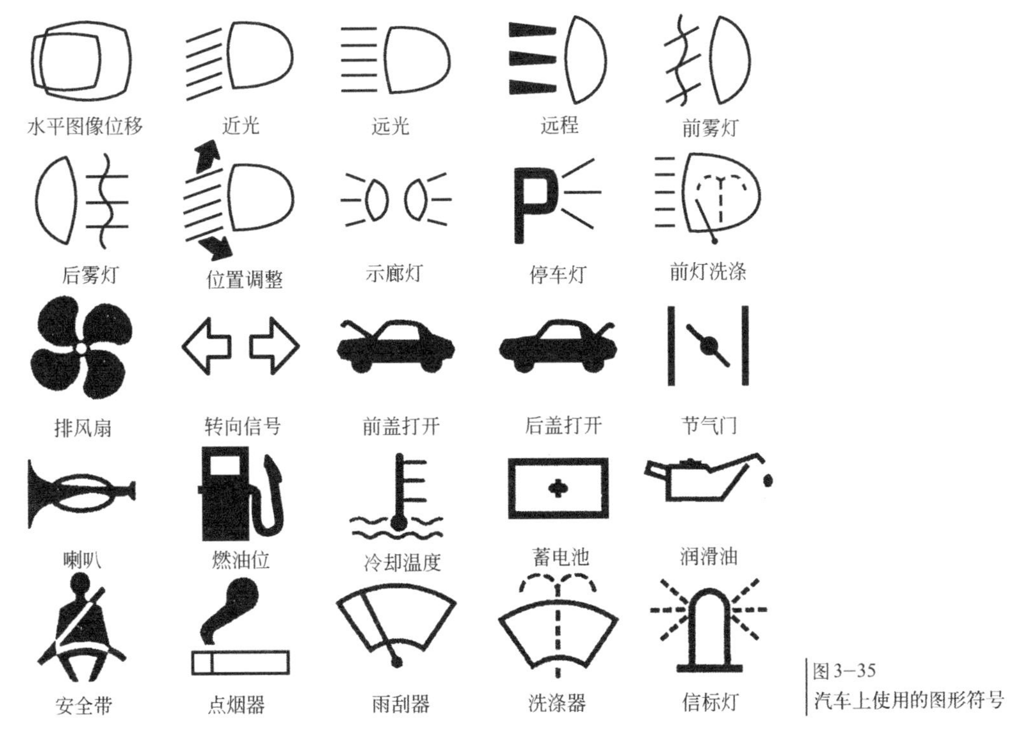

图3—35
汽车上使用的图形符号

随着经济技术向全球化方向发展，工业产品须突破各国之间的文化障碍，由于图形符号认知受到本土文化的影响较少，同时也随着图形符号的国际标准化，图形符号成为一种世界性语言，如图3—36为电子产品上使用的部分图形符号。

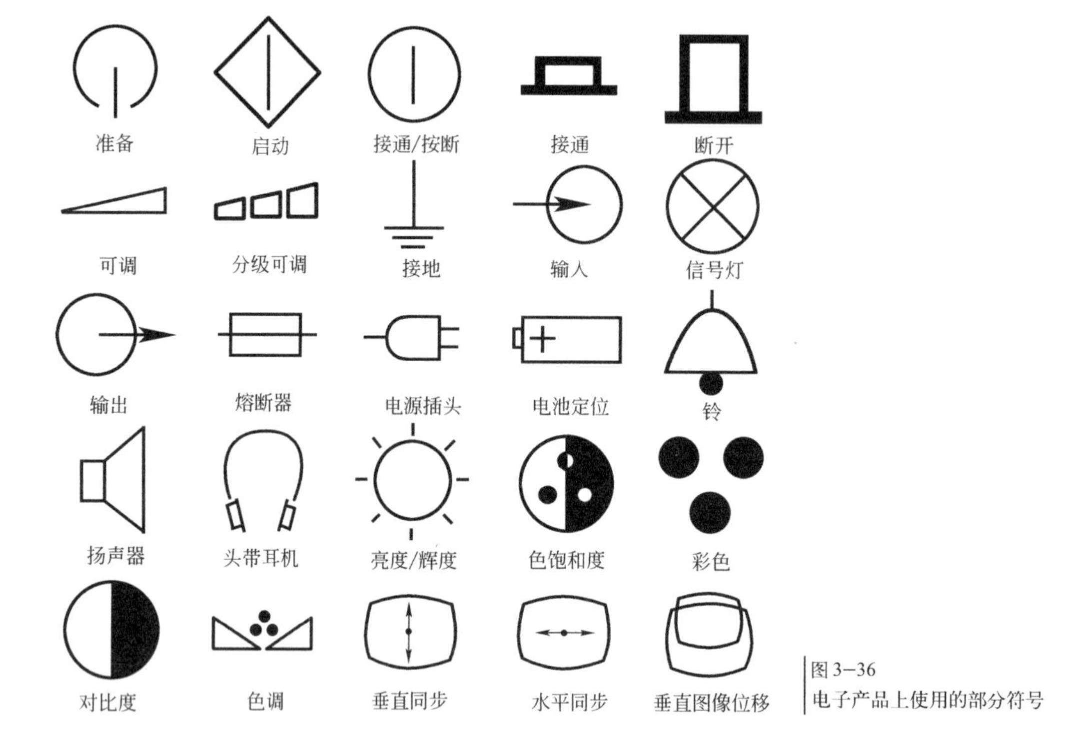

图 3–36
电子产品上使用的部分符号

应该注意的是：实际应用的各种图形符号，不能采用人们不能接受的、过分抽象的图形符号，以便减少知觉时间，加强对符号的记忆和提高使用者的反应速度。图形符号设置的位置应与所指示的操纵机构相对应。这样，操作者就能按图形符号所指示的内容准确而迅速地操纵机器。

3.8.3 图形符号设计

图形边框是设计计算图形符号大小的依据，边框内缘尺寸（图形符号的公称尺寸），以S表示。最小公称尺寸S_{min}观察距离D有关。

3.8.3.1 单个符号设计

1）符号尺寸

图形符号的尺寸大小与该图形符号的边框有一定联系。不同边缘的图形符号尺寸S(mm)与视距的D(mm)的关系，如表3–25所示。对无边框图形的尺寸可参考有框尺寸进行设计。

图形符号的尺寸与视距的关系 表 3–25

框　形	符号最小尺寸(S)	醒目符号的最小尺寸(S)
方　形	$12D/1000$	$25D/1000$
棱　形	$14D/1000$	$25D/1000$
圆　形	$16D/1000$	$28D/1000$
三角形	$20D/1000$	$35D/1000$

2）图形符号最小细节尺寸

指符号细节本身的宽度。按视距为1m处人眼能分辨1 1mm高物体的人眼分辨角为3.5′的规定，符号细节本身的最小尺寸 w 与视距 D 的关系为：$w \geqslant D/1000$(mm)；在无干扰的情况下，符号细节本身的最小尺寸可按下式计算：$w \geqslant 2/2000$(mm)，符号细节之间的最小距离为：$d \geqslant D/3000$(mm)，符号细节的最小线宽为：$w_{min} \geqslant D/2000$(mm)为了提高分辨率，设计时应保持周边长度与面积比为最小，因此一般应尽量删去细节，当然有意义的细节能增强理解，但应避免在描述物体外形时呈现不必要的细节或成分。

3）符号的方向性

定向图形符号的含义受到本身的方向或位置影响时，必须清楚地加以说明，如旋转开关的方向符号，若不加以简单说明，易引起误解，组合使用有方向含义的指示与有明示或暗示方向的图形符号时，二者在方向上和意义上应一致。

3.8.3.2　组合符号设计

1）符号间距

它应等于或大于2倍符号与边框矩，可用公式表示为：

$$S_{BS}=2d_{is}\text{(mm)}$$

式中　S_{BS}——符号间距(mm)；

d_{is}——符号至边框距离(mm)。

2）符号/正文的相互作用

符号与有关的连续数行正文之间的空挡会影响两者组合的视觉效果，此时，应保证与特定符号有关的正文明显地放在该符号附近。

3）符号/正文/箭头的相互作用

与正文有关的带方向的箭头应靠近正文。若用符号衔接箭头，则该符号应置于箭头与正文之间。向上、向下或者向左指的箭头应放在正文前面，向右指的箭头应在正文后面，正文按常规排列。图3-37为箭头的相互作用。

图3-37
箭头的相互作用

3.8.3.3　各种边框设计

1）符号与边框间距

符号与边框间距应大于1.5倍最小细节宽度：

$$d_{is} \geqslant 1.5w(\text{mm})$$

式中 d_{is}——符号与边框内缘的距离(mm)；

w——符号细节本身最小宽度(mm)。

若符号的所属部分近乎平行于边框内缘，则应距离等于或大于2.5倍符号细节本身的最小宽度：

$$d_{is} \geqslant 2.5w(\text{mm})$$

2）边框宽度

边框宽度(W_1)应等于或大于0.15符号尺寸，即：

$$W_1 \geqslant 0.015s(\text{mm})$$

式中 s——符号尺寸(方框内缘尺寸，mm)。

3）方框

大部分公用信息符号都使用方框。方框可由直线组成，或做成对比度的背景。

4）棱框

它是由正方框旋转45°而形成。要保持相同的符号尺寸，棱框尺寸(D_c)必须放大为1.2倍方框尺寸：

$$D_c \geqslant 1.2s(\text{mm})$$

5）圆框

圆框直径等于方框边长时，圆框内的符号尺寸一般必须缩小。要想保持符号尺寸不变，而且不至于严重损坏框形，则应放大圆框直径(d)，且不大于1.3倍符号尺寸：

$$d \leqslant 1.03s(\text{mm})$$

若圆框的外观高度与方框相近，则框内直径应为1.04倍符号尺寸：

$$d \geqslant 1.04s(\text{mm})$$

6）等边三角形

三角框底边等于方框时，三角框内符号一般必须缩小尺寸，若想保持符号大小不变，则需要放大三角框底边，但一般不超过1.7倍符号大小尺寸。若想三角框与方框的外观大小相同，则底边应近似为1.4倍符号尺寸。表示的公式与相应的图如图3-38所示。

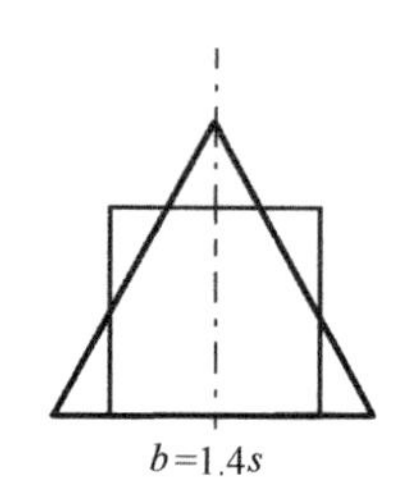

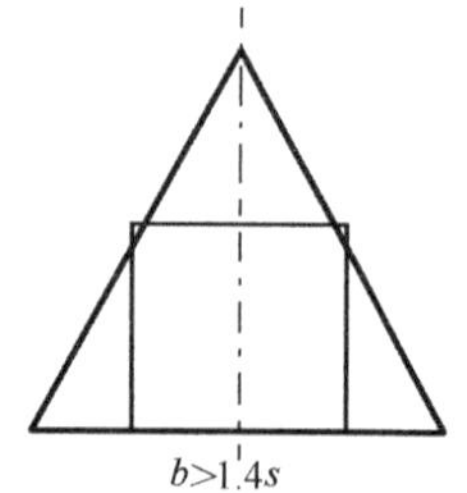

图3-38
边框尺寸

3.8.3.4 标志设计举例

已知视距(D)为4m，欲设计三角框内醒目的标记，可按以下步骤进行：

1）计算符号尺寸(S)；

2）计算细节本身的最小尺寸(w)；

3）计算最小线宽(M_L)：$M_L \geqslant D/2000$；

4）计算符号外缘至框内缘的最小距离(d_{is})：$d_{is} \geqslant 1.5w$；

5）保持符号尺寸不变，计算所需三角框内缘长度(B)：$B \leqslant 1.7s$；

6）绘制标记；

7）计算与公众正常视觉方向的中央线的最大偏移(x)：$x \leqslant D/4=4/4=1\text{mm}$；

8）计算最醒目时的偏移量：$x \leqslant D/12=4000/12=333\text{mm}$。

计算结果示于图3–39。

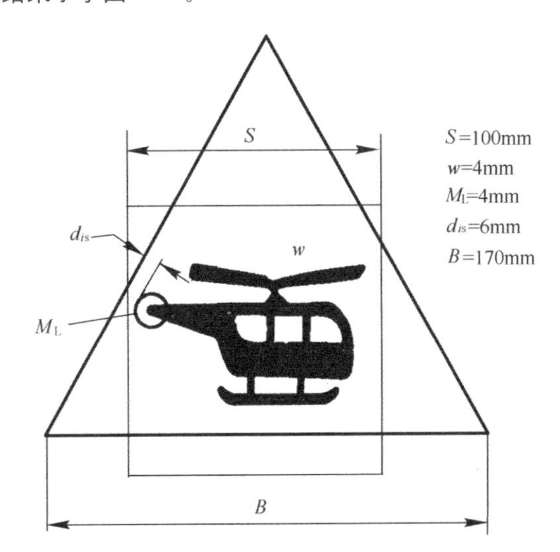

图3–39
标志设计举例

第4章 ｜ 人的运动特征及操纵装置设计

运动是人体的主要功能之一。人体的各种动作的完成，主要是由肌肉收缩作用于骨骼的结果。人体运动特征直接影响操纵装置的设计原则与规范。

4.1 人体运动特征

人通过骨骼、肌肉和神经系统的相互配合，能够进行各种各样的运动。

4.1.1 人体运动的种类

人体的运动主要由各种转动组成，可以分为以下两类：

1）平面内转动

平面内转动包括弯曲和伸展。弯曲运动是指，身体某个部分的运动使某邻近两骨的角度减少的运动；伸展运动是与弯曲运动相反方向进行的运动，伸展运动使某邻近两骨的角度增加，如图4–1(*a*)的膝关节弯曲运动。

2）空间转动

如骨绕垂直轴的转动[图4–1(*b*)]、整根骨头绕骨的一个端点并与骨呈一定角度作旋转运动[图4–1(*c*)，图4–1(*d*)]都属于空间转动。

(*a*)

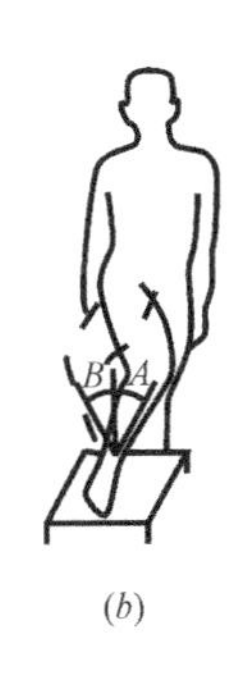

(*b*)

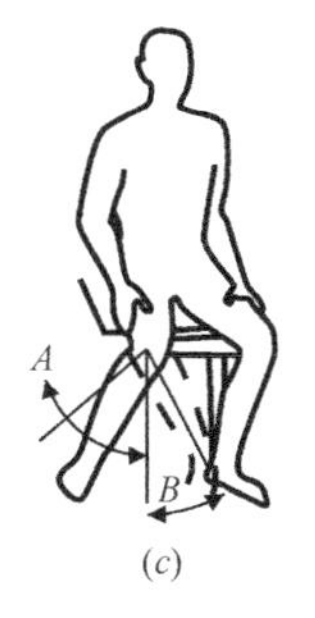

(*c*)

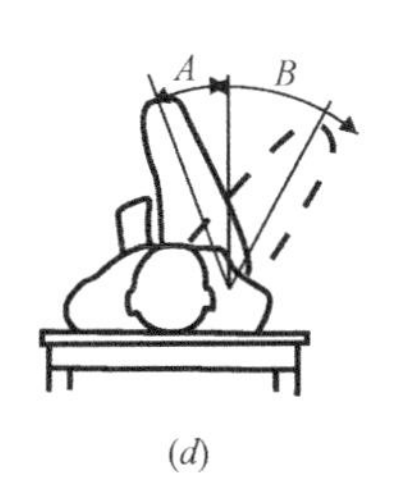

(*d*)

图4–1
人体运动方式示意图

4.1.2 人体的出力范围

人体的力量来自肌肉收缩。肌肉收缩时所产生的力称为肌力。肌力的大小即单个肌纤维的收缩力，取决于生理因素，即肌肉中肌纤维的数量与体积、肌肉收缩前的初长度、中枢神经系统的机能状态、肌肉对骨骼发生作用的机械条件。表4–1为中等体力的20～30岁青年男女身体主要部位肌肉所产生的力。

身体主要部位肌肉所产生的力　　　　表4–1

肌肉的部位		力的大小(N)	
		男	女
手臂肌肉	左	370	300
	右	390	320
肱二头肌	左	280	130
	右	290	130
手臂弯曲时肌肉	左	280	200
	右	290	210
手臂伸直时肌肉	左	210	170
	右	230	180
拇指肌肉	左	100	80
	右	120	90
背部肌肉(躯干屈伸的肌肉)		1200	710

肌体所能发挥的力量范围，是机械设备的操纵系统基础数据。肢体发挥操纵力的大小，除了取决于上述人体肌肉的生理特性外，还与用力的时间长短、采取的姿势、着力部位、力的作用方向和用力方式有关。

1）立姿时手臂的操纵力

图4–2为立姿时手臂在不同方向、不同角度上的拉力和推力。由图中可知，最大拉力产生在180°位置上；而最大推力产生在0°位置上。图4–3为立姿弯臂时的力量分布图。由图中可

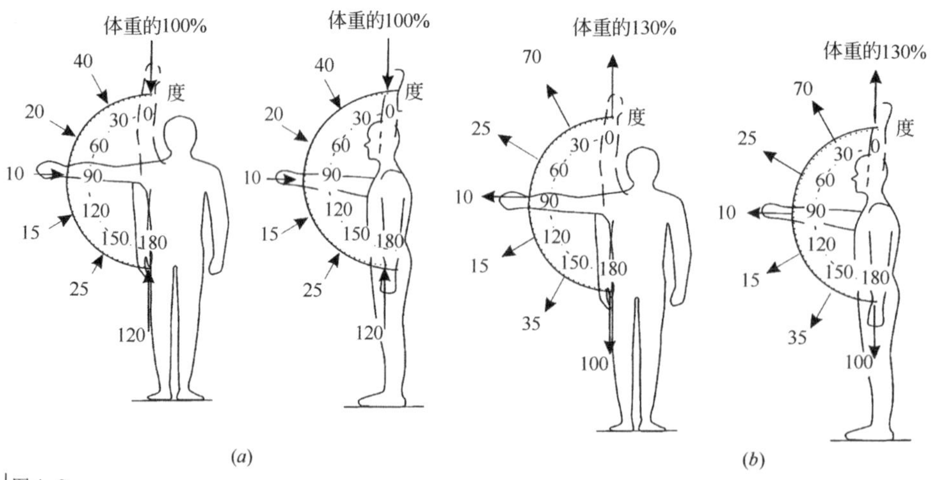

图4–2
立姿直臂时手臂的操纵力

知，大约在70°处可达最大值。许多操纵结构（如机动车辆的方向盘）置于人体正前方就是考虑到这个因素。

2）坐姿时手臂的操纵力

坐姿手臂在不同角度和方向上的拉力与推力见表4-2。从表中可知，右手强于左手；向上用力大于向下用力；向内用力大于向外用力。

3）双臂的扭力

双臂的扭力大小与采用的姿势有关，见表4-3。

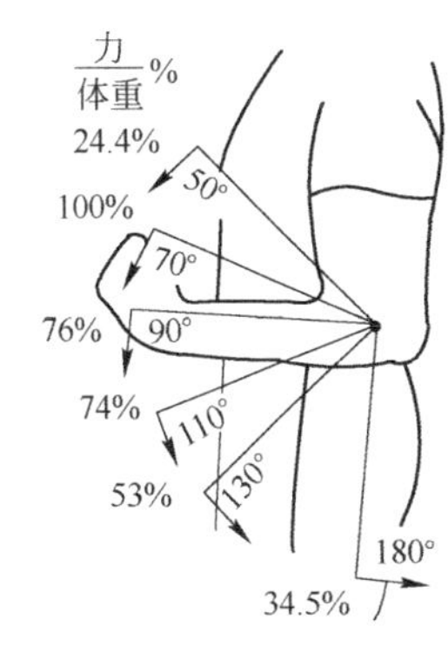

图4-3
立姿弯臂时的力量分布

坐姿时手臂在不同角度和方向上的操纵力　表4-2

手臂的角度(°)	拉力		推力	
	左手	右手	左手	右手
	向后		向前	
180(向前平伸臂)	225.4	235.2	186.2	225.4
150	186.2	245	137.2	186.2
120	156.8	186.2	117.6	156.8
90(垂臂)	147	166.6	98	156.8
60	107.8	117.6	98	156.8
	向上		向下	
180	39.2	58.8	58.8	78.1
150	68.6	78.4	78.4	88.2
120	78.4	107.8	98	117.6
90	78.4	88.2	98	117.6
60	68.6	88.2	78.4	88.2
	向内侧		向外侧	
180	58.8	88.2	39.2	58.8
150	68.6	88.2	39.2	68.6
120	88.2	98	49	68.6
90	68.6	78.4	58.8	68.6
60	78.4	88.2	58.8	78.4

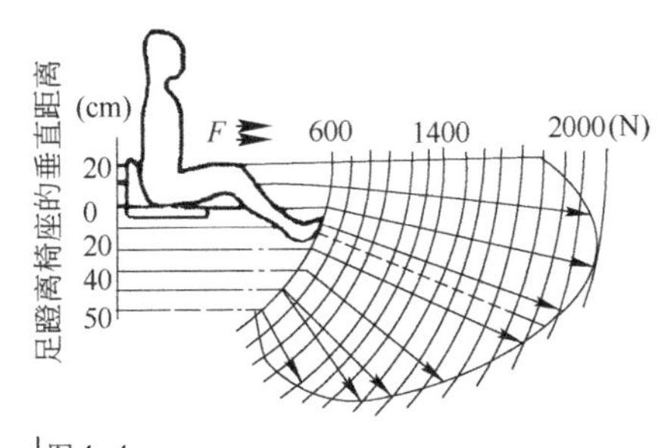

图4-4
不同体位下的足蹬力

4）坐姿时足的蹬力

足的蹬力大小与人体姿势、足的位置和方向有关。若坐姿有靠背支撑时可产生最大的蹬力。图4-4为不同体位的足蹬力，表4-4是男女蹬力比较。一般坐姿时，右足最大瞬时用力可达2570N，左足可达2364N。右足蹬力大于左足，男性蹬力大与女性。

双臂扭力　　表4-3

性别＼姿势	立　姿	弯　腰	蹲　姿
男 女	382±128 200±79	944±336 417±197	545±244 267±138

足的蹬力　　表4-4

足别＼出力	屈曲力		伸出力	
	男	女	男	女
右足	327	235	479	344
左足	299	209	422	299

4.1.3　人体动作的灵活性与准确性

4.1.3.1　人体动作的灵活性

灵活性是指操作时的动作速度与频率。人体生物力学特性决定了人体何处重量较轻，何处较重，何处肢体较短，何处较长。肢体的末端较主干部位动作灵活。因此，在设计机器的操纵装置和工作方式时，应充分考虑这些特点。

1）动作速度

动作速度指肢体在单位时间内移动的路程。动作方向、轨迹决定动作速度。肢体运动速度变化很大，可从每秒几毫米到800mm。在一般情况下，手臂动作速度平均为50～500mm/s。经测定动作速度有下列规律，可供设计时参考：

① 人体躯干及肢体在水平面的运动比垂直面的运动速度快；

② 从上往下较从下往上运动速度快；

③ 水平方向的前后运动较左右方向运动快，且旋转运动比直线运动灵活；

④ 顺时针方向操作动作比逆时针方向操作要快，且习惯；

⑤ 向身体方向的运动较离开身体方向运动要快，但后者准确性高；

⑥ 一般人右手较左手快，同时右手向右较向左运动快；

⑦ 动作速度与受力物的质量成反比。

2）动作频率

每分钟或每秒钟动作重复的次数称为动作频率。它与操作方式、机构形状和种类、规格大小、重量以及动作部位有关。测试数据见表4-5。

手足最大动作频率 表4-5

动作部位	最大动作频率(次/min)
手指(敲击)	204～406
手抓取	360～431
前臂屈伸	190～392
大臂前后摆动	99～344
足蹬踩(足跟做支点)	300～378
腿(抬放)	300～406
手旋转	右 288 左 360
手推压	右 402 左 318
手打击	右 300～840 左 510

转动手柄的最大频率与手柄长度有关。手柄长度为30～580mm的转动频率最大值见表4-6。

转动手柄的最大频率 表4-6

手柄长度(mm)	30	40	60	100	140	240	580
最大频率(次/min)	26	27	27.5	25.5	23.5	18.5	14

4.1.3.2 人体动作的准确性

动作的准确性可从动作形式(方向和动作量)、速度和力量三个方面考察。这三个方面配合恰当，动作才能与客观要求相符合，才能准确。

动作方向必须准确、动作量必须适当才能产生准确的动作。动作方向错误，动作量过大或过小，都将产生不准确的动作。

在操作中，动作柔和非常重要也容易准确。这种动作是速度不发生急剧变化的动作。反之，粗猛的动作是突变的动作，常常是不准确的。

动作的力量是指运动着的肢体遇到阻力时所能表现或所能提供的力量。动作依其力量的大小分为有力和无力动作。有力动作是指有足够的均匀增长的力量和速度的动作，能克服强大的阻力。无力动作是指没有足够的力量，速度也很小。这种动作常常是不准确的。

根据资料介绍，手臂伸出和收回动作的准确性，对于短距离(100mm以内)有动作过多的趋势，误差较大；对于较长距离(100～400mm)有运动过小的趋势，误差显著减少。同时，向外伸出比向内收回要准确。动作的方向定位最准确的方向是正前方手臂部水平的下侧，最不准确的方位在侧面；右侧比左侧准确，下部比中部准确，上部最不准确。双手同时均匀操作时，双手直接在身前活动的定位准确性最高。

4.2 人的操作动作分析

人的操作动作是一种复合运动，动作的状态和过程随操作的对象不同而不同。操作动作分析是指对作业或操作的动作组或结构特点及其相互关系的分析。动作研究一般从宏观和微观两个层面展开。宏观的方法是从整个生产过程出发分析生产流程及各个组成部分，即通过分析各工序之间、各机器（或设备）之间以及作业者与机器（或设备）之间的关系，找出影响作业活动的症结，如流程不合理或人机能力不匹配，这称为“程序分析”；微观的方法是从操作动作本身出发，即通过分析具体操作动作的合理性和效率，达到删除无效动作、减少等待时间、增加动作节奏和提高工作效率的目的，这称为“动作分析”。

4.2.1 动作元素

为了了解人的操作动作和行为，人们把人的动作分解成为基本的动作元素，简称动素。动素是构成操作活动的最小动作单元。美国工程师学会（ASME）把人的动作分为18种，如表4-7所示。从操作的作用来说，人的动作可以分为三类：必须动作（第1～8项）、准备动作（第9～14项）和无效动作（第15～18项）。必须动作是完成作业所必须采用的动作；准备动作是辅助动作，它们的存在虽然有利于必须动作，但会推迟必须动作的执行；无效动作则是对作业无益，既妨碍必须动作又增加疲劳的动作。动作分析的目的就是寻找并删除无效动作，压缩准备动作，使必须动作更精炼、更畅通，从而简化作业动作过程及动作量。

美国工程师学会（ASME）对人的动作的划分　　表4-7

类别	动素名称	形象符号	代号	定义
第一类	伸手		RE	接近或离开目的物的动作
	抓握		G	提取目的物的动作
	移物		TL	保持目的物由某一位置移至另一位置的动作
	装配		A	使两个目的物相结合的动作
	使用		U	借器具或设备改变目的物的动作
	拆卸		DA	将一目的物改变为两个以上目的物的动作
	放开		RL	放下目的物的动作
	检查		I	将目的物与规定标准相比较的动作
第二类	寻找		SH	为确定目的物的位置而进行的动作
	选择		ST	为选定目的物的动作
	计划		PN	为考虑作业方法而延迟的动作
	对准		P	为便于使用目的物而校正位置的动作
	预置		PP	调整对象物使之与某一轴线或方向相适合
	发现		F	寻找到目的物的状态
第三类	拿住		H	保持目的物的状态
	休息		R	不含有用动作而以休息为目的的动作
	不可避免的延迟		UD	不含有用动作但作业本身不可控制者
	可以避免的延迟		AD	不含有用动作但作业本身可以控制的延迟

4.2.2 动作分析方法

动作分析主要有两种手段：观察分析和摄影分析。如果动作较大，肉眼能够分辨，速度不是很快，就可以直接通过观察来记录、分析和改进动作。观察分析主要观察操作者左、右手和身体其他部分的动作，并把它归纳成为某种动素进行记录。在很多实际的操作过程中，动作发生的速度快、变化大，甚至有的动作可能同时发生，很难通过观察方法进行目视分析。因此，对于比较复杂的操作或需要进行精细分析的操作，都必须先用快速摄影或录像技术记录动作过程，然后再进行分析。

为了便于分析，通常都要把人的动作区分为动素，并将这些动素记载到操作分析图表上，制作操作的动作程序图。图 4–5 是关于检查轴的长度并将轴装入轴套的动素操作图，在动素程序图的基础上，可以分析动作的合理性，对原有动作和操作进行分析和改进。比如，如果发现有不可避免的延迟，就应该考虑在设备设计中是否存在问题而导致操作停顿。在不严格的情况下，可以对动素分析进行简化。表 4–8 是咖啡店人员制作咖啡的动作分析，从表中发现，操作过程中左手空闲太多，双手配合不理想，因此对其进行改进，以充分发挥左、右手的作用，改进后如表 4–9。

图 4–5
检查轴的长度并将轴装入轴套的动素操作图

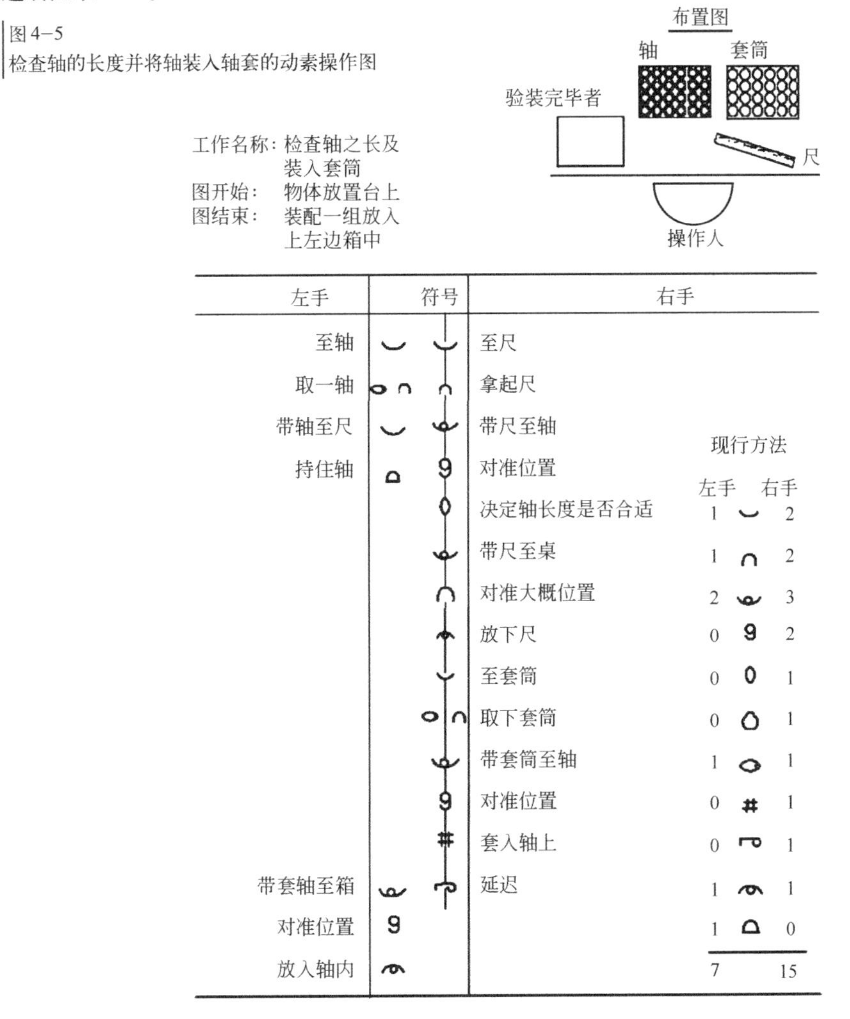

咖啡店人员制作咖啡的动作分析(改进前)　　　　**表4—8**

左手动作	右手动作	左手动作	右手动作
等待(空闲)	D ➪ 手伸向糖盒	等待	D O 取牛奶
等待(空闲)	D O 用小勺取白糖	手再伸向咖啡杯	➪ ➪ 移动牛奶
手伸向咖啡杯	➪ ➪ 送至咖啡杯处	握着咖啡杯	O O 牛奶倒入咖啡杯内
握着咖啡杯	O O 向杯内倒入白糖	等待	D ➪ 移动牛奶
等待	D ➪ 把勺送回糖盒	等待	D O 放下牛奶
等待	D O 把勺放入糖盒内	手再伸向咖啡杯	➪ ➪ 手伸向小勺
手再伸向咖啡杯	➪ ➪ 手伸向咖啡勺	握着咖啡杯	O O 用小勺搅拌牛奶咖啡
握着咖啡杯	O O 用勺搅拌咖啡	等待	D O 放下小勺
等待	D O 放下咖啡勺	等待	D D 等待
等待	D ➪ 手伸向牛奶瓶		

咖啡店人员制作咖啡的动作分析(改进后)　　　　**表4—9**

左手动作	右手动作	左手动作	右手动作
手伸向牛奶瓶	➪ ➪ 手伸向糖盒	放好糖盒	O O 把勺放入糖盒内
握着奶瓶	O O 用小勺取白糖	手再伸向咖啡杯	➪ ➪ 手伸向咖啡勺
移向咖啡杯	➪ ➪ 送向咖啡杯	握着咖啡杯	O O 用小勺搅拌咖啡
牛奶倒入杯内	O O 砂糖倒入杯内	等待	D D 放好小勺
移开奶瓶	➪ ➪ 把小勺移向糖盒		

4.3　操纵装置的类型与特征

操纵装置是将人的信息输送给机器，用以调整、改变机器状态的装置。操纵装置将操作者输出的信号转换成机器的输入信号。在人—机系统中，人就是通过操纵装置来控制机器设备安全正常运转的。

人的信息一般是通过肢体的活动或声音输出的。目前来说，人机交互中，操作者对机器的控制大多是通过肢体活动实现的。因此，操纵装置的设计首先要充分考虑操作者的体形、生理、心理、体力、能力及各种运动特征。操作装置的大小、形态等要适应人手或脚的运动特征，用力范围应当处在人体最佳用力范围之内，不能超出人体用力的极限，重要的或使用频率高的操纵装置应布置在人反应最灵敏、操作最方便、肢体能够达到的空间范围内。操纵装置的设计还要考虑耐用性、运转速度、外观和能耗。操纵装置是人—机系统中的重要组成部分。其设计是否得当，关系到整个系统能否正常安全运行。

4.3.1　操纵装置的类型

图4—6是各类操纵装置的形态。

4.3.1.1　按动力分类

1）手控

用手控制的方式有按钮、开关、选择器、旋钮、曲柄、杠杆和手轮等。

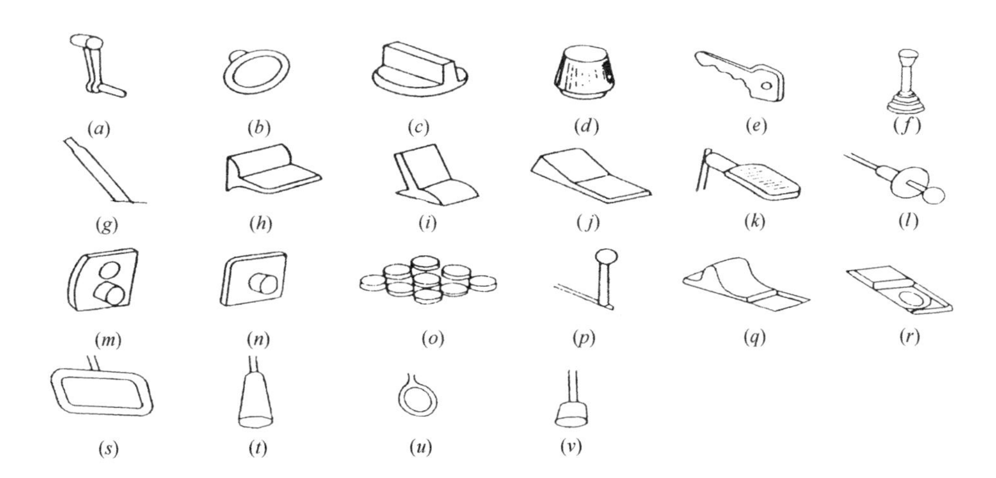

图4–6
操纵装置形态
(*a*) 曲柄；(*b*) 手轮；(*c*) 旋塞；(*d*) 旋钮；(*e*) 钥匙；(*f*) 开关杆；(*g*) 调节杆；(*h*) 杠杆键；(*i*) 拨动式开关；(*j*) 摆动式开关；(*k*) 脚踏板；(*l*) 钢丝脱扣；(*m*) 按钮；(*n*) 按键；(*o*) 键盘；(*p*) 手闸；(*q*) 指拨滑块(形状决定)；(*r*)指拨滑块(摩擦决定)；(*s*) 拉环；(*t*) 拉手；(*u*)拉圈；(*v*) 拉钮

2）脚控

用脚控制的方式有脚踏板、脚踏钮、膝操纵器等。

3）其他

其他方式有声控开关、光控或利用敏感元件的换能装置实现启动或关闭的机件。

4.3.1.2 按操纵时的运动形式分类

1）旋转运动

旋转运动的有曲柄、手柄、手轮、旋塞、旋钮、钥匙等。

2）摆动运动

摆动运动的有开关杆、调节杆、杠杆键、拨动式开关、踏板、摆动开关等。

3）平移运动

平移运动的有按钮、按键、键盘、钢丝脱扣等。

4）牵拉运动

牵拉运动的有拉手、拉钮、拉环、拉圈等。

4.3.1.3 按功能分类

1）开关控制

只使用开或关就能实现启动或停止的操纵装置，如按钮、踏板、手柄等。

2）转换控制

用于将一种工作状态转换成另一种工作状态的操纵装置，如选择开关、选择按钮、操纵盘等。

3）调整控制

使用这种操纵装置可以使系统的工作参数稳定地增加或减少，如按钮、操纵盘等。

4）制动控制

紧急状态下的启动或停止的操纵控制，要求可靠性强、灵敏度高，如制动闸、操纵杆、手柄和按钮等。

4.3.2 操纵装置的用力特征

在使用不同的操纵装置和不同的操作条件下，肢体的最大用力数值是有差别的。在设计操纵装置时，应该按照用力的要求选择合适的操纵方式，从而达到工作效率最优。研究并应用4.1节人的肢体的运动规律对认识操纵装置的用力特征是很重要的。此外，影响操作的还有操纵阻力。

4.3.2.1 关于操纵阻力

从操纵装置的设计考虑，一般操作并不需要使用最大的力量，而且用力最好小一点。不过，用力太小并非有利。因为用力太小，操纵精度不易掌握。人也不能从操纵用力中取得有关操纵量大小的反馈信息，这样也就不利于正确操作。所以操作操纵装置时用力适宜，才能使工作效率最高。适宜的用力与操纵装置的性质及其操纵方式密切相关。对于只求操纵速度不求精度的场合，操纵用力应当越小越好。若要求精确度很高，那么必须使操纵装置具有一定的阻力。

操纵阻力的大小与操纵装置的类型、位置、操作频率、力的方向等因素有关。一般操纵阻力必须控制在该施力方向的最佳施力范围内。最小阻力应大于操作人员手脚的最小敏感压力，防止操纵装置被无意碰撞而引起偶发启动。操纵阻力主要包括静摩擦力、弹性阻力、粘滞阻力和惯性等，见表4–10。静摩擦力适宜于不连续操纵。弹性阻力和粘滞阻力可提供操纵反馈信息，帮助操作者提高控制的准确度，适宜于连续控制。惯性可用于准确度要求不高的控制。

操作阻力的最小值可根据操纵装置类型按表4–11选取。

操纵装置的阻力特性 **表4–10**

阻力类型	特　征	使用举例
摩擦力	运动开始时阻力最大，此后显著降低。可用以减少控制器的偶发启动。但控制准确度低，不能提供控制反馈信息	开关、闸刀等
弹性阻力	阻力与控制器位移距离成正比，可作为有用的反馈源。控制准确度高。放手时，控制器可自动返回零位，特别适用于瞬时触发或紧急停车等操作。可用以减少控制器的偶发启动	弹簧作用等
粘滞阻力	阻力与控制运动的速度成正比。控制准确度高、运动速度均匀、能帮助平稳的控制。防止控制器的偶发启动	活塞等
惯　性	阻力与控制运动的加速度成正比。能帮助平稳的控制。防止控制器的偶发启动。但惯性可阻止控制运动的速度和方向的快速变化，易于引起控制器调节过度。易于引起操作者疲劳	大曲柄等

不同操纵装置所要求的最小阻力　　表4—11

控制器类型	最小阻力(N)	控制器类型	最小阻力(N)
手推按钮	2.8	曲柄	由大小决定：9～22
脚踏按钮	脚不停留在控制器上：9.8	手轮	22
	脚停留在控制器上：44	杠杆	9
肘节开关	2.8	脚踏板	脚不停留在控制器上：17.8
旋转选择开关	3.3		脚停留在控制器上：44.5

4.3.2.2　避免使用静态肌力

在设计操纵装置时，要避免静态下肌肉持续用力。一般来说，操作者保持某一姿态不动，不论这一姿态多么舒服，也会很快导致肌肉疲劳。肌肉在静态下持续用力时，肌肉组织收缩压迫血管，将阻碍血液循环和能量交换。短时期的静态持续用力能很快恢复血液循环和能量交换。若由于操纵装置设计不合理，导致长时间持续使用静态肌力，会造成严重后果。

4.3.2.3　其他应注意的问题

在设计操纵装置时，若需要很大的操纵力，应考虑采用辅助能源(如电机、液压等)；当操纵精度要求很高时，不应使用很大的肌力；要考虑男女用力的差别；操纵装置的施力要与作业时身体的姿势联系考虑，等等。

青年男女用力范围见表4—12。常用操纵装置允许最大用力和平稳转动操纵装置的最大用力见表4—13。

一般青年男女右手用力范围　　表4—12

性别	年龄	握力(N)			性别	年龄	握力(N)		
		最小值	最大值	标准值			最小值	最大值	标准值
男	18	324	530	393～462	女	18	211	322	248～285
	19	338	544	407～475		19	215	326	252～289
	20	350	556	419～487		20	218	330	256～293
	21	360	566	428～497		21	222	333	259～296
	22	370	575	438～507		22	223	335	261～298
	23	373	579	442～511		23	226	338	264～301
	24	377	583	446～515		24	228	340	266～303
	25	379	585	448～517		25	230	342	268～305

常用操纵装置允许的最大用力和平稳转动操纵装置的最大用力　　表4—13

操纵装置所允许的最大用力			平稳转动操纵装置的最大用力	
操纵装置的形式		允许的最大用力(N)	转动部位和特征	最大用力(N)
按钮	轻型	5	用手操纵的转动机构	10以下
	重型	30		

续表

操纵装置所允许的最大用力			平稳转动操纵装置的最大用力	
操纵装置的形式		允许的最大用力(N)	转动部位和特征	最大用力(N)
转换开关	轻型	4.5	用手和前臂操纵的转动机构	23～40
	重型	20		
操纵杆	前后动作	150	用手和臂操纵的转动机构	80～100
	左右动作	130		
脚踏按钮		20～90	用手的最高速度旋转的机构	9～23
手轮和方向盘		150	要求精度高时的转动操纵器	23～25

4.3.3 操纵—显示相合性

在设计操纵装置与显示装置的时候，不仅应当考虑它们各自的适用性，同时也必须考虑它们彼此配合的一致性，这就叫做相合性。具体说，相合性包括位置相合性、运动相合性和概念相合性等。

4.3.3.1 位置相合性

操纵装置与显示装置的空间应相互保持一致性关系，叫做位置相合性。在操纵装置中，许多控制器的旋钮都对应不同的显示器。它们之间的排列对应关系应利于认读和操作。如果显示器排成长方形，控制器也相应地排成长方形。信号灯排成直行，按钮也应排成直行等。这样不仅可以减少误读和误操作率，同时也提高了工作效率。图4–7所示两种操纵装置与显示位置相合性设计。

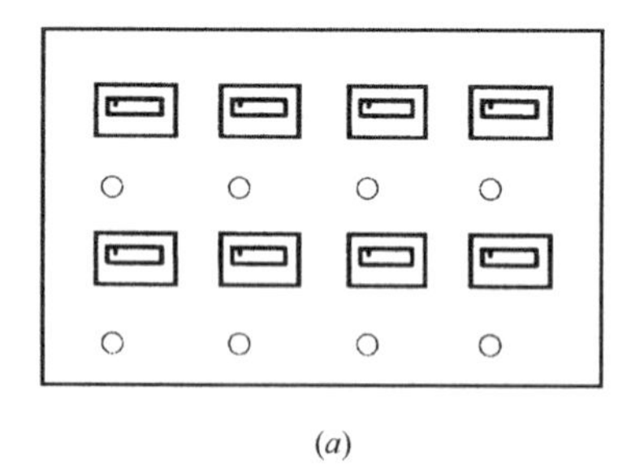
(a)

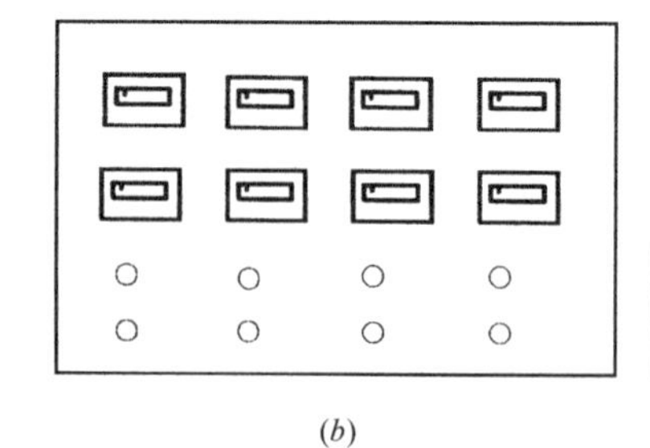
(b)

图 4–7 操纵装置与显示位置相合性设计

4.3.3.2 运动方向相合性

显示器指针运动方向与操纵装置运动方向的一致性叫运动方向相合性。这种运动的相合关系表现了两种运动关系的逻辑合理性和运动的直观性，符合人们的习惯，便于记忆、掌握，操纵动作能达到最佳效果，见表 4–14。比如，操纵杆向上运动最好引起指针或光点向上移动，这就是运动相合。若将这种关系反过来当然会感到很不自然，很不适应。这是因为运动方向不相合的缘故。

操纵装置与显示器运动相合性　表4–14

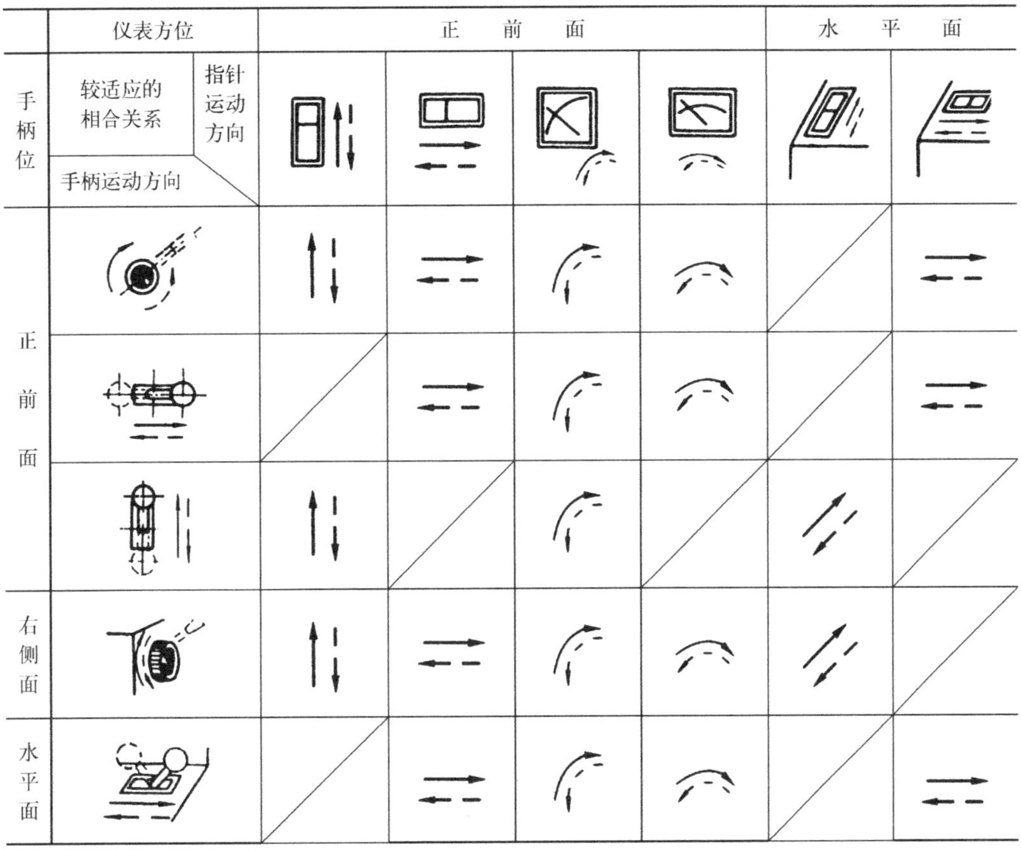

仪表方位		正前面				水平面	
手柄位	较适应的相合关系 / 指针运动方向 / 手柄运动方向						
正前面							
正前面							
正前面							
右侧面							
水平面							

4.3.3.3　操纵—显示相合性在汽车设计中的应用

在汽车操纵人机界面中，除方向盘、油门踏板、离合器踏板、制动器踏板及换挡操纵杆外，还有许多调控按钮和开关，它们共同参与对车辆的控制。由于人在驾驶车辆时，两眼主要集中精力在观察前方路况，对于显示车辆工况的各种仪表等装置，只能短时间地浏览一下，因此，汽车操纵—显示相合性对于保证安全驾驶和人机协调性具有重要意义。

1）驾驶座椅的调整

一般而言，汽车的座椅调整键，可以安装在四个地方：驾驶座的左边、左边车门上（右行制车辆）、控制面板的右边，或是中央的控制面板上。

图4–8是一种装在车门上，用图形标志指示操纵—显示相合性的驾驶座椅调控按钮。驾驶员只需按图示箭头所指方向按下按钮，座椅的对应部位能按图示方向运动，从而达到调节座椅状态的目的。这种设计是充分利用了操作—显示相合性原理进行设计的可视化人机界面的成功范例。

图4—8
驾驶座椅调控按钮

图4—9
车窗升降调节按钮

2）车窗的调控

为了提高人驾驶汽车的舒适性和方便性，现在的汽车已普遍采用电动方式来控制车窗的升降。为方便人在驾驶过程中无需目视就能方便地操纵车窗上下运动控制按钮，按钮的布置位置常放在驾驶员的右侧控制板或左侧车门扶手上，如图4—9所示。在该图中下方的四个按钮，分别与前后左右的四个车窗对应(四门轿车)。手指往上拨动按钮，车窗玻璃上升，按压按钮，车窗玻璃则下降。这种按钮通过触觉达到了很好的操纵—显示的相合性，是目前轿车上普遍采用的电动窗控制方式。此外一些电动窗控制面板上安装了后车窗升降锁住按钮，当按下此钮时，布置在后部左右的车窗升降按钮则不起作用，以防止坐在后排的儿童因头、手伸出车外造成意外伤害或事故。因此，该小按钮被称为后排儿童车窗安全按钮。

3）车辆的转向灯控制

当车辆在行驶中遇到十字路口需要向右转弯，或在行使过程中需要靠右边停车时都要打开右转弯灯（黄色）示意；当需要左转弯或超越前面车辆时，需打开左转弯灯（也叫变道灯）示意。由于转弯灯分别位于汽车头尾的左右角，当灯开启时，驾驶员看不到灯的闪烁，因此，需在仪表板上设置示意箭头和信号灯，与操纵手柄、转弯灯同步显示。图 4—10 是汽车转向灯操纵手柄，手柄向上，表示向右转弯，右转弯灯“→”箭头亮；手柄向下，表示向左转弯，左转弯灯“←”箭头亮。这种形象直观的操作和显示，也体现了在操纵—显示相合性设计中的人机工程原则。表 4—15 给出的操纵装置与显示器运动相合性设计示例，供参考。

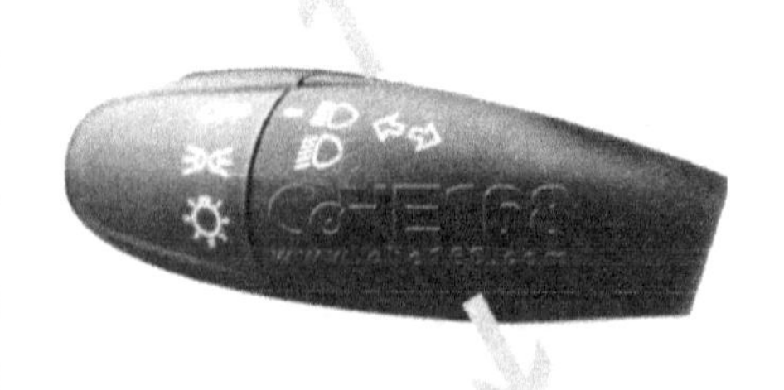

图4—10
汽车转向灯的操纵手柄

显示器与操纵装置样式很多，运动方式多种多样，况且两者未必位于同一平面，所以运动方向的相合问题比较复杂。表4—15是系统显示顺序从下往上变化时，操作不同运动方向的控制器的准确性情况。从表中可知，控制器的操作方向与系统变化方向偏差越大，操作者产生的失误越多，准确度越差。

操作准确性与控制其操作方向的关系 表4–15

系统反应方向	控制器操作方向	操作错误数占试验总数的百分数(%)	
		单手操作	双手操作
从下往上	向上	5.0	7.0
	向前(离开自己)	7.5	8.8
	向侧面(向左和向右)	11.7	15.3
	向后(向自己)	11.3	18.5
	向下	13.3	19.8

4.3.3.4 显示器与操纵装置概念的相合性

概念相合性包含两个方面：首先是指其编码的意义要与其作用一致，如用表示危险的红色来表明制动与停止，用表示安全的绿色来标明运行和通过。其次是指与人们长期形成的共同习惯相一致，如驾驶汽车向右转弯，就朝顺时针方向转动方向盘，人通过操纵装置控制“假手”远距离操作，以“人手怎么动，假手也怎么动”为最优。倘若颠倒过来设计，就很容易产生误操作，甚至引起事故。

4.3.4 操纵装置的特征编码与识别

为了说明操纵装置的位置和状态，确认操作的准确性，不同的操纵装置应各具特点，以便于记忆、寻找和感受信息，保证操作的正确性。当许多相同形式的操纵装置排列在一起时，赋予每个操纵装置以自己的特征和代号，就叫操纵装置的编码。显然，对操纵装置编码能减少误操作和提高工作效率。编码在设计中具有非常重要的意义。编码的形式有以下几种：

1）形状编码

将各种不同功能的操纵装置设计成各种不同形状，以其特有的形式作便于区分的编码称为形状编码。形状编码可以减轻视觉负担，便于利用触觉进行辨认。操纵装置形状编码要反映其功能特征，使形状与它的功能有某种逻辑上的联系；形状编码应尽量简单，以容易识别，即使操作者戴上手套或在盲目定位时也能分辨清楚。图4–11列出飞机上几种操纵装置的形状编码示例。

图4–11
飞机操纵装置形状编码示例

图4–12为旋钮的形状编码。其中，图4–12(*a*)和(*b*)类旋钮适合用于360°以上旋转操作；图4–12(*a*)、图4–12(*b*)和图4–12(*c*)三类旋钮之间不易混淆，而同一类间则易混淆；图4–12(*c*)类适合用于小于360°内旋转操

作；图4—12(*d*)类适合用于定位指示调节。

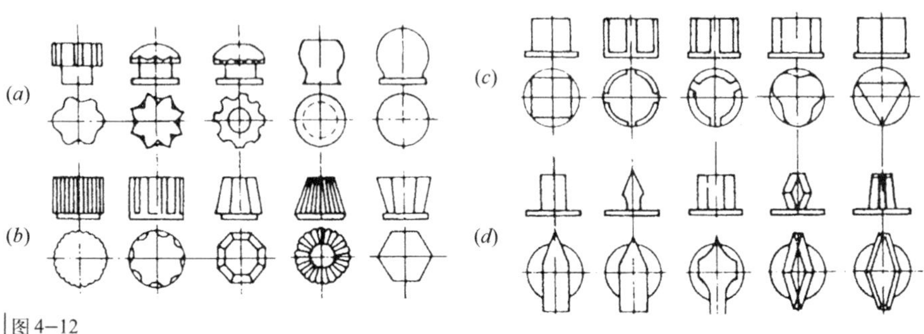

图 4—12
旋钮的形状编码

2）位置编码

利用安装位置不同区分操纵装置，称为位置编码。位置编码的操纵数量不多，并且须与人的操作程序和操作习惯相一致。若将位置编码标准化，操作者可不必注视控制对象就能正确进行操作。值得指出的是，采用位置编码时，控制装置之间的距离不小于125mm，以便盲目定位操作。汽车上的离合器、制动器和加速器的踏板就是采用位置编码。

3）颜色编码

利用颜色不同来区分操纵装置，称为颜色编码。颜色编码受使用条件限制。因为颜色编码只能在照明条件较好的情况下才能有效地靠视觉分辨。另外颜色种类不宜过多，否则容易混淆，不利于识别。如果将颜色编码与位置编码及形状编码组合使用，效果更佳。

4）符号编码

用符号或文字标在操纵装置上叫符号编码。当采用符号编码时，要充分考虑相关因素。说明文字应在与操纵装置的最接近处；应简洁明了，选择通用的缩写；应明确介绍该操纵装置控制内容；要采用规范的清晰字体；要有充足的照明条件。符号编码一般作为形状编码、位置编码的辅助标记。

4.3.5 操纵装置的空间位置设计

1）当操纵装置较多时，应选位置编码作为主要的编码方式，用以相互区分。以形状颜色和符号编码作为辅助编码。

2）操纵装置应当按照其操作程序和逻辑关系排列。在操作程序固定的情况下，应设计成前一个操作未完成前，后一个操纵装置处于自锁的方式，这样可以减少误操作。

3）操纵装置应首先考虑设计在人手(或脚)活动最灵敏、辨别力最好、反应最快、用力最强的空间范围和合适的方位之内，亦即按操纵装置的重要性和使用频率分别布置在最好、较好和较次的位置上。

4）当按操纵装置的功能进行分区时，各区之间用不同的位置、颜色、图案或形状。

5）联系较多的操纵装置应尽量相互靠近。

6）操纵装置和显示器应符合相合性原则。

7）操作装置的排列和位置应适用于人的使用习惯。

8）操纵装置的空间位置和分布应尽可能做到在盲目定位时具有良好的操纵效率。

为避免误操作，各操作装置之间应保持一定的距离。图4－13和表4－16列出了各种操作装置间的距离。

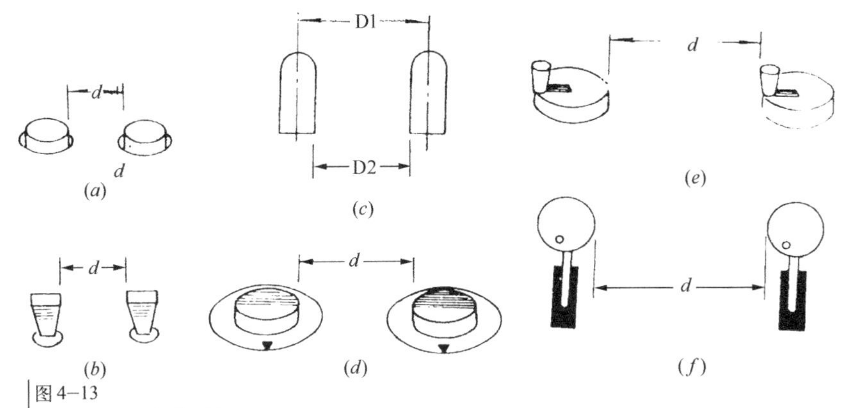

图 4－13
各种操纵装置间的距离
(*a*) 手动按钮；(*b*) 肘节开关；(*c*) 踏板；(*d*) 旋钮；(*e*) 曲柄；(*f*) 操纵杆

各种操纵装置之间的间隔距离值(mm) **表4－16**

控制器名称	操作方式	控制器之间的距离*d*	
		最小值	最佳值
手动按钮	一只手随机操作	12.7	50.8
	一只手指顺序连续操作	6.4	25.4
	各个手指随机或顺序操作	6.4	12.7
肘节开关	一只手随机操作	19.2	50.8
	一只手指顺序连续操作	12.7	25.4
	各个手指随机或顺序操作	15.5	19.2
踏　　板	单脚随机操作	*D*1=203.2	254.0
		*D*2=101.6	152.4
	单脚顺序连续操作	*D*1=152.4	203.2
		*D*2=50.8	101.6
旋　　钮	单手随机操作	25.4	50.8
	双手左右操作	76.2	127.0
曲　　柄	单手随机操作	50.8	101.6
操 纵 杆	双手左右操作	76.2	127.0

4.4 手动操纵装置设计

在肢体动作中，唯有手的动作最灵敏，所以手的操作占的比例最高。设计手动操作装置应考虑手的生理特点。在手上，指球肌、大鱼际肌和小鱼际肌的肌肉最丰厚，而掌心肌肉最少，指骨间肌则是布满神经末梢的部位，见图4-14(*a*)。因此，在设计手动操纵装置中手柄形状的时候，应注意在手柄被握住部位与掌心和指骨间肌之间留有间隙，以改善掌心和指骨间肌受力集中状况。这样可以保证手掌血液循环良好，神经不受过强的压迫。

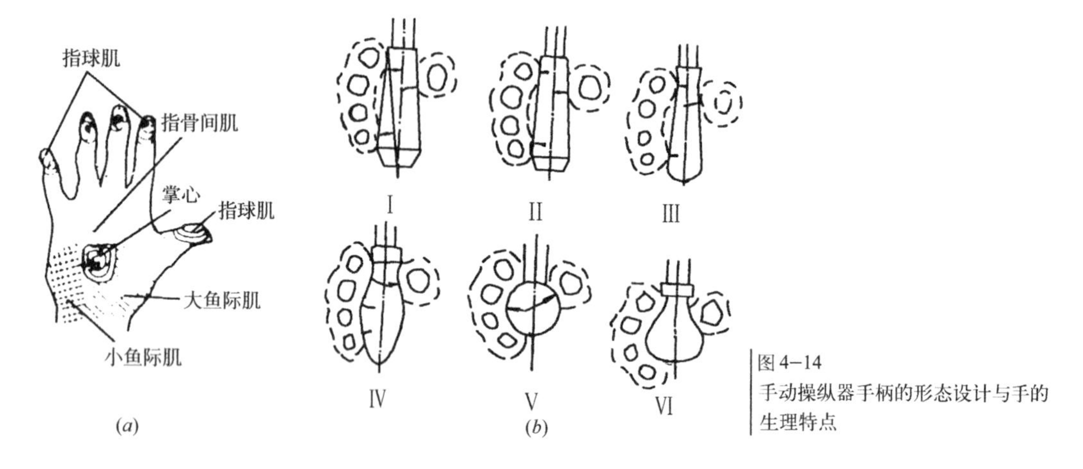

图 4-14
手动操纵器手柄的形态设计与手的生理特点

图中图4-14(*b*)所示 Ⅰ、Ⅱ、Ⅲ三种形态手柄适用于持续用力较长时间的操作；Ⅳ、Ⅴ、Ⅵ三种形态的手柄适用于瞬间操作或施力不大时的操作。

以下将手动操纵装置分成三类介绍。

4.4.1 旋转式操纵装置设计

常见的手动旋转操纵装置有旋钮、手轮、摇柄、十字把、舵轮及手动工具(图4-15)。

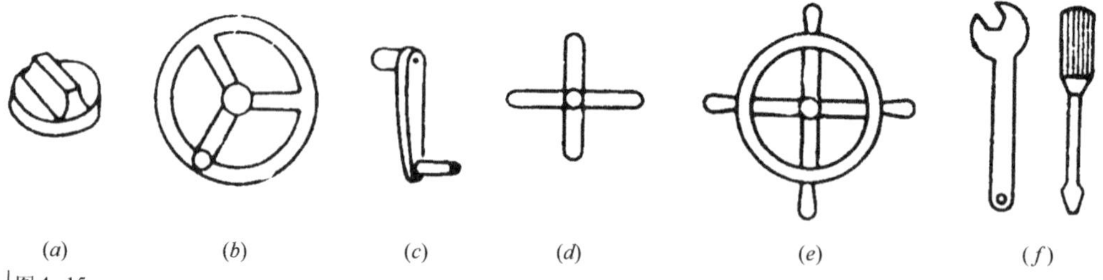

图 4-15
旋转操纵装置
(*a*) 旋钮；(*b*) 手轮；(*c*)摇柄；(*d*) 十字把；(*e*)舵轮；(*f*) 手动工具

4.4.1.1 旋钮的设计

旋钮是应用最广泛的一种手动操纵装置。一般为单手操纵。按其使用功能分成三种：第一种为可旋转360°或以上的，第二种为旋转角度小于360°的，第三种定位转动，是传递重要信息的。前两种一般用于传递不太重要的信息。

旋钮的设计主要根据使用功能和人手相协调的要求进行。

1）旋钮的形态设计

如果是连续平稳旋转的操作，应该是旋钮的形态与运动要求在逻辑上趋于一致。像旋转角度360°以上的旋钮，其外形应设计成圆柱或锥台形；对于旋转角小于360°的旋钮外形，应设计成接近圆柱形的多边形；对于定位转动的旋钮，因其传递的信息比较重要，应设计成简洁的多边形，以用来强调指明刻度或工作状态。

为了使操作时手与旋钮间不打滑，将旋钮的周边加工出齿槽或多边形可增加摩擦力。对于带凸棱的指示型旋钮，手执握和施力的部分为凸棱，因而凸棱的大小必须与手的结构和操作活动相适应，以提高操作效率，见图4–16。

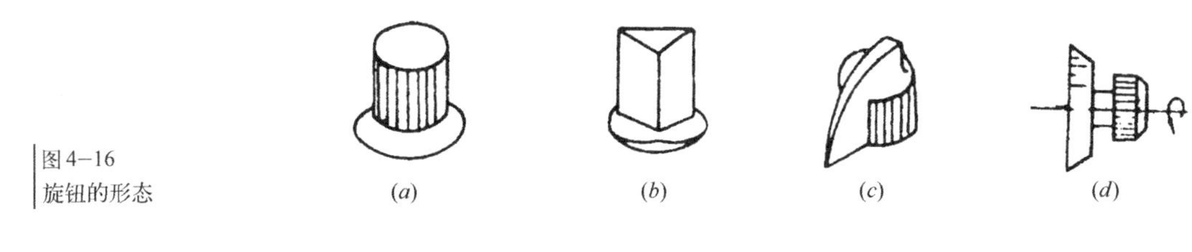

图4–16
旋钮的形态

2）旋钮的尺寸

旋钮的尺寸大小应根据操作时使用手指和手的部位而定。比如，直径要以能够保证动作的速度和准确性为前提设计。通常旋钮的尺寸是按操纵力确定的，尺寸过大或过小都会使操作者不舒服。具体尺寸可参考表4–17和图4–17。

旋钮尺寸和操纵力关系 **表4–17**

旋钮直径(mm)	10	20	50	60~80	120
操纵力(N)	1.5~10	2~20	2.5~25	5~20	25~50

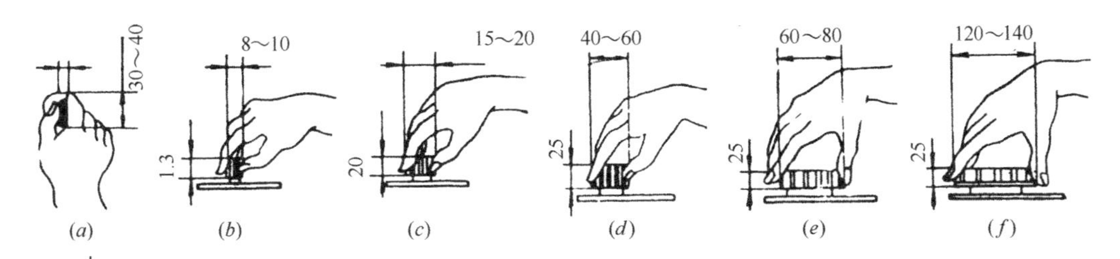

图4–17
旋钮的尺寸与操纵力
(a) 5～10N；(b)1.5～100N；(c)2～20N；(d)2.5～25N；(e)最佳5～20，最大51N；(f)最佳30～51N，最大102N

当控制面板有限时，可采用层叠按钮。若采用三层旋钮时，中层旋钮直径为38～64mm，底层旋钮厚度应大于6.4mm，如图4–18。图4–17(b)为设计时应注意问题。

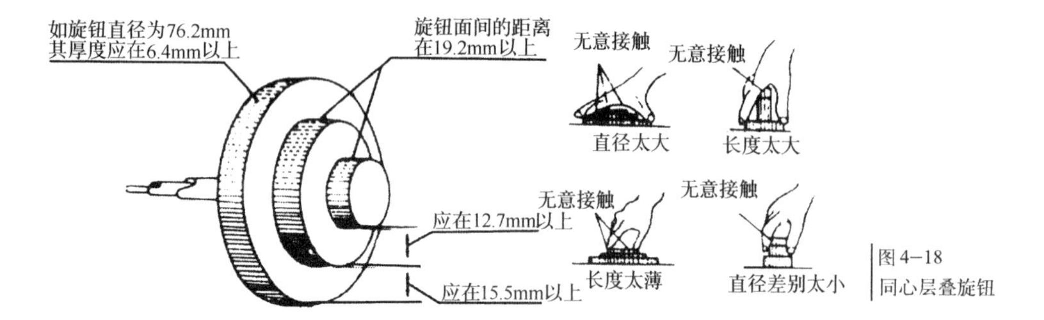

图 4–18
同心层叠旋钮

4.4.1.2 手轮和曲柄设计

手轮和曲柄都是作旋转运动的手动操纵器。它们可连续旋转，常用于机械设备的控制。比如机床的手轮、汽车方向盘等。

1）手轮和曲柄的回转直径

它一般根据用途来定，通常直径为80～520mm。机床上用的小手轮直径为60～100mm，汽车方向盘则有几百毫米。手轮上握把直径为20～50mm。表4–18是手轮、曲柄在不同操作情况下的旋转半径。图4–19是曲柄的几种形状和旋转半径。

手轮、曲柄的旋转半径　　　　表4–18

手轮及曲柄	应用特点	建议采用的R值(mm)
（图：R）	一般转动多圈	20～51
	快速转动	28～32
	调节指针到指针刻度	60～65
	追踪调节用	51～76

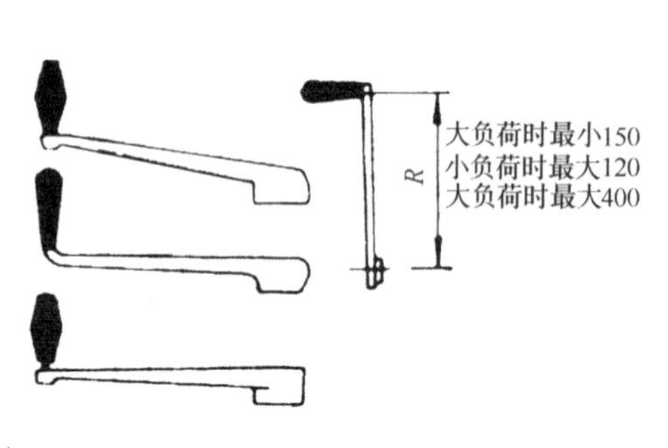

图 4–19
曲柄的形态和尺寸(mm)

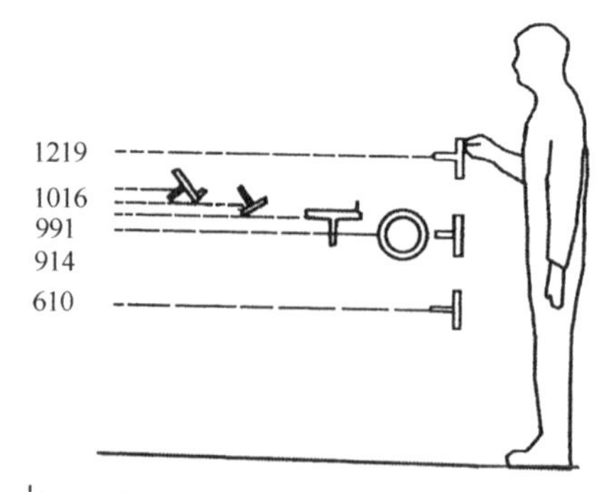

图 4–20
手轮和曲柄的适宜位置(mm)

2）手轮和曲柄的操纵力

单手操作时操纵力为20～130N，若为双手操作，操纵力也不得超过250N。

3）手轮和曲柄的安装位置

实践证明，手轮、曲柄的操作效率和尺寸与其空间的安装位置有很大关系。表4-19是手轮、曲柄的安装位置和尺寸的推荐值。图4-20是手轮和曲柄的适宜位置。

手轮、曲柄的安装位置和尺寸 **表4-19**

安装高度(mm)	安装位置(°)	手轮或曲柄	操纵扭力(N•m)		
			0	4.6	10
			旋转半径(mm)		
610	0	手轮	38～76	127	203
910	0	手轮	38～102	127～203	203
	倾向	手轮	38～76	127	127
	0	曲柄	38～114	114～191	114～191
990	90	手轮	38～127	127～203	203
	90	曲柄	64～114	114～191	114～191
1020	-45	手轮	38～76	76～203	127～203
	-45	曲柄	64～191	114～191	114～191
1070	45	手轮	38～114	127	127～203
	45	曲柄	64～114	64～114	114
480	0	手轮	38～76	102～203	127～203
	0	曲柄	64～114	114	114～191

手轮和曲柄的操作速度也与其位置密切相关。对于快速转动的手轮，曲柄转轴应与人体前方平面成60°～90°夹角；当操作力较大时，应使手轮和曲柄的转轴与人体前方平面相平行，曲柄应设置在比肩峰点略高位置，便于施力，见图4-21。

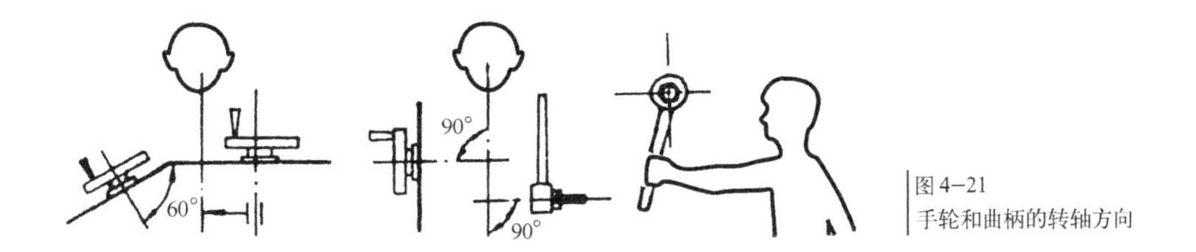

图 4-21
手轮和曲柄的转轴方向

4.4.1.3 钥匙、旋塞

当对安全有特殊要求时，或者为避免非授权操作、无意识调节等情况发生，可采用钥匙控制。通常钥匙只适用保持在一个工位上的调节。

当要求无级调节或分级开关操作时可选择旋塞，旋塞应设计指针或带有指示标记。

4.4.1.4 旋塞式操纵装置的操纵力

表4—20为旋转操纵装置的适宜用力。表4—21是不同直径的手轮和曲柄适宜扭力推荐值。

旋转操纵装置的适宜用力　　表4—20

旋转控制器 / 适宜用力	手轮		小曲柄	手轮直径254mm 曲柄半径127mm	手轮直径457mm 曲柄半径229mm
	直径200mm	直径＜200mm			
操作方式	操作调节	水平尾随追踪操作	高速转动	中速转动	低速转动
适宜用力(N•m)	3	40	9～22.7	0～36	0～54.4

不同直径的手轮和曲柄适宜用力　　表4—21

离地高度(mm)	离开水平的斜度°	操纵器	扭力与操纵器的直径或半径(mm)			
			0(N•m)	2.3(N•m)	4.6(N•m)	10(N•m)
914	0(前方)	手轮	76～200	254～406	254～406	46
914	0(侧方)	手轮	76～152	254	254	254
914	0(前方)	手轮	38～114	64～191	114～191	114～191
1006	−45	手轮	76～152	254～406	152～406	254～406
1006	−45	手轮	64～191	64～191	114～191	114～191
1067	+45	手轮	76～152	152～254	254	254～406
1067	+45	曲柄	64～114	64～114	64～114	114

不同姿势下的扭力　　表4—22

姿势 / 扭力	直立		半弯腰		半蹲	
平均值级标准差(N)	男	女	男	女	男	女
	389±130	204±80	962±342	425±201	555±249	272±141

旋转操纵装置的调节角度与扭矩范围　　表4—23

控制器	调节角度	扭矩		
曲柄(摇把)	无限制	曲柄半径(mm)	操纵	
			单手(N•m)	双手 (N•m)
		100以下 100至200 200至400	0.6至3 5至14 4至80	— 10至28 8至160

续表

控制器	调节角度	扭矩		
手轮	无限制 无把手60°	25至50m 50至200m 200至250m	0.5至6.5 — —	— 2至40 4至60
旋塞	在两个开关位置之间 15°至90°	塞长 25mm以下：1.0至0.3N•m 25mm以上：0. 3至0.7N•m		
旋钮	无限	旋钮直径 15至25mm：0.02至0.05N•m 25至70mm：0.035至0.7N•m		
钥匙	15°～90°在两个开关位置之间	0.1至0.5 N•m		

注：最大值只是靠手操作时的推荐值。

较大的手轮或十字把的操纵要用双手施力才能旋转。人的性别不同，操作时的姿势不同，输出扭力的大小也不同。表4-22为三种姿势下双臂操纵手轮的扭力。表4-23为旋转操纵装置的调节角度与扭矩范围。

图4-22是手轮和十字把处于不同高度位置和手臂不同操纵方式下的最大扭力。

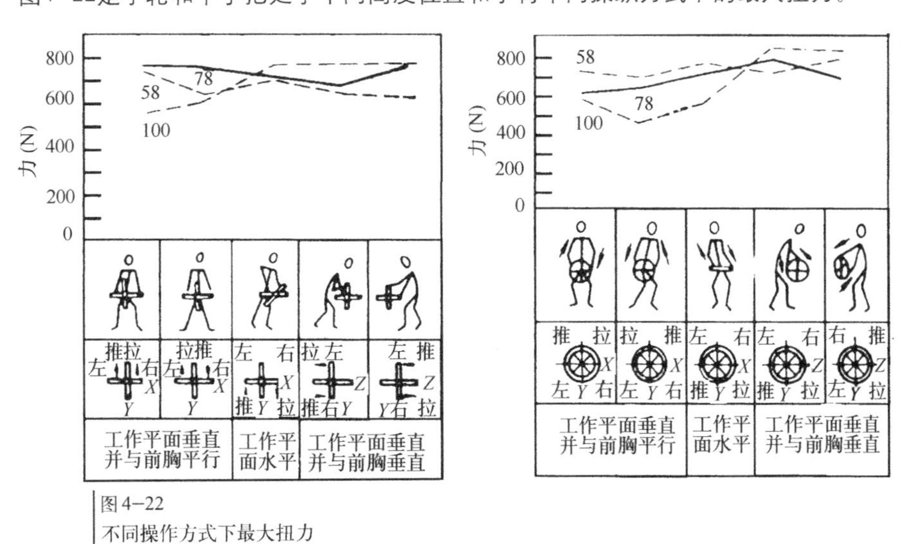

图4-22
不同操作方式下最大扭力

4.4.2 移动式操纵装置设计

1）切换开关设计

切换开关亦即拨动开关。常用于快速切换、接通、断开和快速就位的场合，一般只有开和关两个切换位置，特殊情况下有三个切换位置。

切换力一般为3～5N，用手指切换时最大力为12N，用全手切换最大力不超过20N。

2）手闸设计

手闸用于操纵频率较低的操作。如果操纵阻力不大，可作为两个终点工位间的精确调节。手闸的特点是其工位容易保持且可以看见和触及。手闸的操作行程为10～400mm，操纵力为20～60N。

3）指拨滑键设计

指拨滑键按受力分成两类：

① 驱动滑键的力通过滑键的突起形状传递，允许控制两个以上及无级调节。其特点是调节量与移动量成正比，调节迅速并能保持调节位置。

② 驱动滑键的力通过滑键表面与手之间的摩擦力传递，一般只允许两个工位的调节。其特点除了调节量与移动距离成正比外，还可以防止无意识操作。

4.4.3 按压式操纵装置设计

按照其使用情况和外形分为两种。

1）按钮设计

按钮主要用于两工位控制，如机器设备的启动或停止。

按钮应该能够可靠地复原到初始位置，并能对系统的状态作出显示。手按下按钮，它处于工作状态，手指一离开按钮就自动脱离工作状态并复位，这种称为单工位按钮。如果是一经手指按下后始终处于工作状态，当手指再按下时，它才恢复到原位的，称为双工位按钮。

按钮的形态设计一般应为圆形或方形。为使操作方便，按钮表面设计成凹形。

按钮的尺寸设计及操纵力如下：用食指按压的按钮直径为8～18mm，方形按钮边长为10～20mm，压入深度为5～20mm，压力为5～15N；用拇指按压的按钮直径为25～30mm，压力为10～20N；用手掌按压的按钮直径为30～50mm，压入深度为10mm，压力为100～150N，按钮一般高出台面5～12mm，行程为3～6mm，间距为12.5～25mm。

2）按键的设计

按键的尺寸应按手指的尺寸和指端弧形设计。在图4−23中，(*a*)为外凸弧形按键，操作时手感不舒服，用于小负荷和使用频率低的场合。按键应凸出面板一定的高度以便操作，如图4−23(*b*)所示。按键之间应留有一定的间距以避免误操作，如图4−23(*c*)所示。按键表面应为凹形以便操作，如图4−23(*d*)所示。图4−23(*e*)为按键的参考尺寸。对多个按键组合，应设计成如图4−23(*f*)所示键盘。

键盘上若需字母和数字时，它们应符合国家标准和国际标准。同样，键盘的布局也应如此。

按键只允许有两个工位，可按不同用途给每个键配以不同颜色。适用于地方受限或单手同时操纵多个控制器。

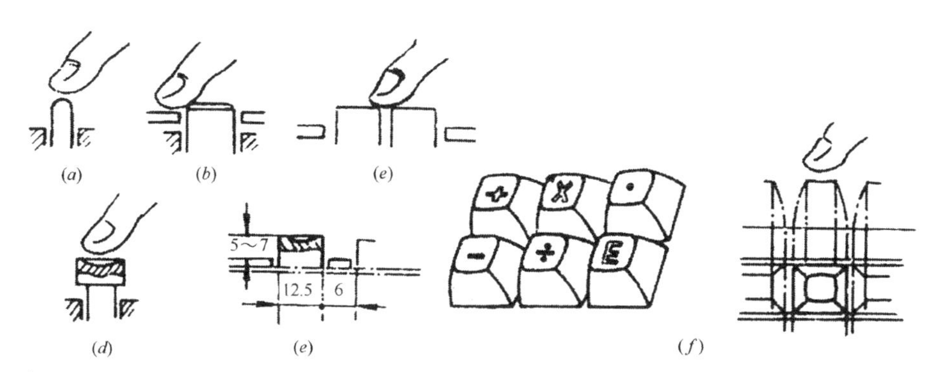

图4–23
按键的形状和尺寸(mm)

表4–24列出几种按压操纵装置的工作行程和操纵力的适宜范围。

设计以上操纵装置的位置应注意：若操作时躯干不动，操纵钮应设计在以肩为圆心且半径为600mm区域内；操作时允许躯干运动，半径为760mm；常用的操纵钮要设计在以肘为圆心且半径为360mm的范围内，若允许肘运动可扩大到410mm；操纵钮的水平排列不如垂直排列易于分辨；操纵钮间距越小，操纵失误率越高，通常各钮相距120mm。

按压操纵装置工作行程与操纵力　　表4–24

控制器	行　程(mm)	操纵力(N)
钢丝脱扣器	10~20	0.8~3
按　钮	用手指：2~40 用 手：6~40 用 脚：12~60	1~8 4~16 15~90
键　盘	用手指：2~6 (电器断路器) 用手指：6~16(机械杠杆)	0.8~3

注：事故开关值60N。

4.4.4 摆动式操纵装置设计

4.4.4.1 操纵杆设计

操纵杆的自由端装有把手或手柄，另一端与机器或设备相连。操纵杆可以根据需要设计成较大的杠杆比，进行阻力较大的操纵。操纵杆常用于一个或几个平面内的推、拉的摆动运动。由于操纵杆的行程和摆动角度的限制，不宜做大幅度连续控制，也不适宜用于精确调节，见图4–24。

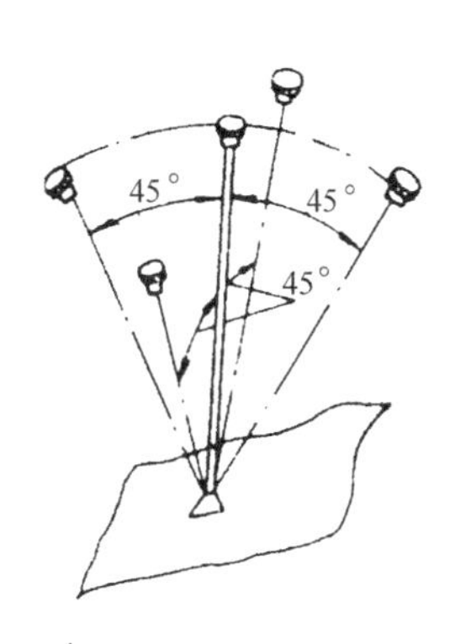

图4–24
操纵杆

1）操纵杆的形态

操纵杆的粗细一般为22～32mm，球形圆头直径为32mm。若采用手柄，其直径不可太小，否则会引起肌肉紧张，长时间操作会产生痉挛和疲劳。

2）操纵杆的位置

操纵杆相对于操作者的位置是设计操纵杆的主要依据之一。当操纵力较大和采用站姿工作时，操纵杆手柄的位置应与人的肩同高或低于肩的位置；坐姿工作时，操纵杆的手柄应设在与人肘部几乎等高的位置。这样符合操纵习惯，用力方便。

3）操纵杆的行程及摆动角度

行程和摆动角度应适合人的手臂特点，尽量做到只用手臂而不移动身躯就可以完成操作。对于短操纵杆(150～250mm)，行程约为150～200mm，左右转角不大于45°，前后转角不大于30°；对长操纵杆(500～700mm)，行程约为300～350mm，转角10°～15°。通常操纵杆的动作角度在30°～60°，不超过90°，见图4—26。

4）操纵杆的操纵力

操纵杆的操纵力，最小为30N，最大130N。使用频率高的操纵杆最大不应超过60N。如汽车档位操纵杆的操纵力在30～50N。常用操纵杆执握手柄尺寸见表4—25。

操纵杆执握手柄尺寸 **表4—25**

操 纵 杆	型 式	建议采用的尺寸(mm)
	一般	22~32(不小于7.5)
	球形	30~32
	扁平形	S不小于5

操纵杆的长度与操纵频率有很大关系。操纵杆越长，动作频率应越低，如表4—26所示。

转动频率与操纵杆长度关系 **表4—26**

最大转动频率(m\min)	操纵杆长度(mm)
26	30
27	40
27.5	60
25.5	100
23.5	140
18.3	240
14	580

4.4.4.2 摆动开关设计

摆动开关是手触方式操纵，主要用于两工位的控制，可以单手操纵，也可以同时操纵多个控制器。它占地少，同时适用于某一工位的快速调整和某一工位的准确调整。

摆动开关的行程一般为4～10mm，其操纵力一般为2～8N。

4.5 手握式工具设计

工具是人类四肢的扩展。使用工具使人类增加了动作范围、力度，提高了工作效率。工具的发展过程与人类历史几乎一样悠久。为了适合精密性作业，人们对人手的解剖学机能及工具的构造都曾作过大量研究。人们在工作、生活中一刻也缺少不了工具，使用的工具大部分还没有达到最优的形态，其形状与尺寸等因素也并不符合人机工程学原则，很难使人有效并安全地操作。实际上，传统的工具有许多已不能满足现代生产的需要与现代生活的要求。人们在作业或日常生活中长久使用设计不良的手握式工具和设备，造成很多身体不适、损伤与疾患，降低了生产率，甚至使人致残，增加了人们的心理痛苦与医疗负担。因此，手握式工具的适当设计、选择、评价和使用是一项重要的人机工程学内容。

4.5.1 手的解剖及其与工具使用有关的疾患

人手是由骨、动脉、神经、韧带和肌腱等组成的复杂结构，见图4–25。手指由小臂的腕骨伸肌和屈肌控制，这些肌肉由跨过腕道的腱连到手指，而腕道由手背骨和相对的横向腕韧带形成，通过腕道的还有各种动脉和神经。腕骨与小臂上的桡骨及尺骨相连，桡骨连向拇指一侧，而尺骨连向小指的一侧。腕关节的结构与定位使其只能在两个面动作，这两个面各成90°。一面产生掌屈和背屈，另一个面产生尺偏和桡偏，见图4–26。小臂的尺骨、桡骨和上臂的肱骨相连接。肱二头肌、肱肌和肱桡肌控制肘屈曲和部分腕外转动作，而肱二头肌是肘伸肌，见图4–27。

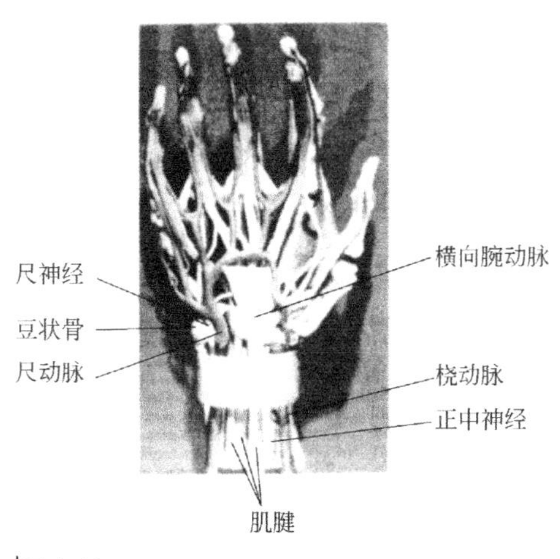

图4–25
人体手掌的模型图

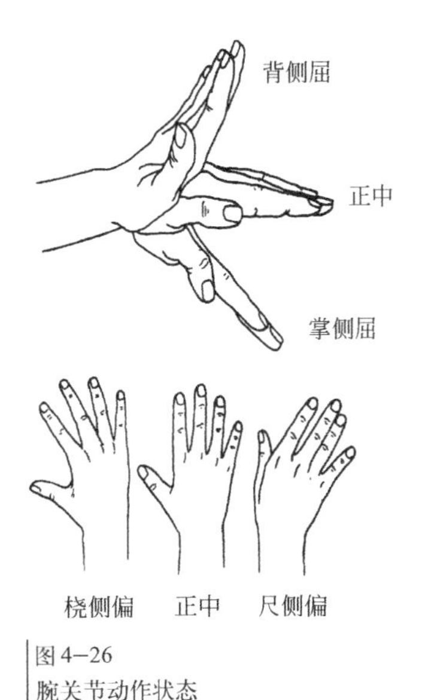

图4–26
腕关节动作状态

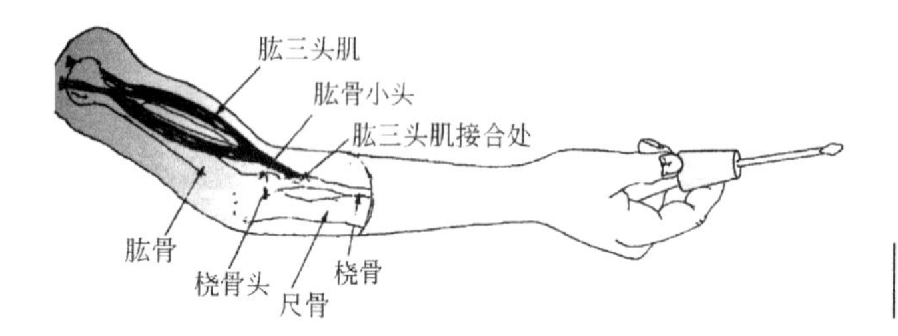

图4−27
肱二头肌与桡骨连接的情形

人手具有极大的灵活性。从抓握动作来看，可分为着力抓握和精确抓握。着力抓握时，抓握轴线和小臂几乎垂直，稍屈的手指与手掌形成夹握，拇指施力。根据力的作用线不同，可分为力与小臂平行(如锯)、与小臂成夹角(如锤击)及扭力(如使用螺丝起子)。精确抓握时，工具由手指和拇指的屈肌夹住。精确抓握一般用于控制性作业(小刀、铅笔)。操作工具时，动作不应同时具有着力和控制两种性质，因为在着力状态让肌肉也起控制作用会加速疲劳，降低效率。

使用设计不当的手握式工具会导致多种上肢职业病甚至全身性伤害，这些病状如腱鞘炎、腕道综合症、腱炎、滑囊炎、滑膜炎、痛性腱鞘炎、狭窄性腱鞘炎和网球肘等，一般统称为重复性积累损伤病症。

腱鞘炎是由初次使用或过久使用设计不良的工具引起的，在作业训练工人中常会出现。如果工具设计不恰当，引起尺偏和腕外转动作，会增加其出现的机会，重复性动作和冲击震动使之加剧。当手腕处于尺偏、掌屈和腕外转状态时，腕肌腱受弯曲，如时间长，则肌腱及鞘处发炎。

腕道综合症是一种由于腕道内正中神经损伤所引起的不适。手腕的过度弯曲或伸展造成腕道内腱鞘发炎、肿大，从而压迫正中神经，使正中神经受损。它表征为手指局部神经功能损伤或丧失，引起麻木、刺痛、无抓握感觉，肌肉萎缩失去灵活性。其发病率女性是男性的3到10倍。因此，工具设计必须适当，避免非顺直的手腕状态。

网球肘(肱骨外踝炎)是一种肘部组织炎症，由手腕的过度桡偏引起。尤其是当桡偏与掌内转和背屈状态同时出现时，肘部桡骨头与肱骨小头之间的压力增加，导致网球肘。

狭窄性腱鞘炎（俗称扳机指），是由手指反复弯曲动作引起的。在类似扳机动作的操作中，食指或其他手指的顶部指骨须克服阻力弯曲，而中部或根部指骨这时还没有弯曲。腱在鞘中滑动进入弯曲状态的位置时，施加的过量力在腱上压出一沟槽。当欲伸直手指时，伸肌不能起作用，而必须向外将它扳直，此时一般会发出响声。为了避免扳机指，应使用拇指或采用指压板控制。

4.5.2 手握式工具设计原则

1）一般原则

工具必须满足以下基本要求，才能保证使用效率：

① 必须有效地实现预定的功能；

② 必须与操作者身体成适当比例，使操作者发挥最大的效率；

③ 必须按照作业者的力度和作业能力设计，所以要适当地考虑到性别、训练程度和身体素质上的差异；

④ 工具要求的作业姿势不能引起过度疲劳。

2）解剖学因素

① 避免静肌负荷　当使用工具时，臂部必须上举或长时间抓握，会使肩、臂及手部肌肉承受静负荷，导致疲劳，降低作业效率。如在水平作业面上使用直杆式工具，则必须肩部外展，臂部抬高，因此应对这种工具设计作出修改。在工具的工作部分与把手部分做弯曲式过渡，可以使手臂自然下垂。例如，传统的烙铁是直杆式的，当在工作台上操作时，如果被焊物体平放于台面，则手臂必须抬起才能施焊。改进的设计是将烙铁做成弯把式，操作时手臂就可能处于较自然的水平状态，减少了抬臂产生的静肌负荷，见图4–28。

图4–28
烙铁把手的设计

② 保持手腕处于顺直状态　手腕顺直操作时，腕关节处于正中的放松状态，但当手腕处于掌屈、背屈、尺偏等别扭的状态时，就会产生腕部酸痛、握力减少，如长时间这样操作，会引起腕道综合症、腱鞘炎等症状。图4–29是钢丝钳传统设计与改进设计的比较，传统设计的钢丝钳造成掌侧偏，改良设计使握把弯曲，操作时可以维持手腕的顺直状态，而不必采取侧偏的姿势。图4–30为使用这两种钳操作后患腱鞘炎人数的比较。可见，在传统钳用后第10到12周内，患者显著增加，而改进钳使用者中没有此迹象。

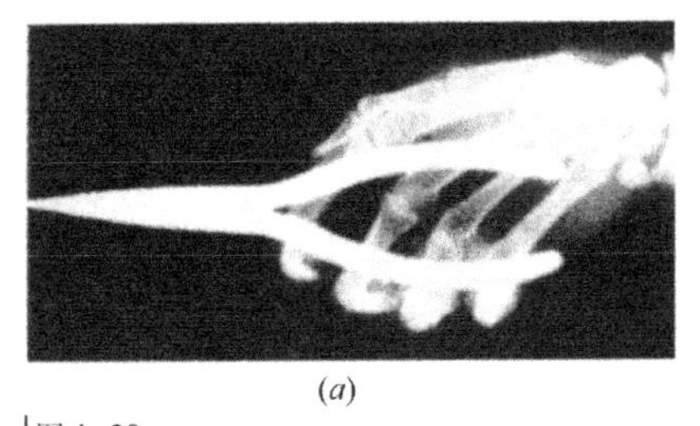

(*a*)

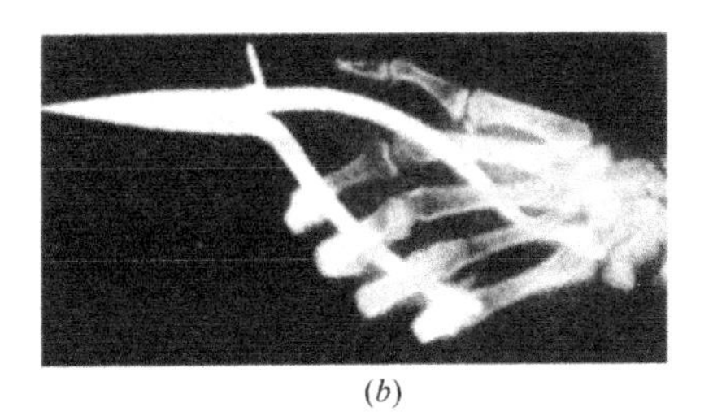

(*b*)

图4–29
使用传统的和改进的两种钢丝钳操作时的X光照片比较
(*a*)传统设计 (*b*)改良设计

一般认为，将工具的把手与工作部分弯曲10°左右，效果最好。弯曲式工具可以降低疲劳，较易操作，对于腕部有损伤者特别有利。图4–31也是弯把式设计的例子。

③ 避免掌部组织受压力　操作手握式工具时，有时常要用手施相当的力。如果工具设计不当，会在掌部和手指处造成很大的压力，妨碍血液的循环，引起局部缺血，导致麻木、刺痛感等。好的把手设计应该具有较大的接触面，使压力能分布于较大的手掌面积上，减小应力；或者使压力作用于不太敏感的区域，如拇指与食指之间的虎口位。图4–32就是这类的设计实例。有时，把手上有指槽，但如没有特殊的作用，最好不留指槽，因为人体尺寸不同，不合适的指槽可能造成某些操作者手指局部的应力集中。

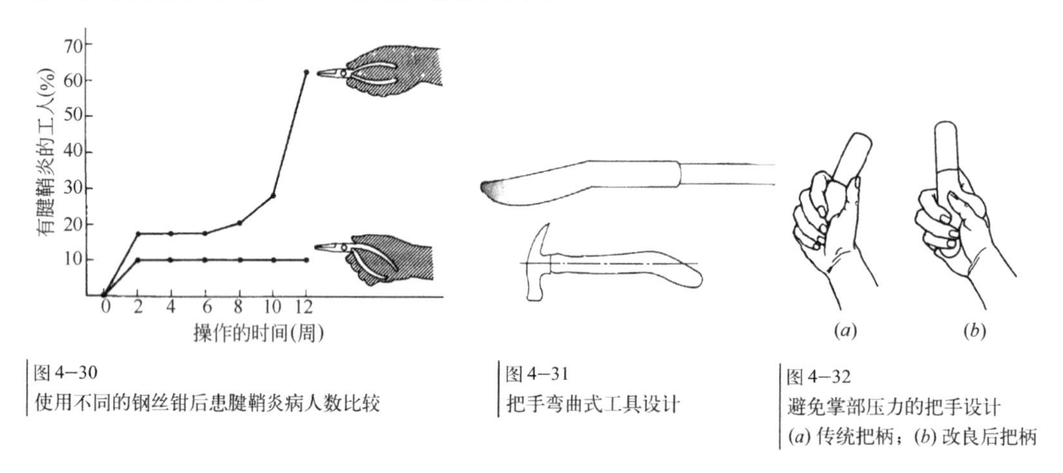

图4–30
使用不同的钢丝钳后患腱鞘炎病人数比较

图4–31
把手弯曲式工具设计

图4–32
避免掌部压力的把手设计
(a) 传统把柄；(b) 改良后把柄

④ 避免手指重复动作　如果反复用食指操作扳机式控制器时，就会导致扳机指(狭窄性腱鞘炎)，扳机指症状在使用气动工具或触发式电动工具时常会出现。设计时应尽量避免食指作这类动作，而以拇指或指压板控制代替，如图4–33所示。

3）把手设计

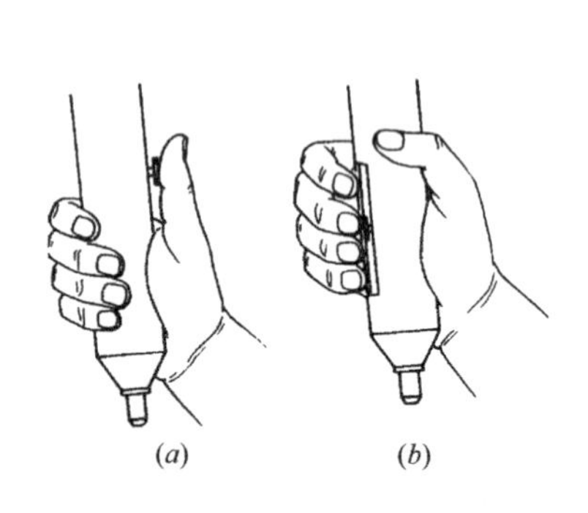

图4–33
避免单指反复操作的设计
(a) 拇指操作；(b) 指压板操作

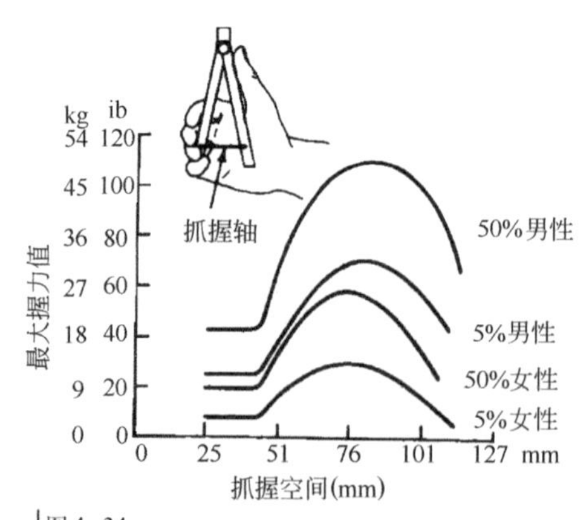

图4–34
双把手工具抓握空间与握力的关系

操作手握式工具，把手当然是最重要的部分，所以有必要单独讨论其设计问题。对于单把手工具，其操作方式是掌面与手指轴向抓握，其设计因素包括把手直径、长度、形状、弯角等。

① 直径 把手直径大小取决于工具的用途与手的尺寸。对于螺丝起子，直径大可以增加扭矩，但直径太大会减小握力，降低灵活性与作业速度，并使指端骨弯曲增加，着力抓握30～40mm，精密抓握8～16mm。

② 长度 把手长度主要取决于手掌宽度。掌宽一般在71～97mm之间(5%女性至95%男性数据)，因此合适的把手长度为100～120mm。

③ 形状 指把手的截面形状。对于着力抓握，把手与手掌的接触面积越大，则压应力越小，因此圆形截面把手较好。哪一种形状最合适，一般应根据作业性质考虑。为了防止与手掌之间的相对滑动，可以采用三角形或矩形，这样也可以增加工具放置时的稳定性。对于螺丝起子，采用丁字形把手，可以使扭矩增大50%，其最佳直径为25mm，斜丁字形的最佳夹角为60°。

④ 弯角 把手弯曲的角度前面已述，最佳角度为10°左右。

⑤ 双把手工具 双把手工具的主要设计因素是抓握空间。握力和对手指屈腱的压力随抓握物体的尺寸和形状而不同。当抓握空间宽度为45～80mm时，抓力最大。其中若两把手平行时为45～50mm，而当把手向内弯时，为75～80mm。图4-34即为抓握空间大小对握力影响的情况，可见，对不同的群体而言，握力大小差异很大。为适应不同的使用者，最大握力应限制在100N左右。

⑥ 用手习惯与性别差异 双手交替使用工具可以减轻局部肌肉疲劳。但是这常常不能做到，因为人们使用工具时，用手都有习惯性。人群中，约90%的人惯用右手，其余10%的人惯用左手。由于大部分工具设计时，只考虑到使用右手操作，这样对小部分使用左手者很不利。图4-35就是一只手电钻的设计，因只按使用右手者设计扶持把手，使用左手者将非常不便。据实验研究，若用左手者操作按用右手者设计的工具，工作效率会有明显的降低，握力也下降较大。例如对图示的电钻，握力降低9%，而对手剪刀则降低48%。从握力来看，非惯用手的握力平均只有惯用手的80%。因此，工具设计时，应考虑惯用手的不同。例如对该电钻，可在扶持把手的另一侧钻一螺孔，以使惯用左手者操作时，可方便地调换把手位置操作。

从不同性别来看，男女使用工具的能力也有很大的差异。女性约占人群的48%，其平均手长约比男性短2cm，握力值只有男性的2/3。图4-34中男女性握力差异即为一实例。设计工具时，必须充分考虑这一点。

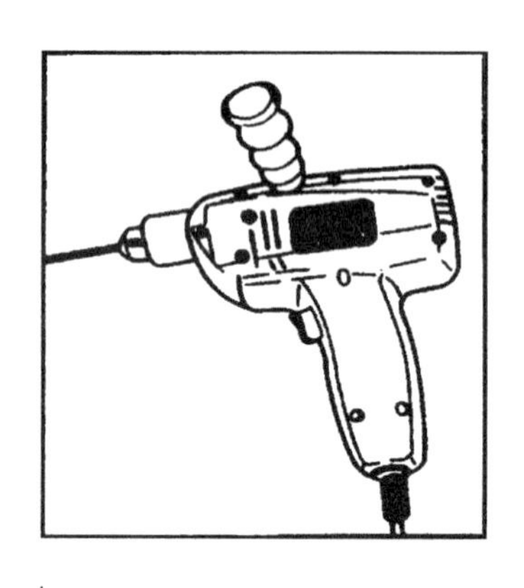

图 4-35
只考虑惯用右手者而设计的手电钻

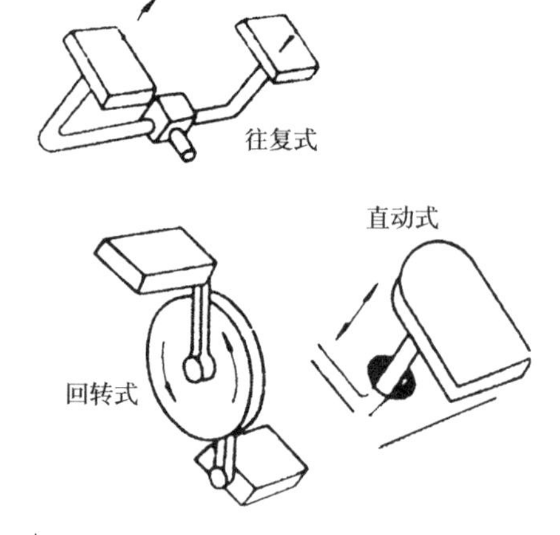

图 4-36
脚踏板的类型

4.6 脚动操纵装置设计

在设计操纵器时，如果可以用脚操纵，就应免于用手，这样可以用手做其他更重要的工作。脚操纵器一般用于系统或机器的快速接通、断开、启动或停止，用于操纵力较大或机构就位精度要求不高的场合，也可以用在操作量大和时间紧、需要脚操纵配合的场合。

4.6.1 脚动操纵装置形式及操纵特点

脚动操纵装置的设计首先要考虑的是其结构与形式要充分适应人的生理特点和运动特点。

4.6.1.1 脚动操纵装置形式

1）脚踏板

脚踏板可分为往复式、回转式和直动式，见图4-36。

直动式脚踏板又分成以脚跟为转轴和脚悬空两类。以脚跟为转轴的脚踏板有汽车油门踏板，如图4-37；脚悬空的脚踏板有汽车的制动踏板，如图4-38。图4-38(*a*)表示座位较高，小腿与地面夹角很大，脚的下压力不能超过90N；图4-38(*b*)表示座位较低，小腿与地面夹角比图4-38(*a*)小，脚的踏力不能超过180N；图4-38(*c*)表示座位很低，此时，小腿较平，蹬力可达600N。当操纵力较大时，踏板的安装高度应与座面等高或略低于座椅面。

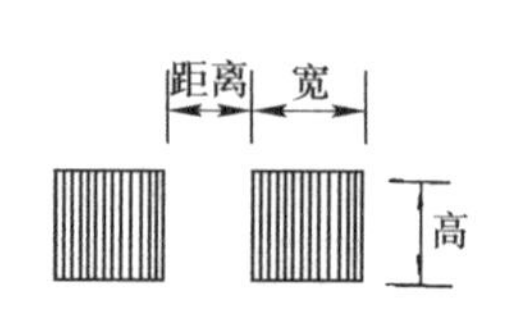

图 4-37
以脚跟为转轴的踏板

2）脚踏钮

脚踏钮与按钮的形式相似，可用脚尖或脚掌操纵，脚踏表面要粗糙，见图4-39。

4.6.1.2 操纵特点

脚动操纵器多采用坐姿操作，只有当操纵力小于50N或特别需要时才采用立姿操作。对于

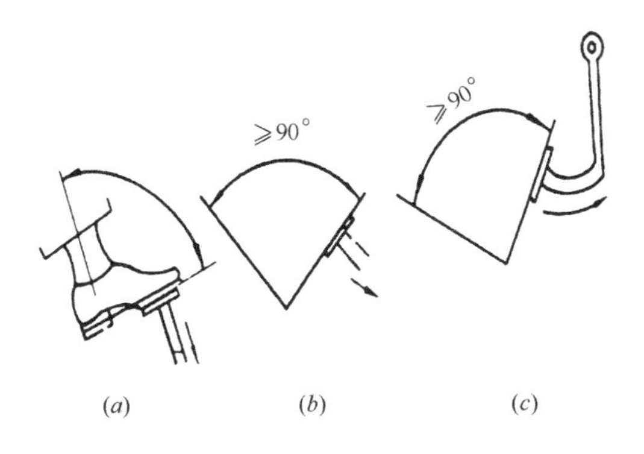

图4—38
脚悬空踏板

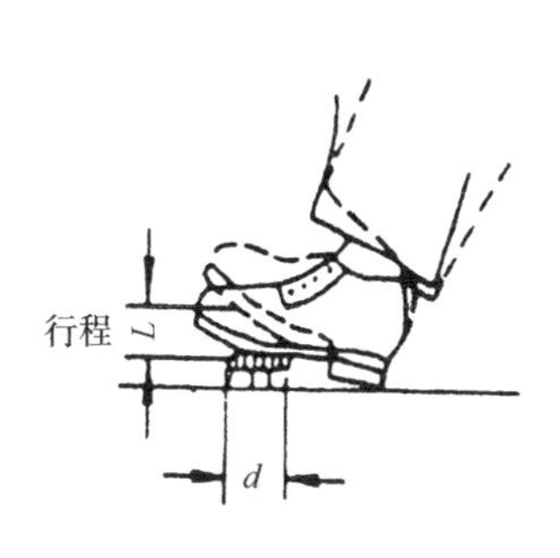

图4—39
脚踏钮
d=50~80mm；L=12~60mm

操纵力大、速度快和准确性高的操作宜用右脚。而操纵频繁、不是很重要的操作应考虑两脚交替进行。脚踏板操纵方式和操纵效率比较分别见表4—27和表4—28。

操纵时人脚通常是放在操纵器上的。为防止误操作，脚动操纵器应有启动阻力。它至少大于脚休息时脚动操纵器的承受力。表4—29为脚动操纵器适宜用力的推荐值。

脚踏板操纵方式 **表4—27**

操纵方式	示意图	操纵特征
整个脚踏		操纵力脚踏(大于50N)，操纵频率较低，适用于紧急制动器的踏板
脚掌踏		操纵力在50N左右，操纵频率较高，适用启动，机床刹车的脚踏板
脚掌和脚跟踏		操纵力小于50N，操纵迅速，可连续操纵，适用于动作频繁的踏钮

脚踏板操纵效率比较 **表4—28**

脚踏板型式					
编号	1	2	3	4	5
每分钟脚踏次数	187	178	176	139	171
效率比较	每踏一次所用时间最短	每踏一次比1号多用5%的时间	每踏一次比1号多用6%的时间	每踏一次比1号多用34%的时间	每踏一次比1号多用9%的时间

脚动操纵器的适宜用力 表4–29

脚动操纵器	推荐用力值(N)
脚休息时脚踏板的承受力	18～32
悬挂的脚蹬(如汽车的加速器)	45～68
功率制动器	直至68
离合器和机械制动器	直至136
飞机方向舵	272
可允许脚蹬力最大值	2268
创纪录的脚瞪最大值	4082

4.6.2 脚动操纵装置设计

1）脚动操纵装置的形态

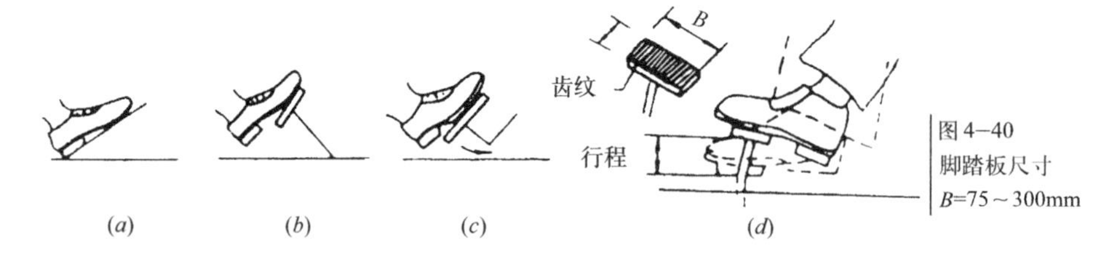

图 4–40
脚踏板尺寸
B=75～300mm

应按脚的使用部位、使用条件和用力大小设计脚动操纵装置的形态。常用的脚踏面有矩形和圆形两种。图4–39为脚踏钮尺寸，图4–40为脚踏板尺寸。

2）脚动操纵装置的布置

脚动操纵装置的位置影响操纵力和操纵效率。因此其前后位置要设计在脚所能及的距离之内，左右位置应在人体中线两侧各10°～15°范围内，应当使脚和腿在操作时形成一个用力单元。对蹬力较小的脚动操纵装置，为使坐姿时脚的施力方便，大、小腿夹角以105°～110°为宜。在图4–41中，(*a*)为脚踏钮的布置情况，(*b*)为蹬力要求较小的脚踏板空间布置，供设计参考。若采用立姿操作，其脚动操纵装置空间位置如图4–42所示。图中阴影线范围是适宜的工作区域。

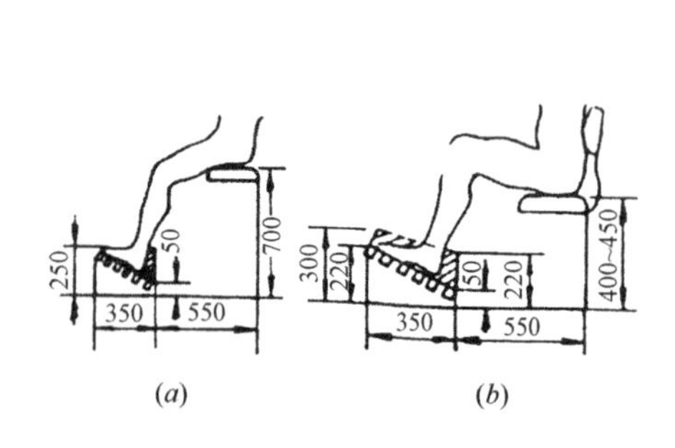

图 4–41
脚动操纵装置的布置(坐姿)(单位：mm)

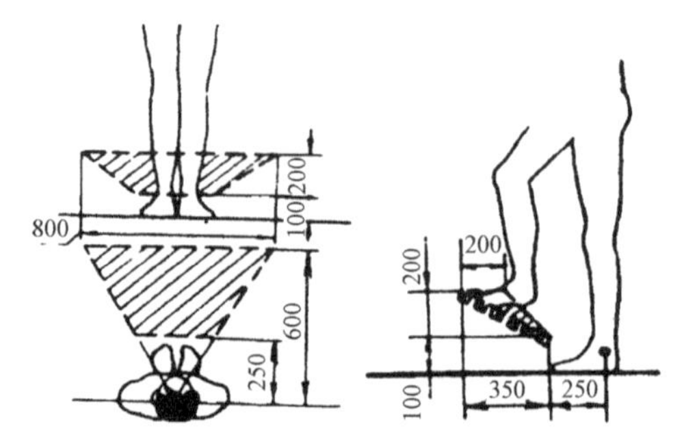

图 4–42
脚动操纵装置的布置(立姿)(单位：mm)

4.7 操纵装置设计与选择的人机工程学原则

4.7.1 操纵装置设计与动作节约原则

分析人—机系统中的动作，可以去除不合理的动作，以达到最佳操作效率。动作分析对于大量反复动作有着非常重要的意义，即便是微小的改进也能带来巨大的经济效益。如某生产线每件产品要装配130个元件，每装一个元件需要两个动作完成。如果将所有元件向装配工作台移近150mm，则每装配一个元件节约时间0.004min，每装配一台产品节约0.52min，若按每天生产800台，全年250个工作日计算，每年仅此项可节约1730h。

研究动作节约原则的目的，在于寻求最短的操作时间、最小操作用力、最高工作效率的方法。动作节约原则又称动作经济原则，是由身体使用原则、工作面安排原则和设备及工具设计的原则组成。

1）关于身体使用原则

① 两只手应同时开始和完成动作。

② 除休息时间外，两只手不应同时空闲。

③ 两只手臂应当做相反的对称动作，并应同时进行。

④ 在满足工作的前提下，应尽量减少手的动作种类。手的动作分成五种，所用时间和疲劳强度按下列顺序逐渐增大：⑴手指动作；⑵手指和手腕动作；⑶手指、手腕和前臂动作；⑷手指、手腕、前臂和上臂的动作；⑸手指、手腕、前臂、上臂和肩部的动作。

⑤ 尽可能使用动力帮助人工作，避免静态持续的用力。

⑥ 手的动作最好是平稳而连续地进行，不应是曲折形的动作或含有急剧改变方向的直线动作，否则既费时又增加作业者的疲劳。

⑦ 动作尽可能符合人的运动特性，具有节奏感，肢体动作要有助于保持重心稳定。

2）关于工作面安排原则

① 全部的工具和材料应有固定位置，操作者能迅速取、放，可节省体力和精力。

② 工具、材料和操纵装置应安排在适于操作者工作的前方。

③ 应将材料自动运送到操作者使用的地点。

④ 尽可能采用下落式供料。

⑤ 工具材料应按最佳的工作顺序排列。

⑥ 应有良好的照明条件以利观察。

⑦ 应配有能使人具有正确姿势的工作座椅，使工作中坐或站交替方便。

3）关于设备、工具的设计原则

① 凡是利用夹具或脚操纵装置能方便进行操作的，尽量不占用两手。

② 在可能的情况下，应设计多功能工具，使用少量工具完成多种动作。

③ 工具和材料尽可能放在工作位置最近处。

④ 当每个手指都参与工作时，要按每个手指的固有能力来分配任务。

⑤ 操纵器的位置应使操作者只需极少改变姿势便可很省力地进行操作。

4.7.2 操纵装置的选择原则

操纵装置的选择与操作要求、环境和造价有关，但主要还是从功能和操作要求出发进行选择。当然还有人的操纵能力。

表4—30为各种操纵装置的功能和使用情况，表4—31是各种不同工作情况下建议使用的操纵装置。

正确选择操纵装置的类型对于安全生产，提高工作效率极为重要。一般来说选择的原则有以下几个方面：

① 快速而精细的操作主要采用手控装置；操纵力较大时则采用手臂及下肢控制。

② 手控装置应安排在肘、肩高度之间的容易接触到的距离处，并要易于看到。

③ 手旋按钮、肘节开关或旋钮适用于费力小、移动幅度不大及高精度的阶梯式或连续式调节。

④ 操纵杆、曲柄、手轮及脚操纵装置适用于费力、低精度和幅度大的操作。

各种操纵装置的功能及使用情况　　表4—30

操纵装置名称	使用功能					使用情况					
	启动制动	不连续调节	定量调节	连续调节	数据输入	编号	视觉辨别位置	触觉辨别位置	多个类似操纵器的检查	多个类似操纵器的操作	复合控制
按钮	△					好	一般	差	差	好	好
钮子开关	△	△			△	较好	好	好	好	好	好
旋转选择开关		△				好	好	好	好	差	较好
旋钮		△	△	△		好	好	一般	好	差	好
踏钮	△					差	差	一般	差	差	差
踏板			△	△		差	差	较好	差	差	差
曲柄			△	△		较好	一般	一般	差	差	差
手轮			△	△		较好	较好	较好	差	差	好
操纵杆			△	△		好	好	较好	好	好	好
键盘					△	好	较好	差	一般	好	差

不同工作情况下建议使用的操纵装置 表4-31

工作情况		建议使用的操纵装置
操纵力较小情况	2个分开的装置	按钮、踏钮、拨动开关、摇动开关
	4个分开的装置	按钮、拨动开关、旋钮选择开关
	4～24个分开的装置	同心多层旋钮、键盘、拨动开关、旋钮选择开关
	25个以上分开的装置	键盘
	小区域的连续装置	旋钮
	较大区域的连续装置	曲柄
操纵力较大情况	2个分开的装置	扳手、杠杆、大按钮、踏钮
	3～24个分开的装置	扳手、杠杆
	小区域的连续性装置	手轮、踏板、杠杆
	大区域的连续性装置	大曲柄

第5章 ｜ 人的行为特征与设计

环境的刺激会引起人的生理和心理效应，而这种人体效应会以外在行为表现出来，我们称这种行为表现为环境行为。人类的环境行为是由于客观环境的刺激作用，或是由于自身的生理和心理需求所产生的。这种作用促使人类适应、改造或创造新的环境。

5.1 人的行为习性

5.1.1 人适应环境的行为习性

人类具有许多适应环境的本能性行为，它们是在长期的人类活动中，由于环境与人类的交互作用而形成的，这种本能称为人的行为习性。下面介绍一些常见的人的行为习性。

1）抄近路习性

为了达到预定的目的地，人们总是趋向于选择最短路径，这是因为人类具有抄近路的行为习性。因此在设计建筑、公园和室内环境时，要充分考虑这一习性。如图5-1所示，左侧可设计一条通道，如果没有通道，人们可能会从草地穿行而走出一条小路。右侧设计成自行车停车场也可防止抄近路，但是在进行室内及建筑设计时，要顺应人的习性来进行设计，否则会给人带来烦恼和不便。

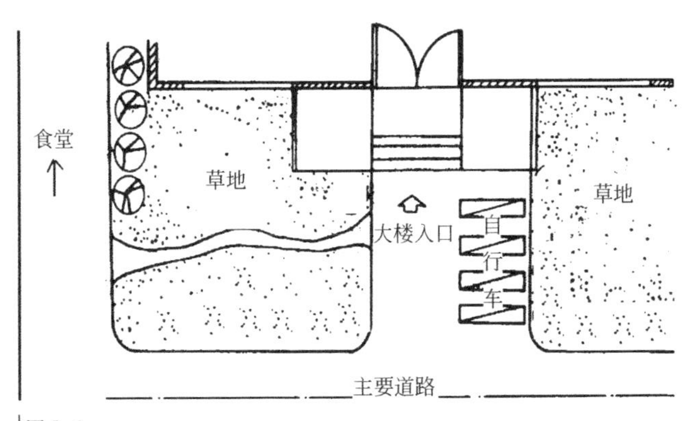

图5-1
人的抄近路行为习性

2）识途性

人们在进入某一场所后，如遇到危险（如火灾等）时，会寻找原路返回，这种习性称为识途性。在大量火灾事故现场调查发现，许多遇难者因找不到安全出口而倒在电梯口，因为他们是从电梯口来的，所以遇到紧急情况原路逃离，可是在电梯口又没有安全出口，因为紧急情况下，电梯是自动关闭的。特别是在慌张之际，人更表现出识途习性的行为。因此在设计室内安全出口时，要尽量设在入口附近，并且要有明显的位置和方向指示标记。

3）左侧通行习性

在人群密度较大（0.3人/m^2以上）的室内和广场上行走的人，一般会无意识地趋向于选择左侧通行。这可能与人类右侧优势而保护左侧有关。这种习性对于展览厅展览陈列顺序有重要指导意义。

4）左转弯习性

人类有趋向于左转弯的行为习性，在公园散步、游览的人群的行走轨迹可以显示这一习性。并且有学者研究发现向左转弯的所要时间比同样条件下的右转弯短。很多运动场（如跑道、棒球、滑冰等）都是左向回转（逆时钟方向）的。这种习性对于建筑和室内通道、避难通道设计具有指导作用。

5）从众习性

假如在室内出现紧急危险情况时，总是有一部分人会首先采取避难行动，这时周围的人往往会跟着这些人朝一个方向行动，这就是从众习性的作用。因此，室内避难疏散口的设计、诱导非常重要。

6）聚集效应

许多学者研究了人群密度和步行速度的关系，发现当人群密度超过1.2人/m^2时，步行速度会出现明显下降趋势。当空间人群密度分布不均时，则出现人群滞留现象，如果滞留时间过长，就会逐渐结集人群，这种现象称为聚集效应。在设计室内通道时，一定要预测人群密度，设计合理的通道空间，尽量防止滞留现象发生。

5.1.2 行动模型（action model）

行动模型指用户为了完成各种任务采取的有目的行动过程，又被称为操作过程模型或任务模型（task model）。人的行动模型主要内容是用户操作使用产品或工具完成各种任务的行动过程。当然，使用不同工具用品时，人的操作过程不同。

用户的行动按照一定过程进行，如图5-2，以用户操作计算机为例，行动模型包括下列几个部分：

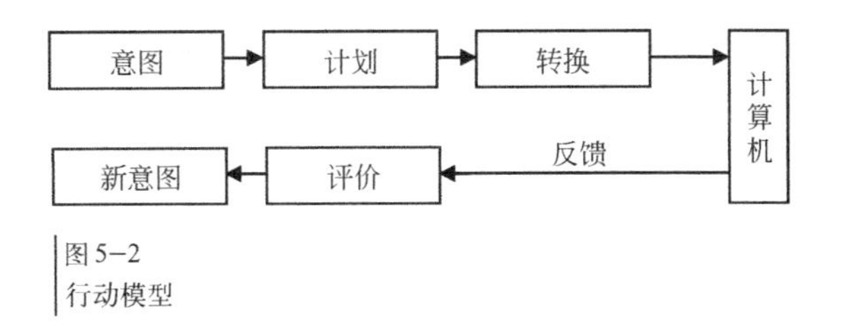

图5-2
行动模型

1）建立意图

用户的价值和需要决定他的目的意图(目的、期待、兴趣)。用计算机写信，而不用手写，这是由价值观念决定的。计算机的打印格式正规，表示对收信人的尊重。在使用计算机时用户有许多目的，如写文章、绘图、上网发电子邮件、上网查询信息等。写文章中还包括画插图，还有怎么样把一个复杂的目的分解成若干简单的子目的的问题。

例如用软件写文章，这个目的可以被分为若干子目标，每个子目标成为一个行动。例如在写文章时，他们要考虑什么人将看这篇文章，他们看文章的动机是什么，需要看什么内容，怎样选择标题，中心内容是什么，采用什么风格写，分几段，每段写什么，大约写多少字等。

2）制定计划

为了实现目的意图，用户要建立方式意图，也就是行动计划，主要解决何时、何处、干什么、怎样操作。文章被分为几部分，摘要、主题字、正文，用什么字体号，插图放在什么位置，先写什么，后写什么。

3）行动计划转换成计算机操作过程

使用计算机时，用户只能通过键盘和鼠标输入自己的意图，只能通过屏幕得到反馈信息。一切行动的目的和计划都必须被转换成计算机可以实现的操作顺序。这个转换过程十分复杂，写文字与绘图的任务不同，转换方式就不一样。在各种任务中，人与计算机的角色不一样。"把人的行动转换成计算机的操作"包含两层转换：把写作过程转换成计算机可以接受的操作顺序(操作计划)，把每一行动步骤转换成计算机的操作。例如，用户用计算机写文章，不能按照传统的笔纸操作过程，而要把行动转换成计算机的"操作顺序"：建立文件，打开文件，设置页面格式，字体和字号等。如果不按照计算机规定的这些操作顺序，就根本无法写文章。其次，用户要把每个行动步骤转换成计算机的操作。例如，用户要写"文章"二字，不能按照用笔在纸上写的过程，而要选择拼写方式，在键盘上输入w，e，n，z，h，a，n，g，屏幕上出现一个小框，显示出"wenzhang"（反馈信息），里面显示"1：文章，2：蚊帐"，用户按下键"1"，屏幕上光标处写出"文章"（反馈信息）。用户必须按照这个顺序，一共经过10次操作，才能把"文章"二字写在屏幕上。每一步操作后，计算机都应当对用户的操作提供反馈信息，显示操作结果。

4）用户什么时候开始操作，怎么操作，遇到问题时，用什么策略去解决

选择什么汉字输入方式，例如选择“智能ABC”，打字时每次输入一个字，还是输入一个词组。输入“我们”一词时，采用逐字母输入方式（输入w，o，m，e，n），还是采用简化输入方式输入（只输入辅音w，m）。用户每完成一步操作，都会通过各种知觉把中间结果的反馈信息与最终目的进行比较，纠正偏差继续行动，或中断这一行动。

5）完成行动后要把反馈信息与最终目的比较，检验评价行动结果

对可用性设计来说，要发现用户的全部目的期望、全部可能的计划和过程、全部可能的检验评价操作结果的方法。例如室内电源开关，人们可能有许多希望：用它开关电灯，用它调节灯的亮度，用它自动定时（或程序控制）开关电灯。对走廊灯的开关，人们希望从楼底层能开，从其他任意一层能关，并且反之也行，当人出现在门口时，门灯就自动亮了。怎么让人在黑暗中能够发现灯的开关？哪种开关容易被发现？用户怎么感知？感知什么？怎么思维？怎么选择操作过程？这些都是需要考虑的问题。

使用计算机完成绘图、写文章、上网等各种不同任务时，用户的行动过程是不同的，因而用户任务模型也不同，并不存在一个万能的用户行动模型。

从动机心理学角度，日常行动通常可以分为以下4种：感知行动（例如使用望远镜，观察x光照片）；思维行动（例如计算机编程，查询信息，写文章和绘图）；意志行动（例如把海量的坐标数字输入到计算机里）；体力技能行动（骑自行车）。在感知行动中，人使用工具的目的是感知，感知是行动的主导方面，手操作起配合作用。设计目的主要是：提供符合感知愿望的有利条件，减少知觉负担，手动作配合要无意识、自动化，使用户能够很快形成知觉－动作链，不需要大脑的思维控制。在思维行动中，人使用工具的目的是认知，思维起主导作用，其他因素起配合作用。设计的主要目的是提供认知有利条件，促进思维和学习，减少认知负担，减少知觉困难，使手动作无意识。体力操作工具时，体力操作起主要作用，感知和思维起配合作用。设计的主要目的是减少体力负担，提高人身安全。总之，人机界面的设计目的是，创造用户所需要的有利行为条件，适应用户的心理特性，给用户提供满意的行动条件和行动引导，主要包括操作准备工作的引导，操作目的引导，决策引导，问题解答引导，操作过程引导，手动作引导。

产品或工具设计的主要目标之一是尽量符合和适应人的行为习性，从而减少用户认知负担。例如把认知过程变成感知行动。用户在绘图时，眼睛（知觉）在屏幕菜单上寻找绘矩形的命令图标，必须理解（认知）这个目标，控制手操作鼠标选用该图标，考虑（认知）在屏幕上适当位置画矩形。这种过程包含三部分：知觉—认知—动作。在某些操作中，用户经过一定

培训练习后，能够很熟练进行操作，通过知觉直接控制手的动作，形成了直接的"知觉—操作"链。

5.1.3 以用户为中心的设计中的行动模型

以用户为中心的设计方法有很多，如以用户为中心的逻辑交互设计，以使用为中心的设计，对象、视图和交互设计(Object, View, Interaction Design: OVID)等。下面介绍美国IBM公司采用的OVID方法，它通过对用户、目标和任务的分析，系统地指导计算机人机交互界面设计，以达到用户满意的设计要求。OVID中涉及三个模型(如5—3所示)，这些模型之间是相互关联的。设计者模型就是用对象、对象间的关系等概念来表达目标用户意图的概念模型；编程者模型广泛应用于面向对象的开发方法中，用于表示和实现构成系统的类；用户概念模型表示用户对系统的理解，它依赖于用户的交互经验；实际开发中，通过需求分析等手段，设计者从用户那里获得用户对系统的理解，融合到设计者模型中，以确保交互界面的设计能准确地反映用户的意图。

OVID方法的关键是确定交互中涉及的对象，并把这些对象组织到交互视图中。其中，对象来自用户的概念模型，视图是支持特定用户任务的对象的有机组合，而交互就是那些在交互界面中对对象执行的操作。

对象从用户概念模型的任务分析中获得，并被转化到设计者的对象模型中，而交互就是那些界面中执行对象操作的必须动作。如果该模型能够有效地设计和实现，用户就可以通过与系统的交互理解设计者模型所要表达的信息，这些模型可以使用面向对象概念去表达，如统一对象建模语言(UML)等。OVID中的活动循环如图5—4所示，这是一个反复迭代的过程，在一些简略或逼真的原型上执行。

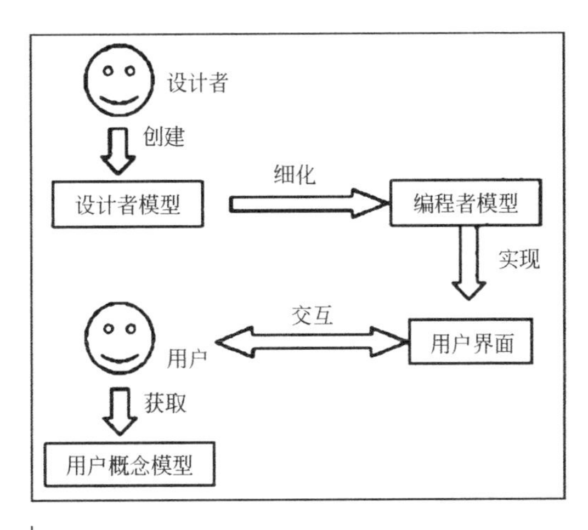

图5—3
OVID中涉及的模型及其相互关系

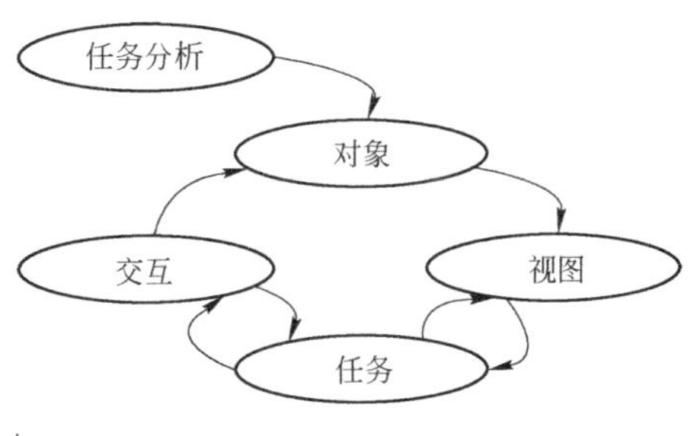

图5—4
OVID中的活动循环

5.2 人的错误

5.2.1 人为错误

人为失误是人为地使系统发生故障或发生机能不良事件，是违背设计和操作规程的错误行为。

实践证明，由于人的失误导致的灾害事故占有相当大的比例（有的占70%～80%）。因此，必须重视和认真研究人在作业中容易发生差错的原因，从而找出防止失误的措施，提高人机系统的安全性。

在作业当中，人的作用主要有三个方面：①通过感觉器官（视觉、听觉、触觉等）接受信息，感知系统的作业情况和机器的状态；②将接受的信息和已储存在大脑中的经验和知识信息进行比较分析后，作出决定，如作出继续、停止或改变操作的决定；③根据决定采取相应的行动，如开关机器或增减其速度等。

为了考察系统中人为失误的发生过程，可以根据人的作用建立一个S—O—R（刺激—机体—反应）行动模型。它是用于研究人和机器相互作用和相互协调的一个模式，在这个模型中存在着涉及人和机器的两个联接点。第一个是S—O联接点，在这个联接点上人必须识别刺激并作出判断；第二个是O—R联接点，在这个联接点上，人必须作出反应和行动。

通过S—O—R的行动模型可以看出，人为失误主要表现在以下三个方面。

1）S（刺激）方面

由信号源的刺激能力低所造成，其中包括人机系统设计不合理及外部环境干扰，使作业者对输人刺激S的反应下降。

2）O（机体）方面

即人本身的生理和心理原因对信息的误判断所致，如人的年龄、体力、精神状态、作业技能等，都会影响到对信息的处理能力。

3）R（反应）方面

即输出行动的错误所造成的失误，其中包括人机系统设计不合理、违章操作、环境干扰等因素。

人为失误的定量分析可以用人的失误率来表示：

$$F=1-R \tag{5-1}$$

式中　F——人的失误率；

R——人的行为可靠度。

可靠度是指系统中的研究对象人或机器在规定条件下和规定时间内能正常工作的概率。

当一组作业序中有多个作业单元时，其可靠度为每个作业单元可靠度的乘积，即

$$R=R_1 \cdot R_2 \cdot R_3 \cdots R_i \tag{5-2}$$

例如，读电流表时，人的可靠度为0.9945，而把读数记录下来可靠度为 0.99660。若一个作业序中只有这两个作业，那么这个作业序的可靠度

$$R=0.9945 \times 0.9966$$

这时人的失误率

$$F=1-(0.9945 \times 0.9966)=0.00888$$

这里每一个作业单元的可靠度数值，是需要大量试验数据为依据的。

从以上例子可以看出，一个作业序中作业单元越多，其可靠度就越低，也即人的失误率也就越大。

在连续作业的情况下，人为失误是随时间变化的，所以瞬时失误率可表示为

$$F(t)=\int_0^t f(t)\mathrm{d}t \tag{5-3}$$

人的可靠性模型可由工程可靠性引出，即将人作为硬件对待，导出人的可靠性模型：

$$R(t)=\mathrm{e}-\int_0^t n(t)\mathrm{d}t \tag{5-4}$$

式中 $R(t)$——任一时刻人作业的可靠度；

$F(t)$——特定任务的失误率。

人为失误的定性分析是利用因果分析方法，重点研究系统运行中人为失误的各种可能的原因及类型。主要包括以下几方面。

1）信息感知

在人机系统中，人要接受机器和环境各方面的信息，如视觉信息、听觉信息、触觉信息等。当规定信息缺乏、不明确、不及时等，人的感知能力就会下降而犯错误，造成事故。如果信息量过大，超过人对信息接受能力的限度，也会造成感知上的失误。如在某些典型的核电站控制室内有1200～1500个信号器，控制室的冷却水损失事故的模拟显示中，第一分钟内有500个警告灯亮，第二分钟内有800个灯亮。这么多的信息无助于作业者很好地接受信息并作出正确的判断，这是造成美国三哩岛核电站事故的原因之一。

环境因素，如噪声、振动、超重、失重、高低温、照明不足等也都会引起人不能正确地感知信息。

2）信息处理

在信息处理方面的人为失误，主要取决于人的生理特点、心理状态以及人对信息处理和加工的技能。

人对信息的处理受人的信号决定通道的限制。研究表明，人只有一个单一的决定通道，所

有信息都按次序通过这个通道，当两个信息同时传向大脑时，其中一个必须等另一个放入工作记忆中之后，再执行处理和决定。这就是为什么人在同一时刻只能注意一件事情的原因。

当人长期从事某项工作时，会产生疲劳，这时人的神经活动的协调性遭到破坏，思维准确性下降，感知系统的机能下降，记忆力减退，从而影响了对信息处理的能力。

人在工作时的心理状态直接关系到人对信息处理的可靠性。如生活上的压力、工作态度和责任心不强、感情的不稳定性等，都会造成工作时的精力不集中而引起失误。

经过训练和培养的作业人员可以在大脑中存贮和长期记忆许多正确的经验，这些经验越多，人在处理信息时就越能从记忆中提取正确的决定方式。否则在处理信息当中，由于经验不足、能力低，就会造成误处理，尤其对于一些复杂信息的处理。

3）操作实施

由于信息感知和信息处理所造成的失误，都会归结到操作失误上。除此之外，操作环节本身发生的失误也与许多因素有关。

违反操作规程而造成的失误是屡见不鲜的，这主要是对作业安全性重视不够引起的。

遗漏操作，即某些操作程序和步骤遗漏了，从而导致失误。

改变操作程序后，操纵者不熟悉、不习惯，而在新的操作中，采用了大脑保留的原操作程序，因此造成失误。

5.2.2 出错的类型

1）出错的分类

最简单的分类方法是将用户出错分为实施差错(做了错误的事情)和遗漏差错(没有做应该做的事情)两类。一种更为细致的分类方法如图5-5所示，这是以诺曼(Norman，1981，1988)和里森(Reason，1984，1990，1997)提出的框架为基础建立的。人类操作者在面对由刺激证据(stimulus evidence)所表征的世界时，可能正确、也可能不正确地对这些证据进行理解；然后，根据理解结果，操作者可能愿意、也可能不愿意去实施应付该情境的恰当行为；最后，操作者可能正确、也可能不正确地执行了预定的行为。在解释或选择意图时出现的差错称为错误(mistakes)。

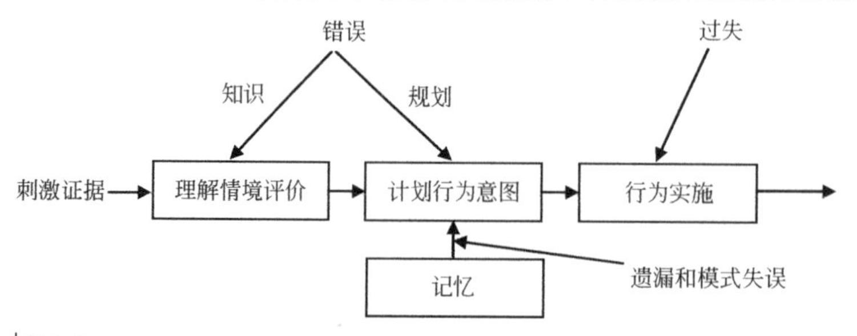

图5-5
表征用户出错的信息加工背景

与错误很不相同的是过失(slip)和失误(lapse)。在这种情况下，操作者对情境的理解是正确的，同时也形成了正确的意图，但不幸的是触发了错误的行为。打字员按错键或驾驶员错误地打开了刮水器(而不是车前灯)都是常见的例子。

下面列举的三个类别是根据Norman(1981，1988)和Reason(1990，1997)的更为详细的框图综合而来的，具体如图5-5所示。

① 如果意图(意向)建立得不恰当，就叫错误(mistake)。例如，打算用高温电熨斗去熨塑料。错误包括预先的意图与预期因果关系之间的不对应。

② 过失(slip)指不受动机引导的意外出错，或在实施行动的阶段出现的那些没有计划的行动，如圆珠笔失手、行动失手。

③ 失误(lapse)指要经过更多心理处理过程转换中的出错形式，主要指记忆失效，它不一定会表现在明显行为中，只有当一个人经历了这些出错，才会感到它的明显存在。

Reason认为，在技能行为中，失手和失误在很大程度上来源于执行操作失效和记忆失效，无意识地激发了自动化行为，造成不适当的注意监控。而错误出现在更高一阶的认知过程失败，主要出现在：对信息进行判断时，设置目标时，根据手段决定要达到这些目标时。它的行动过程不是所计划的，或行动计划无法达到预期的目的。错误和失手都可能表现为“坚决，但错了”。失手的一个必要条件是注意被分心物捕获，或者当务之急占用了注意，使得有限的注意资源不能专心集中在自己的行动上。

2）出错的表现形式

Reason(1987)认为存在8种基本出错的表现形式：

① 感觉不真实(false sensation)：用户的思维模型没有精确反映现实，感官器官错误表达现实的细节部分。通常把这种现象称为“先入为主”。

② 注意失效(attention failures)：从事一个行动时，用户分心，或想同时从事另一件任务。

③ 记忆失误(memory lapse)：用户忘记了某一个细节，可能发生在短时记忆，或发生在很复杂的许多过程处理中。例如，忘记了要干的事情。

④ 不准确的回忆(inaccurate recall)：回忆一个细节时，可能不合适于当前的任务，或回忆不完整不正确。

⑤ 错误感知(misperception)：对感官知觉进行错误解释，例如视错。

⑥ 判断错误(error judgment)：由于错误判断情景，制定的计划不能满足目的需要，误认为当前的情景错误。

⑦ 推理出错(inferential error)：对一个情况得出错误结论。由于缺乏一些知识，推理缺乏基础，对情况不能进行全面理解。

⑧ 无意识的行为(unintended actions)：是典型的错误。例如，意图是想压下Enter键，但是手指头却按下Back Space键。

5.3 疲劳

疲劳是一种人体的生理状态。在作业过程中，作业者产生作业机能衰退、作业能力下降，有时并伴有疲倦感等主观症状的现象，就叫作业疲劳。过度的作业疲劳不仅使作业能力下降、劳动质量低、大脑与动作迟钝、反应能力降低，而且增加事故发生率，甚至造成人身与财产损失。作业疲劳是一系列复杂现象的综合体，既有人的生理和心理因素，又有生产设备的系统的因素，还受环境和社会因素的影响。因此，对疲劳问题的探讨，也是人机工程设计的一个重要课题。

5.3.1 疲劳的特点与分类

5.3.1.1 疲劳的特点

人的行为有是否灵活和灵敏的问题，并受许多因素的影响，只有在一定环境条件下才能达到最佳。疲劳是指人在作业过程中作业能力下降，或由于厌倦而不愿意继续工作的状态。这种状态是相当复杂的，不仅是人的生理反应，而且还包含着大量的心理因素，包含设备及其工作方法和环境等因素。例如，操作者为了某种目的，通过自己的努力可以在短时期内掩盖疲劳的效应。相反，心理上的某种不适或不满情绪又会提前或加速疲劳的出现。

5.3.1.2 疲劳的分类

疲劳的分类方法有多种，一般分为三种类型。

1）肌肉疲劳

肌肉疲劳又分为个别器官疲劳和全身疲劳。前者常发生在仅需个别器官或肢体参与紧张作业，如计算机操作人员的肩肘痛、眼疲劳，打字人员的手指、腕疲劳等。或者主要是全身参与较为繁重的体力劳动所致，表现为全身肌肉、关节酸痛，困乏思睡，作业能力明显下降，事物增多，操作迟钝等。

2）精神疲劳(刺激疲劳)

精神疲劳包括智力疲劳、技术性疲劳和心理性疲劳。智力疲劳主要是长期从事紧张的脑力劳动引起的头昏脑胀、全身乏力、嗜睡或失眠等，常与心理因素有关系。技术性疲劳常见于体力脑力并用的劳动和神经相当紧张的作业，如驾驶飞机、汽车、拖拉机、收发电报、操纵半自动化生产设备等。单调的作业内容很容易引起心理性疲劳，例如监视仪表的人员，表面上坐在那里“悠闲”自在，实际上并不轻松。信号率越低越易疲劳，警觉性会越来越下降。这时体力并不疲劳，而是大脑皮层的一个部位经常兴奋引起抑制。

3）生物疲劳(周期性疲劳)

根据疲劳周期长短，可将周期分为年周期性疲劳和月、周、日周期性疲劳。这种疲劳出现的周期越长，似乎越具有社会因素和生理心理因素的影响。图5–6和图5–7分别为人的生理节律和生理备动度的昼夜动力学。

上述分类主要为便于认识疲劳，并不表明各类疲劳独立出现，相反，它们存在相互影响的关系。其相互关系如图5–8所示。

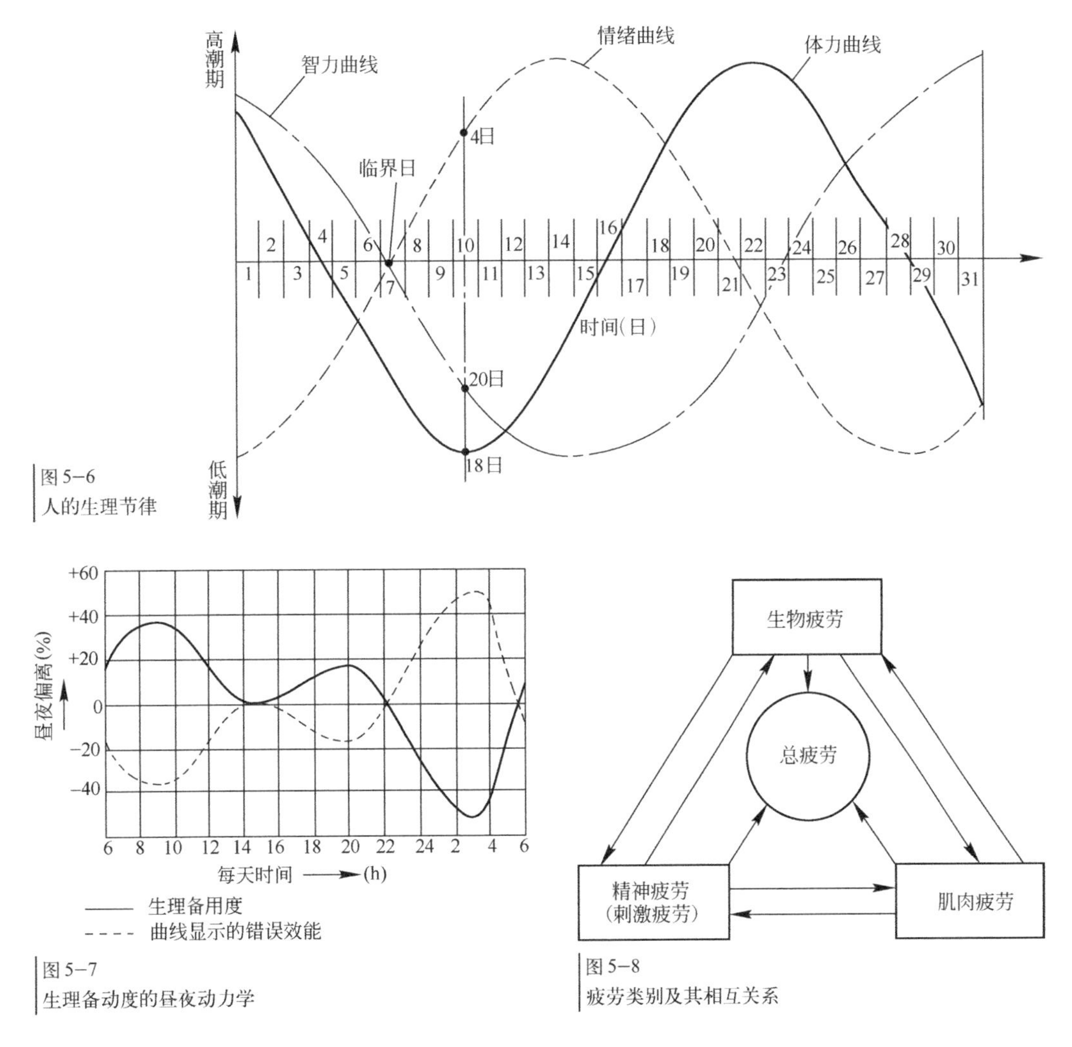

图5–6
人的生理节律

图5–7
生理备动度的昼夜动力学

图5–8
疲劳类别及其相互关系

5.3.2 引起疲劳的原因及某些规律

5.3.2.1 引起疲劳的原因

引起疲劳的原因相当复杂，现概括归纳如下。

1）超生理负荷的激烈动作和持久的体力或脑力劳动

劳动强度越大，劳动时间越长，人的疲劳就越重，这是众所周知的道理。

2）工作单调

对大多数的人来说，内容较单一、限制创造力的工作是乏味的。乏味的工作会使作业者产生不愉快和厌烦的情绪，另外，还会使注意力失调。注意力是最易疲劳的心理机能之一。

3）环境不良

不良的环境条件(如温度、湿度、照明、振动、噪声等)不适应人的生理和心理需要，会增加作业人员的劳动强度和疲劳感。

4）精神因素

精神因素指受到强烈刺激、焦虑情绪、烦恼、工作责任感以及人与人之间和家庭不和等因素导致的不振。

5）身体状况不好

这是指疾病、疼痛、营养不良、睡眠不足、个人体质欠佳等。

6）人机工程设计不合理

这是指劳动姿势与体位选择不合理；生产设备与工具设计不合理，未能减轻劳动强度和紧张情绪；人机设计不合理，不符合人的感觉功能和心理特点；未按生物力学原则使用体力；工作空间过小等。

5.3.2.2 疲劳的某些规律

1）疲劳可以恢复

青年人比老年人恢复得快，而且在作业过程中青年人较老年人产生的疲劳小得多，因为青年人的心血管和呼吸系统比老年人旺盛得多，供血、供氧机能强。体力上的疲劳比精神上的疲劳恢复得快。心理上造成的疲劳常与心理状态同步存在、同步消失。

2）疲劳有一定的累积效应

未完全恢复的疲劳可在一定程度上延续到次日。当人们在重度疲劳之后，第二天还感到周身无力、疲倦、不愿动作。这就是疲劳累积效应的表现。

3）人对疲劳有适应能力

人如果连续工作，反而不觉累了，这是体力上的适应性。

4）生理周期的影响

在生理周期中(如生物节律低潮期、妇女月经期)发生疲劳的自我感受较重，而在高潮期则较轻。

5）环境因素的影响

某些环境因素影响疲劳的程度可以加重或减轻。噪声可加重疲劳，优美的音乐可以舒张血管，因而可松弛紧张的情绪并减轻疲劳。

5.3.3 降低作业疲劳的措施

这里仅从人机工程设计的角度考虑降低作业疲劳的措施。

5.3.3.1 提高作业的自动化水平

提高作业的自动化水平是现代科学技术发展的主要方向之一。自动化能改善劳动条件，降低劳动强度，缩短劳动时间，从而消除笨重体力劳动造成的重度疲劳，同时提高作业安全可靠性。

统计资料表明，笨重体力劳动比较大的工业部门，如采矿、冶金、建筑、铁路等行业，由于劳动强度大，生产事故较机械、化工、纺织等行业均高出数倍至数十倍。由此可见，提高作业的自动化水平是减少作业人数、提高劳动作业生产率、减少人员疲劳、提高安全生产水平的有力措施。

5.3.3.2 正确选择作业姿势和体位

在作业中，除劳动负荷外，劳动姿势与体位也是影响人体的很重要的因素。劳动姿势不当，容易造成过度的疲劳和职业病，使工作效率大大降低。

1）影响劳动姿势的因素

人在作业中所采取的姿势和体位，是由作业对人的各种要求决定的。具体地讲，他们受生产设备的限制，如设备高度、距离、大小、人机功能分配等。影响劳动姿势和体位的因素很多，归纳起来有几个方面：

① 人机界面的设计与布置；

② 工作空间的大小及照明条件等；

③ 身体负荷的大小、频率、用力方向以及作业要求的准确性与速度等；

④ 工作场所的布置、各种设备与工具的大小、安排位置以及取用和操作的方法等；

⑤ 工作台（操作台）面与座椅的形状、尺寸大小以及容膝空间大小等。

2）正确的劳动姿势

① 立姿　正确的立姿应是身体各部分的重心恰好垂直于其支撑物上，使全身重量由骨架来承受。这样，身体变形、肌肉和韧带的负荷最小，各种器官的功能发挥得最好。立姿作业的优点是可动性和灵活性大，特别是在监视控制板前工作较为方便，且易于用力，尤其是需要大力量的场所。

② 坐姿　正确的坐姿是使身体上身各部位保持正直，避免腰部弯曲或变形。坐姿作业的优点是身体稳定性好，不易疲劳，易于操作，尤其适用于需要精确、细致操作的场合。

③ 立和坐交替　立姿和坐姿各有其优点，但是，如果长时间总是采用一种姿势操作，肌肉和神经就会感到格外疲劳。若能使操作者改变体位操作，则可大大缓解部分肌肉的紧张状态和疲劳。因为经常改变体位可能使能量消耗有所减少。

不正确的劳动姿势不但极易引起疲劳，诱发职业病，而且还会因能量消耗过多，使工作效率下降、甚至发生工伤事故。不正确的劳动姿势主要有以下几种：

① 长期静止不动的立位(特别是妇女)；

② 长期或反复弯腰(弯腰超过15次)；

③ 弯腰并伴有躯干扭曲或半坐位；

④ 经常反复让身体的一侧承受体重；

⑤ 双手长时间上举或前伸；

⑥ 长时间的静止作业。

3）劳动姿势的选择

影响劳动姿势的因素很多。设计劳动姿势时，应尽量避免那些不利的情况，使劳动姿势尽量合理，使人机功能达到最佳配合，以提高工作效率和安全可靠性。

资料表明，立着操作时肌肉所承受的负荷是坐着的1.6倍，而上身倾斜时可多达10倍左右。因此，一般采用坐姿最为合理，特别是靠坐姿势。为了体现坐姿作业的优越性，必须为作业者提供合适的座椅、工作台、容膝空间、搁脚板等设置。

只有在坐姿操作有困难时，才用立姿操作。由于立姿作业需要下肢做功支撑体重，长期站立易引起下肢静脉曲张。为此，脚下应垫有弹性的垫子，尽量避免长时间站立在水泥地和铁板上。另外，应让作业者能经常改变体位，这些都有助克服立姿的疲劳。

劳动姿势要根据具体工作情况来选择，表5-1可提供参考。

按工作情况选择劳动姿势　　　　**表5-1**

劳动姿势	用力(N)	作业活动范围	作业体位变化	作业区域(mm)
坐	小于50	局限性	不易	380～500
立	100	较大	很易	750以上
立—坐	50	中等	中等	380～750

5.3.3.3　合理设计作业的用力方法

1）合理安排施力方式与负荷

静态施力很容易使作业者感到疲劳，因此应尽量避免。如果静态施力不可避免，则应对施力大小做出限制。肌肉施力应低于其最大施力的15%。在动态作业中，如果作业动作是简单的重复动作，则肌肉施力也不应超过其最大施力的30%。

2）按生物力学原理用力

作业时，要把力用到完成某一动作的做功上去，避免浪费在身体本身或不合理的动作上。如举重运动员抓举时，应用体重平衡负荷。随着杠铃向上举起，人体重心向下移动，这样可以减少内耗。换句话讲，若身躯和头部随杠铃举起而与重力方向相反方向往上移动，则有一部分能量将被消耗在体内。同理，向下用力时，立姿较坐姿更有效，因为这样可利用头和身躯的重量与伸直了的上肢协同起来提供较大的力。

3）利用人体活动特点用力

人体大肌肉关节的突然弯曲或伸直，可产生很大的爆发力，并伴有运动肢体的冲力，这是获得较大力量的方法。但是，当进行较精确的作业时，需要动用围绕关节的两组肌群(引起运动的主要肌群和对抗这一运动的对抗肌群)。在这两组肌群的作用下，肢体处于运动范围中间部位时，可获得准确的动作。因此，坐姿作业动作比立姿时准确得多。

4）利用人体动作的经济原则

所谓动作的经济原则是指保持动作自然、对称和有节奏。动作自然是为了让那些最适合运动的肌群及符合自然位置的关节参与动作；动作对称是为了保证用力后不破坏身体的平衡和稳定；动作有节奏是为了使能量不至于因为肢体的过度减速而被浪费掉，避免过早发生疲劳。

5）节约动作能级

这是指能用手指完成的作业，不用手臂的运动来完成；能用手臂运动完成的作业，不用全身运动来完成。

5.3.3.4 改善作业内容，避免单调重复性作业

对大多数人来讲，内容单一，不能发挥其创造能力的工作是乏味的。单调的作业产生的不愉快心理状态，表现为单调感和枯燥感。如长期从事单调的重复性工作，特别是在作业者对作业项目不感兴趣时，就会产生破坏作业者情绪的心理状态，使之提前产生心理疲劳。重复性作业时，由于总是用身体某一部位，局部肌肉群反复施力，也会造成局部肌肉疲劳，影响作业效率。避免作业的单调感和枯燥感常用的方法如下：

1）使操作内容适当复杂化

根据人的生理和心理特点设计作业内容。将若干操作时间短的工序合并为一个工序，使作业内容丰富化。这样可改善单调的操作，提高作业者的兴趣；由于作业内容的增加，作业者必须采取多种姿势操作，避免了局部肌肉的疲劳；作业内容变了，更有利于作业者发挥其创造力，如动作的协调性、灵活性以及作业者的组织能力和应变能力等。

2）交换操作内容或作业岗位

这是一个生产组织的问题，但它对克服单调感有较好的作用。既然单一的重复劳动会导致

心理疲劳和肌肉疲劳，那么定期的变换作业内容有助于消除疲劳。这样做，一是作业者有一种新鲜感，作业时能保持较旺盛的精力；二是作业内容变换有助于避免长期某种作业方式造成的职业病。实践表明，在操作紧张程度相同的情况下，从更单调的操作变换为不太单调的操作效果较好；从紧张程度较低的操作变换为紧张程度较高的操作效果较好。变换操作的内容差别越大，效果越显著。

5.4 基于用户行为的设计原则

心理学家Norman在他的《日常事物设计》(*The Design of Everyday Things*)书中，总结了关于以人为中心的若干设计原则，包括合理运用内部和外部知识、简化任务结构、注重可视性、建立正确匹配、利用限制因素、考虑人的差错和标准化。这几个原则相互影响，相互渗透。

1）合理运用内部和外部知识

Norman认为“知识存储于外部世界”，意即：如果完成任务的知识，用户都可以从外部世界中找到，便会操作得更快，操作也会更加自如。比如，对于手机键盘来说，每个按键代表的内容在键盘上就有标注，这样用户就会学习得更快。如图5–9所示。但有时候，用户能够把知识存储在自己头脑中，操作会更快，效率更高。比如对于盲打用户来说，计算机键盘上的符号的意义就没有那么大，但这并不意味着计算机键盘上就不要标注了。设计应该允许用户把外部知识和内部知识结合起来。

2）简化任务结构

由于人的短时记忆、长时记忆和注意的局限性，人们很难顺利地对复杂任务进行良好操作，通过简化任务结构可以减轻人的作业负担。简化任务结构有三个层面的概念：不改变任务结构、不改变任务性质和改变任务性质。这三个层面是逐步递进的关系。

不改变任务结构主要是通过提供某种辅助手段或者改善反馈机制，让人的控制能力增强。比如，汽车仪表的设计并没有改变用户的任务，而是把发动机和其他机构的运转状态显示出来，增强了人的控制能力，如图5–10。

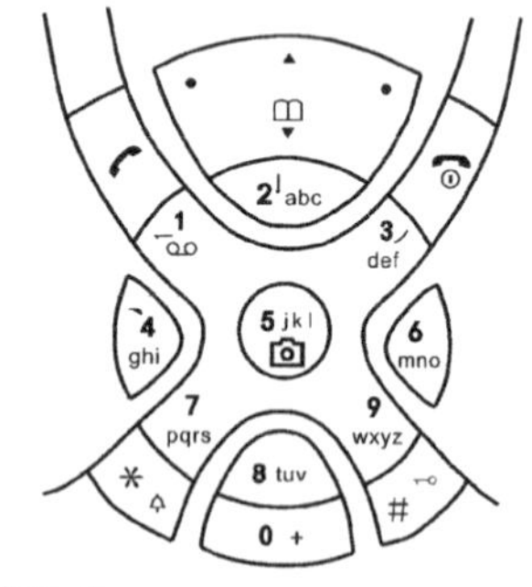

图 5–9
手机的数字键对应的字母表示

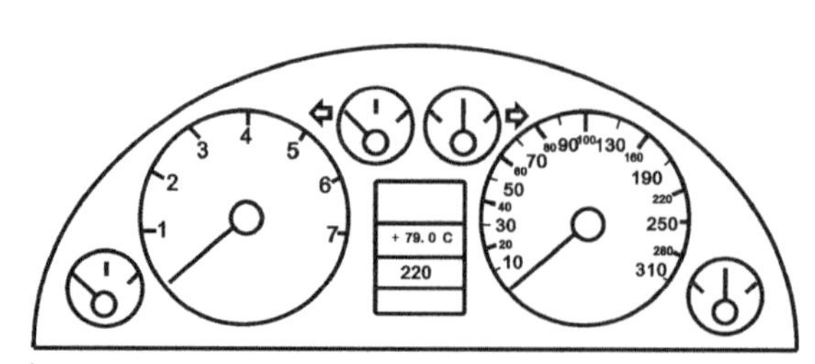

图 5–10
某汽车仪表

不改变任务性质，但改变任务结构最典型的方式之一就是“自动化”。自动化使操作任务的核心保持不变，只是减少了部分操作步骤。比如，现在没有什么驾驶员采用过去的手摇曲柄发动汽车的方法，这就是自动化的好处。但是，有时候自动化会给人带来困惑。很多软件都给人提供了所谓的“模板”，用户只要直接调用就可以使用，比如某些制作网页的软件。但是，当想要修改模板本身的时候，这样的自动化就给用户带来不便。一种理想的情形是，用户可以自由选择是自动化还是自己手动操作。

改变任务性质的操作，就是用户使用方式上的革命。例如，系鞋带是一件简单的事情，但十分难学，采用刺粘鞋带就使系鞋带的过程变得十分简单。但是，改变任务性质也存在一定的问题，比如，采用刺粘鞋带让人们在系鞋带时少了那种系的“体验”，而且不方便调整鞋带的松紧。

3）注重可视性

用户在进行某项操作时，通常都希望了解哪些操作是可行的，如何进行操作，误操作将会造成什么样的后果等。可视性就是把这些因素都提供给用户，以消除执行阶段和评估阶段的鸿沟。图5-11所示就是一个不注重可视性的案例，用户很难发现这个汽车加油盖如何开启。事实上，按键后的反馈声音和阻力也是一种注重可视性的设计，如数码相机在拍摄按键过程中的声音，就是设计中有意添加的反馈声。

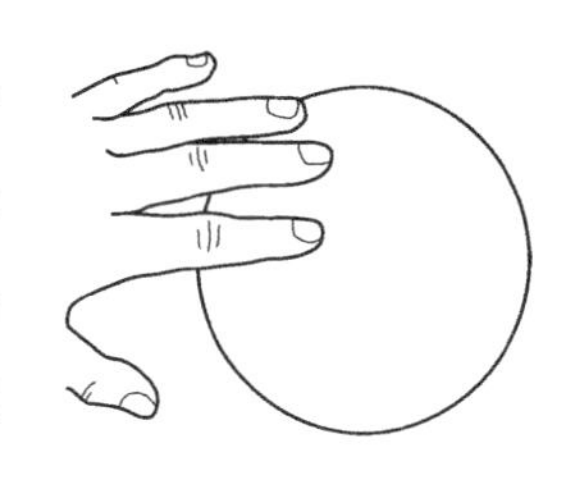
图5-11
某汽车加油盖的开启方式

4）建立正确的匹配

匹配关系有很多种，比如意图和行为的匹配、行为和执行效果的匹配、感知状态和系统状态的匹配等。最好的匹配就是所谓的“自然匹配”。图5-12是对于灶眼和开关位置的匹配关系，实践研究证明，图5-12(*a*)的匹配是最自然的。对于匹配的相关问题，请参照4.3.3节内容。

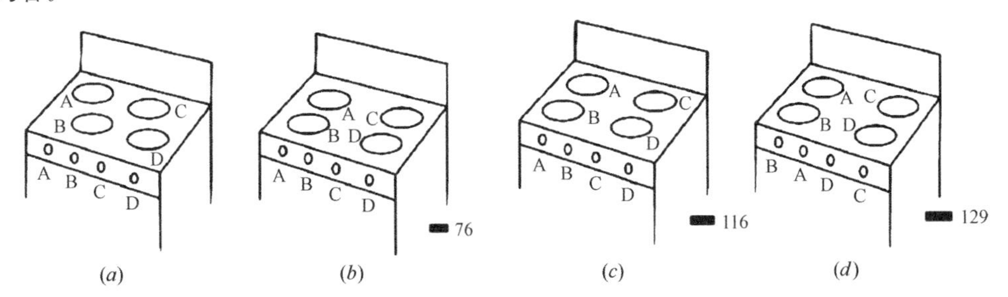

图5-12
灶眼和开关位置的匹配(图中数字表示出错次数)

5）利用限制因素

利用限制因素，就是让用户只具有一种操作方法，即正确的操作方法。利用限制因素的例子很多，如图5-13中的钥匙设计就是利用了限制，用户只能从一个缝隙插入锁孔。同样，如计算机中USB接口插孔的设计、磁盘的设计等，都只能从一个方向进行操作。再如，很多用户在取款以后，忘记取走信用卡，利用限制因素，就可以让用户先取卡再取钱。

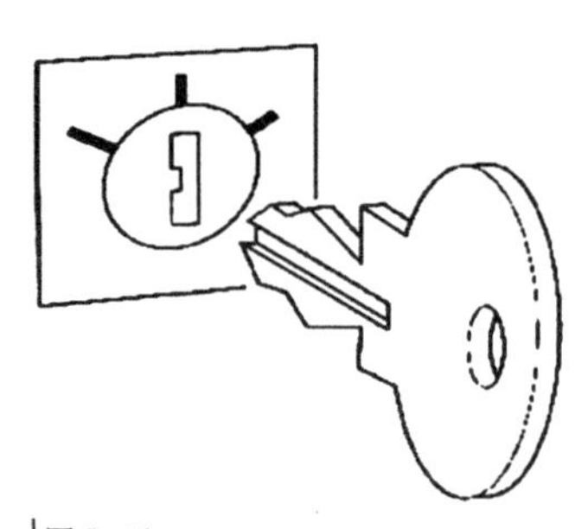

图 5-13
利用限制因素的钥匙设计

6）考虑人的差错

人总会犯各种错误。设计人员应当考虑用户可能出现的错误，并针对不同的错误采取相应的处理或防御措施。比如，很多人在关闭软件时会忘记保存文件，这是一个典型的“遗漏”错误。因此在设计的时候，应当给用户“是否保存文档”等提醒。再如，一般的楼道设计，应考虑用户在发生火灾的紧急情况下可能出现的错误，在地下室楼道口设计一些阻隔措施，防止用户下楼梯的时候误入地下室。

7）标准化

如果上述的各个原则都无法满足，一般就采用标准化。标准化是指针对操作步骤、操作结构和显示方式等方面的问题的标准化。标准化的优点在于，不论标准化系统本身存在多大随意性，只要用户学习，就能够知道如何进行操作。比如，计算机键盘、交通标志信号就是标准化的。在以人为中心的设计原则中，标准化是最后的选择。

第 6 章 | 环境与设计

除了研究人与机器的关系外，还应研究人与环境以及机器与环境之间的关系，环境因素应作为一种主动的积极因素，而不是作为一种被动的干扰因素。因为环境与人、环境与机器、环境与整个系统之间，都存在着物质、能量和信息的流动，并通过信息传递、加工和控制，使人—机—环境有机地结合为一体。

6.1 作业环境

6.1.1 环境因素

6.1.1.1 人—环境系统

根据人的生理、心理特点，创造一个适应人要求的作业环境，以保证人身安全和高效率的工作。

环境因素是多方面的，从性质上分为以下几方面。

1）物理因素

物理因素有温度、湿度、压力、振动、噪声、照明、电磁辐射等。

2）化学因素

化学因素如有毒有害化学物等。

3）生理因素

生理因素有营养、疾病、药物、睡眠等。

4）心理因素

心理因素有动机、恐惧感、工作负荷等。

5）生物因素

生物因素有病毒和其他微生物等。

其他还有社会心理因素等。

从直观上看，环境又可分为直接环境和一般环境。直接环境包括前面章节所述的显示、操纵部分的形势、布局、局部照明和空间布置等，主要指人机界面上的一些情况。一般环境因素主要指物理、化学等因素。

环境因素中有些因素存在着很明显的危险性，如有毒有害化学物、高温、高湿等；有些因素的作用则比较缓慢，如振动、噪声、电磁辐射等，但长时间在这种环境中工作，可能对人和机器产生严重的后果。

6.1.1.2 机器—环境系统

机器—环境系统要考虑环境对机器的要求以及机器对环境的适应性两方面的问题。

1）减少机器对环境的污染

机器对环境的影响主要是指机器工作过程中的废物（如废气、废液、废渣等）、振动、噪声等。为了减少环境污染，应采取合理的工艺流程，积极采取先进的技术措施。

2）机器适应环境

环境对机器的影响也是多因素的，如温度、湿度、腐蚀性气体和液体、易燃易爆物质、粉尘、振动、噪声等。为使机器能适应环境并可靠地工作，必须根据不同情况采取相应的防护措施。

6.1.2 作业环境区域划分

根据作业环境对人体的影响和人体对环境的适应程度，可分为四个区域。

1）最舒适区

这种环境各项指标最佳，完全符合人的生理心理要求，在这种环境下长时间工作不会感到疲劳，工作效率高，操作者主观感觉很好。这是一种理想的环境模式，目前只有少数实验室、计量室、精密设备操作室等才能达到这种条件。

2）舒适区

这种环境各项指标符合要求。在正常情况下环境对人身健康无损害，而且不会感到刺激和疲劳。如一般仪器仪表加工和装配车间、实验室等。

3）不舒适区

这种环境中的某项指标超出舒适指标，长时间在这种环境下工作，会损害操纵者的健康，或导致职业病的产生。如高噪声、高温、粉尘和有毒气体环境等。因此，对这种环境需要采取一定的防护措施，以保证正常工作。

4）能忍受区

在这种环境中工作，如无保护措施将操作者与有害的环境隔离开来，人将难以生存。如水下作业、放射环境等。

创造一种令人舒适而又有利于工作的环境条件，必须了解各种环境因素应当保持在什么样的范围之内。图 6–1 是根据作业环境分区原则提供决定操作者工作舒适程度的各种环境因素的参考数据。

创造良好的作业环境，主要有两种途径：

① 在规划设计阶段就充分运用各种技术资料，对作业环境条件进行充分的预测、分析，提出妥善解决不良因素的办法与措施，防患于未然。

② 对现有的作业环境进行评价，找出危害因素及其存在的原因，检查防范措施是否合理，针对存在问题，采取改善和治理措施。

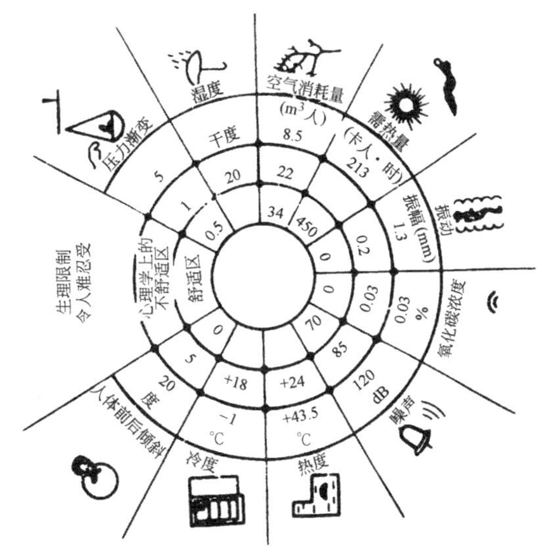

图 6–1
舒适程度的环境因素允许值

在生产实践中，由于技术、经济等条件的限制，上述的舒适作业环境条件有时难以得到保证。在这种情况下，应创造一个允许的环境，即不危害操作者人身健康，同时，要有其他辅助措施（如监测手段、急救等）保证人身安全。

6.2 微气候

微气候又称作业环境的气象条件或热环境，是指作业环境局部的气温、湿度、气流以及作业场所的设备、产品和原料等的热辐射条件。微气候直接影响操作者的作业能力、效率、舒适感，甚至会形成不安全状态。另外，微气候还会对生产设备产生不良影响。

6.2.1 决定微气候的因素

1）气温

空气的冷热程度称为气温。作业环境中的气温主要取决于大气温度和太阳辐射。因此，它随季节变化。另外还受作业场所的各种热源的影响。热源通过传导、对流使作业环境中的空气加热，并通过辐射加热周围四周物体，形成第二热源，扩大了直接加热的空气面积，使气温升高。

2）湿度

空气的干湿程度称为湿度。作业环境中湿度同气温一样，主要取决于大气湿度。作业环境的湿度常用相对湿度表示，相对湿度在70%以上称为高气湿，低于30%称为低气湿。高气湿主要是由于水分蒸发与释放蒸汽所至，如纺织、印染、造纸、制革、制丝以及潮湿的矿井、隧道等作业场所。

当无风时，环境以温度16～18℃、湿度45%～60%为宜。冬季感觉舒适的温度为18±3℃，湿度为40%～60%；夏季感觉舒适的温度为21±3℃，湿度为45%～65%。

3）气流速度

空气流动的速度称为气流速度。作业环境中的气流除受外界风力的影响外，还与作业场所热源有关。因为气流是在温度差形成的热压力作用下产生的，热源使空气加热而上升，室外的冷空气从门窗和下部缝隙进入室内，造成空气对流。气流速度以m/s表示。在舒适温度范围内，人感到空气新鲜的平均气流速度为0.15m/s。

4）热辐射

物体在绝对温度大于0K时的辐射能量，称为热辐射。太阳及作业场所中的各热源，如熔炉、开放火焰、熔化的金属、被加热的材料等热源均能产生大量的热辐射。它们是一种红外辐射。红外辐射不能直接加热空气，但能使周围的物体加热。当周围物体表面温度高于人体表面温度时，周围物体向人体辐射热而使人体受热，称为正辐射。相反，当周围物体表面温度低于人体表面温度时，人体表面则向周围物体辐射散热，称为负辐射。热辐射强度通常以每平方厘米每分钟被照射的表面所受到的热量(J)表示，即J/(cm^2·min)。

5）有效温度

有效温度(ET)是将气温、湿度、气流速度和热辐射对人的综合作用所产生的主观热感觉指标，用一个单一的温度尺度来量度。若已知干球温度、湿球温度、相对温度和水蒸气分压力等参数中的任意两个，便可通过图6-2求得有效温度。

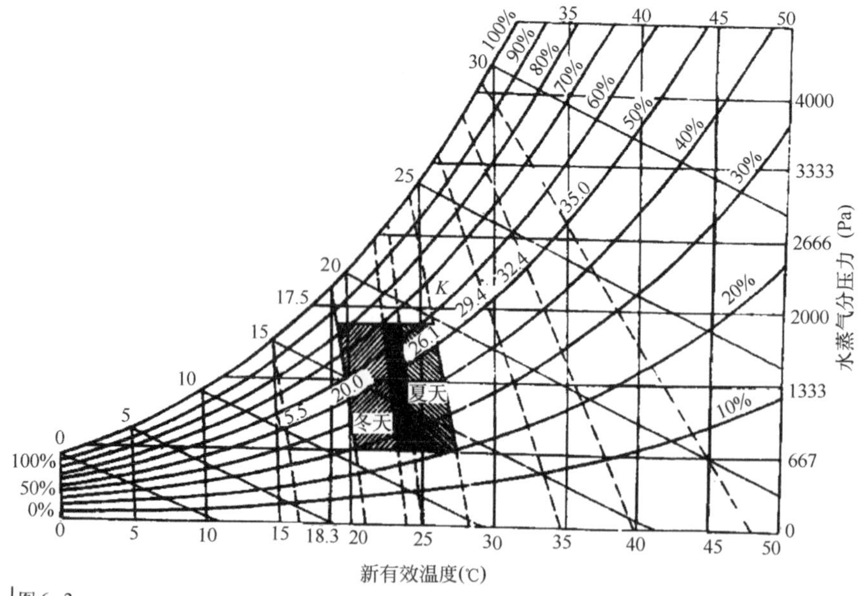

图6-2
湿空气的有效温度

图中左中部曲线上标有湿球温度值，不同的湿球温度值由不同的斜线表示；图中的虚线为有效温度（单位为℃）线。有效温度线与相对湿度100%线的交点为有效温度（ET）值，而与相对湿度50%线的交点的横坐标的值为“新有效温度”（ET）值。

若已知干球温度为25℃，水蒸气分压力为2000Pa，则可在图中找到一个交点K。由图查得K点的其他参数为：相对湿度64%，湿球温度20℃，露点温度（沿2000Pa水平线向左，找到与相对湿度100%线的交点）17.5℃。通过K点做一条代表某一有效温度的虚斜线。从该虚线与相对湿度100%曲线的交点读到有效温度（ET）为24℃，而该虚线与相对湿度50%曲线的交点的水平坐标值为新有效温度（ET），读数为25.5℃。新有效温度（ET）是修正后的有效温度。图中阴影区是经试验确定的舒适区。

6.2.2 人体的热平衡

在正常情况下，人体可在不同气候条件下通过体温调节，保持体内代谢产生的热量和外界环境通过传导、对流、辐射、蒸发等方式进行热交换的热量平衡，使体温保持相对恒定。

人体与环境的热交换关系可用下列热平衡方程式表示：

$$S=M\pm R\pm C-W-E \tag{6-1}$$

式中 S——人体的蓄热状态；

M——人体代谢产生热量；

R——人体皮肤通过辐射与外界环境交换的热量（人体皮肤从外界环境吸收辐射热为正值，反之散出辐射热为负值）；

C——人体皮肤与外界环境通过对流形式所交换的热量（人体皮肤从外界吸收热为正值）；

W——人体对外做功消耗的热量；

E——人体通过皮肤表面汗液蒸发时带走的热量。

显然，当$S=0$时，人体产生和散热相等，人体处于热平衡状态；当$S>0$时，人体产热大于散热，人体热平衡破坏，会导致体温升高；当$S<0$时，人体产热小于散热，会导致体温下降。图6-3为人体热平衡状态图。

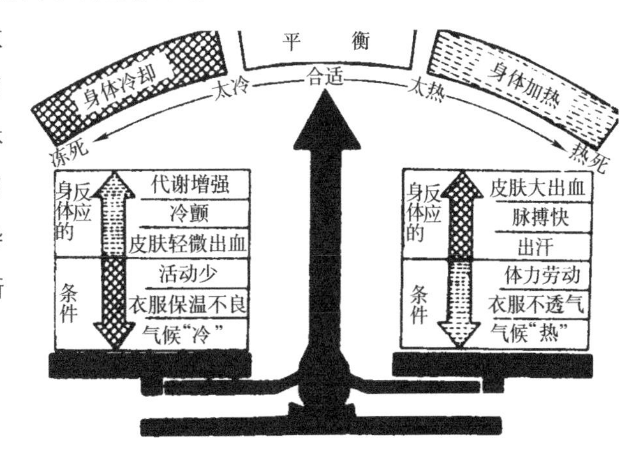

6.2.3 微气候条件对人体、工作和设备的影响

6.2.3.1 舒适的气候条件

人体感觉舒适与否主要决定于气温、湿度和气流速度。此外，还与人的体质、年龄、性别、衣着、适应程度等有重要关系。

1）舒适温度

舒适温度有两种理解，一是指人的主观感到舒适的温度，一是人体生理上的适宜温度。因此，有两种不同的标准。

常用的是以人主观感到舒适的温度作为舒适温度。为此，生理学上对舒适温度规定为：人坐着休息，穿薄衣（相当于1个隔热单位），无强迫热对流（气流速度在4.5m/min），正常地球引力和海平面气压条件下，未经热适应的人感到舒适的温度，定为标准舒适温度。按照这一规定，舒适温度一般处于21±3℃范围内。

影响舒适温度的因素很多，如季节不同舒适温度不同，夏季比冬季高；热带人与寒带人不同，前者稍偏高，后者稍偏低；不同劳动条件、不同衣着、不同性别与年龄等。某些劳动条件下的舒适温度指标如下：

坐姿脑力劳动（办公室、调度室、计算机室等）为18～24℃；

坐姿轻体力劳动（操纵台、仪表安装等）为18～23℃；

立姿轻体力劳动（检查仪表、车工等）为17～22℃；

立姿重体力劳动（木工、沉重零件安装等）为15～21℃；

2）舒适的湿度、气流速度

湿度高于70%称为高气湿，人的皮肤将感到不适；低于30%称为低气湿，人感到口鼻干燥。最适宜的湿度是40%～60%。

舒适的气流速度与场所的用途和室温有关。普通办公室最佳气流速度是0.3m/s；教室、阅览厅、影剧院为0.4m/s。从季节来看，春秋季为0.3～0.4m/s，夏季为0.4～0.5m/s，冬季为0.2～0.4m/s。

我国《采暖通风和空调设计规范》（TJ 9—75）中规定的温度、湿度和风速列于表6-1中。

温度、湿度和风速 **表6-1**

温度(℃)	湿度(%)	允许风速(m/s)
18	40～60	0.20
20	40～60	0.25
22	40～60	0.30
24	40～60	0.40
26	40～60	0.50

6.2.3.2 高、低温环境对人体的影响

1）高温环境对人体的影响

高温作业环境是指具有下列特点的作业：有热源的生产场所中，热源散热率大于83736J/(m^2·h)；工作地点的气温在寒冷地区和一般地区超过32℃，在炎热地区超过35℃；工作地点热辐射强度超过4.186J/(cm^2·min)；或工作地点在温度30℃以上，相对湿度超过80%。

在高温环境中，人体可能出现一系列生理功能改变，如人的脉搏加快、皮肤血管舒张、血流量大大增加（可达平时的7倍之多），形成皮肤温度升高，从而引起直肠温度（直肠温度一般可视为深部体温）上升，导致失盐、失水、头晕、头痛、恶心、极度疲劳等症状出现。温度太高，还会引起虚脱、昏厥乃至死亡。

2）低温环境对人体的影响

与高温环境一样，低温环境同样会使人感到不舒服。一般情况下，18℃以下温度可视为低温，但对人和工作有不利影响的低温，通常是在10℃以下。

人在低温适应初期，皮肤毛细血管收缩，使人体散热量减少、代谢率增高、心率加快、心脏搏出量增加，使人体产热量增加。当产热量小于散热量时，人体热平衡遭到破坏，机体体温下降，神经系统机能处于抑制状态，心率随之减慢，心脏搏出量减少。人体长期处于低温环境中，还会导致循环心量、白细胞、血小板减少、血糖降低、血管痉挛、营养障碍等症状。若深部体温降至30℃时，全身剧痛，意识模糊；降至27℃以下时，可导致死亡。

表6-2列出在不同温度环境下的主诉症状和生理反应。

不同温度环境的主诉症状和生理反应 　　表6-2

温度(℃)	后果	主诉可耐时间	主诉症状	生理反应
120	烧伤	1s～1min	痛	极限负荷
95}灼热	虚脱	1min～1h	头晕	—
50	疲惫	1h～1d	疲惫	血管舒张和出汗
21	舒适	无限	无	—
-7	疲惫	1d～1h	冷的感觉	寒颤
5(水中)	冻僵	1h～1min	冻僵	寒颤
-55	昏迷	1min～1s	痛	极限负荷

6.2.3.3 高、低温环境对工作的影响

1）高温环境对工作的影响

在作业环境中，随着气温的增高，人的工作效率明显降低，图6-4是对铲土工人做的实验结果。

脑力劳动对温度的反应更敏感。当有效温度达到29.5℃时，脑力劳动的工作效率就开始下降。图6-5是两位学者的实验结果。

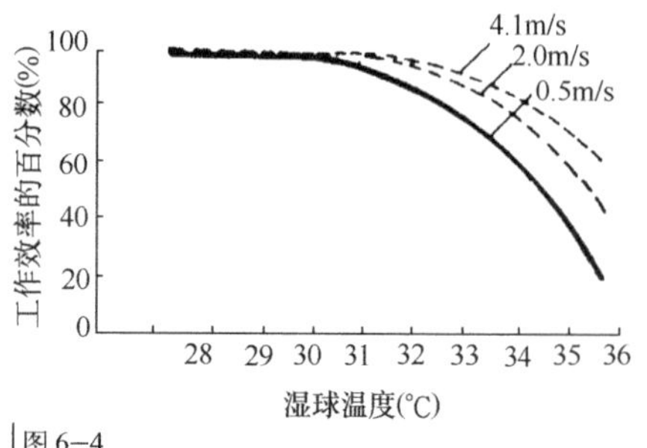

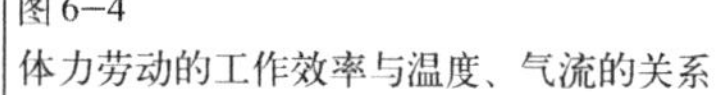
图 6–4
体力劳动的工作效率与温度、气流的关系

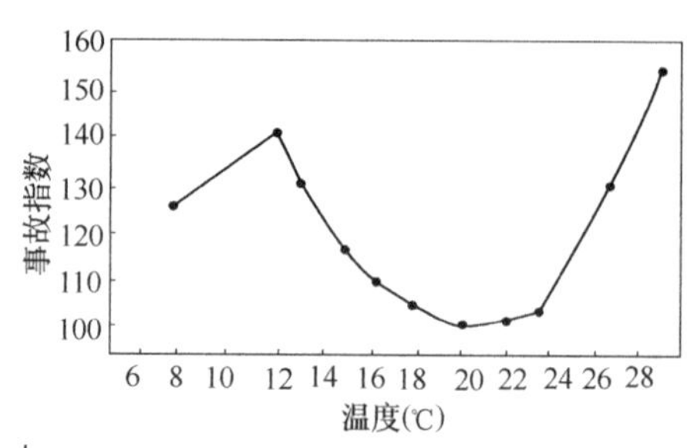

图 6–5
脑力劳动工作效率与温度和时间的关系

另外，温度的变化对人机系统的安全有很大影响。图6–6表示作业环境温度和事故的关系。从图中可看出，当温度在17～23℃时，事故发生的频率低；在此范围以下，事故频率增加；在此范围以上，事故频率明显增加。

2）低温环境对工作的影响

在低温下所消耗的体力要比常温环境下高。工作效率仅在劳动所产生的热量不足以保持体温时才起变化。

低温环境条件下，首先感到不适的是手、脚、腿和胳膊，以及暴露部分——耳、鼻、脸。当手部皮肤温度降至15.5℃以下时，手的柔性和操作灵活性会急剧下降，因此，低温环境也对工作效率和安全性产生不利的影响。Eastman Kodak公司曾实验研究了低温环境对中等难度手工装配作业的影响。在气流速度很小的情况下，以环境温度22℃为参考，取13℃、7℃、2℃和–4℃为实验温度，要求操作者在上述各种温度条件下分别工作30min、45min、60min和90min。实验结果如图6–7所示。实验表明：随着温度的降低，操作灵活性下降；在相同温度条件下，暴露时间越长，操作灵活性越差。更广泛的研究表明，当环境温度（干球温度）为7℃时，手工作业的效率仅为最舒适温度时的80%。

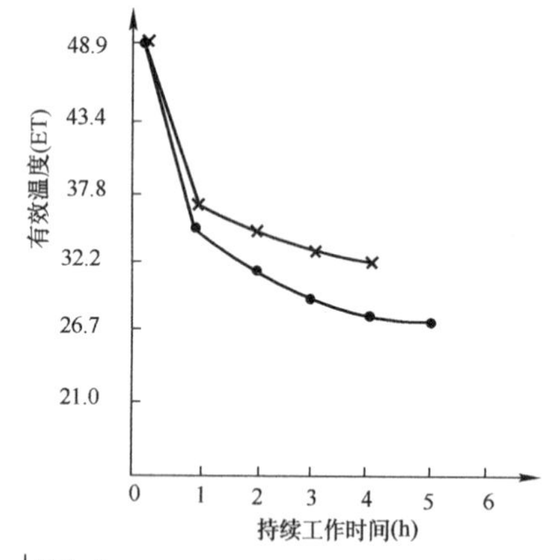

图 6–6
作业环境温度与事故的关系

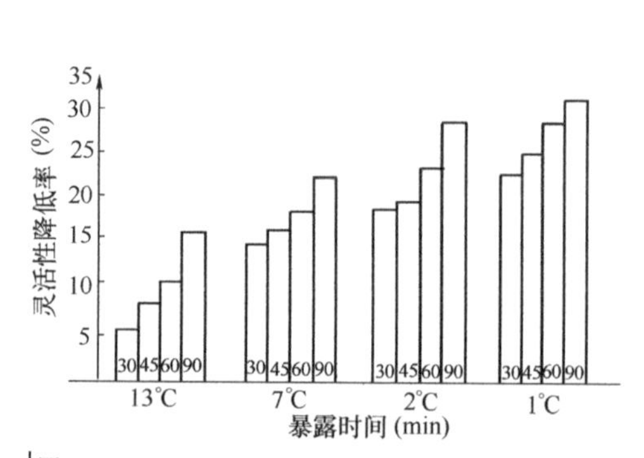

图 6–7
低温环境中作业暴露时间与手灵活性的关系

6.2.3.4 微气候对材料的影响

微气候除了对人和工作有影响外，温度和湿度对机器、材料都有一定的影响。

1）温度对材料的影响

材料具有热胀冷缩的性质。各种不同材料其膨胀系数是不一样的，塑料的膨胀系数大于金属。安装在环境温度变化不大场所中的机器、仪器和仪表，以及造型装饰用的塑料元件，只有考虑其膨胀物理效应，才能保证正常工作。

高温不仅引起材料的尺寸、形状变化，而且可导致其内部分子结构改变而使材料改变性能。有些金属材料由于受热会产生局部应力。特别是某些装配的组件，由于膨胀或收缩，使其内部应力进行重新分配，严重时由于变形产生卡死现象或破裂而发生事故。有些金属材料在低温时变脆，容易破裂。

2）温度、湿度对腐蚀的影响

所有金属材料在常温下会缓慢地氧化和腐蚀，这种现象在有水分存在的条件下会加剧。因此，在湿度大的空气中，金属更容易氧化，从而增加腐蚀的可能性。由此可见，在许多情况下腐蚀是不可避免的，而仅仅能减少，如干燥的高温环境，以及采取了抗腐蚀措施的合理设计等。

金属氧化后表面形成氧化膜，失去光泽，表面暗淡，对造型上的装饰物不利。当温度和湿度增加时，这种氧化作用加剧。

金属腐蚀后，就有可能成为事故隐患，因为金属厚度减薄。例如，在标准大气压下，对于钢来讲每年约腐蚀 0.1mm。

最常见的现象是大气腐蚀——生锈。大约80%～90%的生锈归因于大气腐蚀，湿度的存在是大气腐蚀的基本条件。相对湿度增加时，腐蚀加剧。当空气中含有酸性氧化物（导致电化学腐蚀）时，腐蚀作用更为严重。对钢来说，引起腐蚀时湿度临界值为60%～70%。图6–8是空气中含有0.1%的SO_2时，相对湿度对腐蚀率的影响。从图中可知，相对湿度越高，腐蚀率越大。

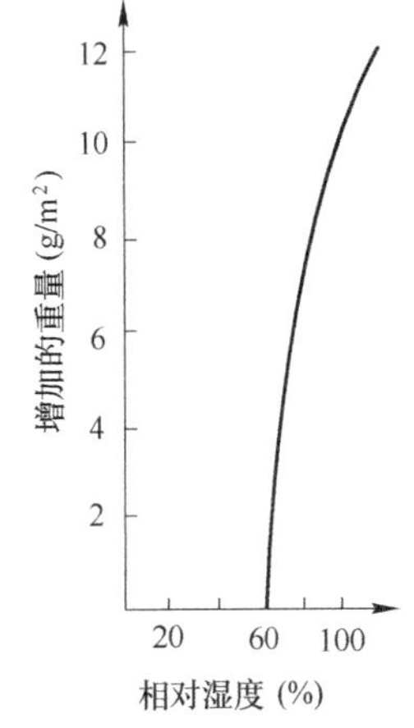

图6–8
空气含有0.1%的SO_2时相对湿度对腐蚀率的影响

6.2.4 微气候的主观评价标准

1）主观评价的依据

微气候对人体影响的主观感觉是评价微气候环境条件的主要指标之一。几乎所有微气候环境评价标准都是在研究人的主观感觉的基础上制订的。通过在不同气温、湿度、气流速度、热辐射、人体温度、皮肤温度、出汗等情况下对众多的劳动者的主观感觉调查，所获得的数据作为评价环境对人体舒适感觉的依据。

2）工作效率不受影响的温度范围

它以保持人的工作效率的温度为限度，确定工作效率不受影响的温度范围。图6–9(*a*)、(*b*)分别为工作效率不受影响的允许温度和温度范围。图6–9(*a*)中1、2、3、4曲线分别为复杂操作效率不受影响的限度、脑力劳动工作效率不受影响的限度、生理可耐限度、出现虚脱危险的限度。图6–9(*b*)中A区为工作效率不受影响的温度范围，B区为生理可耐限度。

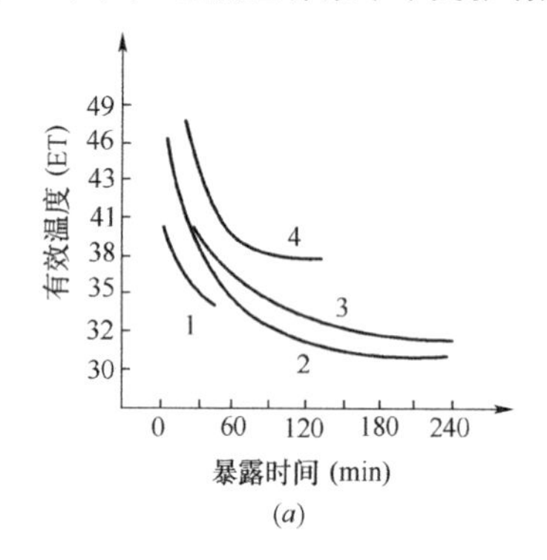

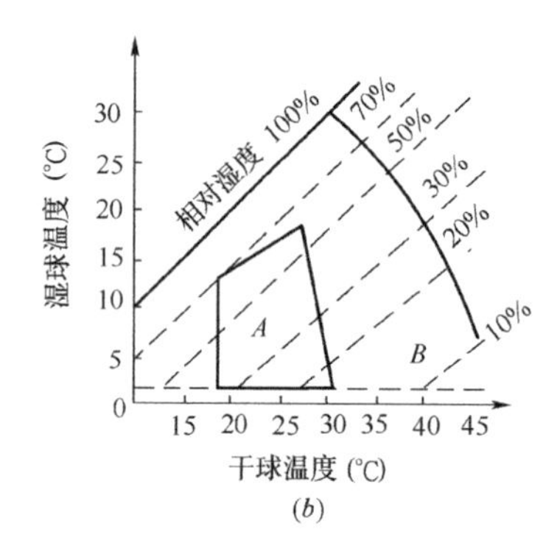

图 6–9
工作效率不受影响的允许温度和温度范围
(*a*)工作效率不受影响的允许温度；(*b*)温度范围

3）我国《工业企业设计卫生标准》

我国《工业企业设计卫生标准》(TJ 36—79)有关气象条件部分，是根据作业性质、劳动强度，以气温为主制订的。在特殊情况下，才有湿度和气流速度的规定。表6–3为工厂车间内作业区的空气温度和湿度标准。

工厂车间内作业区的温度和湿度标准 **表6–3**

车间和作业的特征			冬季		夏季	
			温度(℃)	相对湿度	温度(℃)	相对湿度
主要放散对流热的车间	散热量不大的	轻作业 中等作业 重作业	14～20 12～17 10～15	不规定	不超过室外温度3℃	不规定
	散热量大的	轻作业 中等作业 重作业	16～25 13～22 10～20	不规定	不超过室外温度5℃	不规定
	需要人工调节温度和湿度的	轻作业 中等作业 重作业	20～23 22～25 24～27	≤(80～75)% ≤(70～65)% ≤(60～55)%	31 32 33	≤70% ≤(70～60)% ≤(60～50)%
放散大量辐射热和对流热的车间(辐射强度大于2.5×10^5J/(h·m^2)			8～15	不规定	不超过室外温度5℃	不规定
放散大量湿气的车间	散热量不大的	轻作业 中等作业 重作业	16～20 13～17 10～15	≤80%	不超过室外温度3℃	不规定
	散热量大的	轻作业 中等作业 重作业	18～23 17～21 16～19	≤80%	不超过室外温度5℃	不规定

6.3 照明环境

照明是视觉感知的必要条件。人们与自然界接触中，约有80%以上的信息是通过视觉获得的。照明条件的好坏直接影响视觉获得信息的效率与质量。照明与工作效率、工作质量、安全及人的舒适、视力和身体健康有着重要关系。工作精度越高，机械化自动化程度越高，对照明也相应提出了更高更科学的要求。因此，照明条件是作业环境中的重要因素之一。

6.3.1 光的量度

1）光通量

单位时间内通过某一面积的光辐射能，或光源在单位时间内所辐射的光能称为光通量或光辐射通亮。符号为ϕ，其单位为瓦(W)或流明(lm)。1W等于680lm。

光通量是按照人眼光感觉所度量的光的辐射功率。因此，人眼对光感觉的强弱不仅与光源辐射功率有关，而且也与人眼对该光源辐射波长的视敏度有关。人眼对不同波长的光产生不同的颜色感觉，因此，也具有不同的视敏度。国际上把波长555nm的黄绿光(光的主观感觉最亮)的感觉量定为1，其他波长的感觉量均小于1。图6-10是国际照明委员会绘制的相对视敏函数(K_λ)曲线，其值随波长而改变。

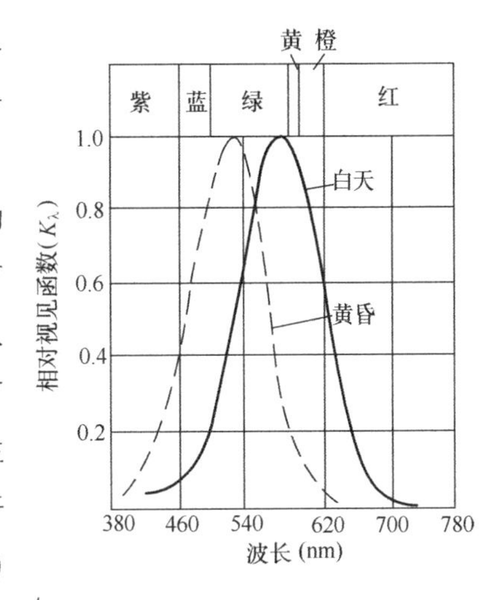

图6-10
光谱相对视敏函数

2）发光强度

光源在单位立体角内发出的光通量称为发光强度，简称光强，符号为I，其单位为坎德拉(cd)。它与光通量的关系如下：

$$I=\phi/\Omega \tag{6-2}$$

式中 I——发光强度(d)；

ϕ——光通量(lm)；

Ω——立体角(球面度，sr)。

3）照度

光通量与被照射表面面积之比称为照度，符号为E，单位为勒克司(lx)，其定义为：在1m^2的面积上均匀照射1lm的光通量，则照度为1lx。

被照表面与光源在空间的几何关系对照度有很大影响。若光源发生的光线与被照表面的法线间有一夹角α，则照度的计算公式为：

$$E=I\cos\alpha/r^2 \tag{6-3}$$

式中　I——光源的光强度(cd)；

α——光线在被照表面上的入射角(°)；

r——光源至被照表面的距离(m)。

4）亮度

亮度是指发光面在指定方向的发光强度与发光面在垂直于所取方向的平面上的投影之比，符号为L，单位为熙提(sb或cd/m^2)。它与光强度的关系如下：

$$L=I/S' \quad (6-4)$$

式中　I——发光强度(cd)；

S'——发光面积(m^2)；

6.3.2　照明环境对工作的影响

良好的照明环境可降低作业者的视觉疲劳，提高工作效率，减少差错率和事故发生。

1）照明对工作效率的影响

照明对工作的影响表现在能否使视觉系统功能得到充分发挥。良好的照明条件可以改善人的视觉条件(生理因素)和视觉环境(心理因素)以达到提高工作效率的目的。

人眼能适应10^{-3}～10^5lx的照度范围。人的活动、警觉和注意力可以通过提高照度而得到加强。实验表明，照度从10lx增加到1000lx时，视力可提高70%。视力不仅受注视目标亮度的影响，还与背景亮度有关。当背景亮度与目标亮度相等，或背景稍暗时，人的视力最好，反之，则视力下降。

在照明条件差的情况下，作业者长时间反复辨认目标，会引起眼睛疲劳、视力下降，严重时会导致全身性疲劳。眼睛疲劳的自觉症状有眼球干涩、怕光、眼痛、视力模糊、眼球充血、产生眼屎和流泪等。图6–11为生产率、视觉疲劳与照度的关系。

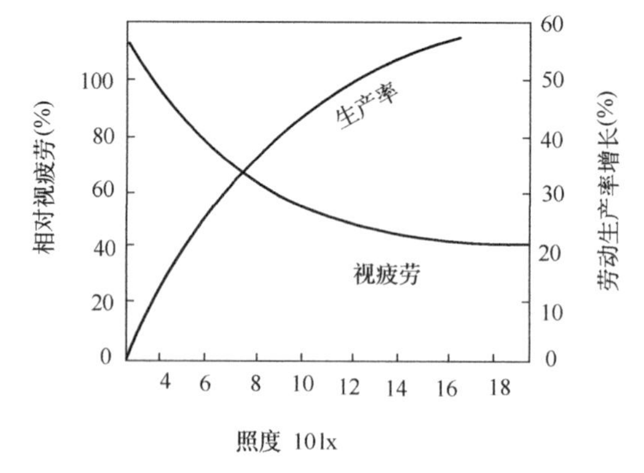

图6–11
生产率、视觉疲劳与照度关系

表6–4是日本照明学会关西分会就改善照明的效果的调查结果。

2）照明对安全的影响

人在作业环境中进行生产活动，主要是通过视觉对外界的情况作出判断而行动的。若作业环境照明条件差，操作者就不能清晰地看到周围的东西和目标，容易接受错误的信息，从而在操作时产生差错而导致事故发生。图6–12是照明与事故发生率的关系。图6–12(a)是因改善照

改善照明所产生的效果的实例 表6-4

工种		照度(lx)		改善效果(%)	
		改善前	改善后		
(1) 合成纤维精纺室		160	230	○产量增加	0.08
(2) 机械厂	机械加工	40	180	○产值增加 ○工作损失费减少	4.2 7.9
	机械装配	30	170	○产值增加 ○工作损失费减少	12.2 1.3
(3)自动售货机的零件制造		150～300	250～500	○提高生产率 ○有关差错减少 ○工伤事故减少	9.5 5.0 66.6
(4) 机械用仪表厂		100	300	○产量提高 ○出勤率提高	15.0 30.0
(5) 电度表组装、修理、检查		旧工厂 平均 430	新工厂 平均 720	○生产件数增加 ○不合格率减少 ○出勤率提高	8.2 3.0 2.8

明和粉刷作业场所减少事故发生率的统计资料。从图中看出，仅改善照明一项，现场事故就减少了32%，全厂事故减少了16.5%；若改善照明并粉刷现场，则事故减少43%，全厂为36.5%。图6-12(*b*)表示仅照度由50lx提高到200lx时，工伤事故率、差错率、缺勤率的降低情况。

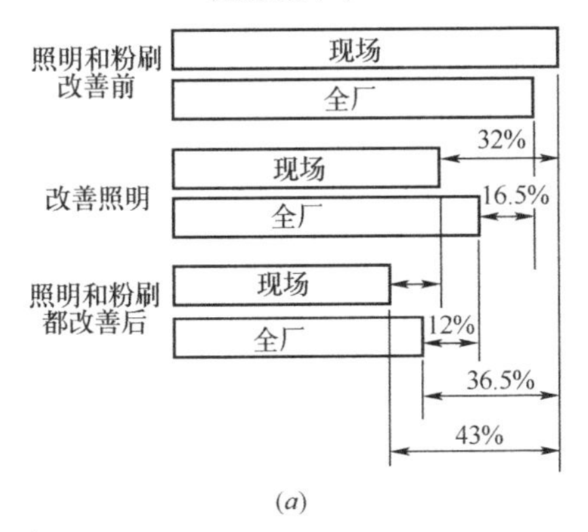

(*a*)

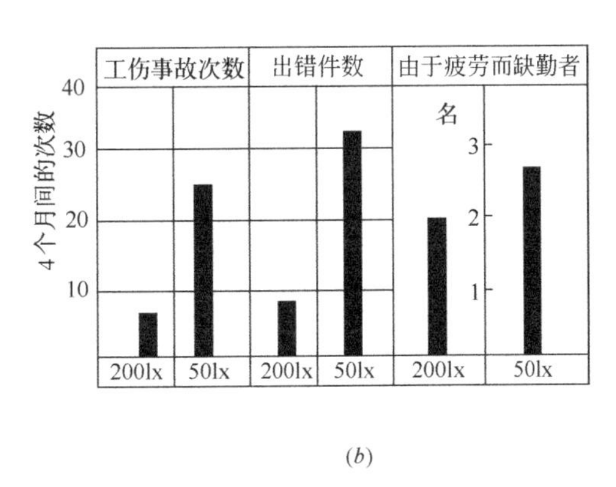

(*b*)

图6-12
照明与事故发生率的关系

6.3.3 对照明环境的要求

创造一个舒适良好的照明环境，就是要恰当地规定视野范围内的亮度和消除耀眼的眩光。

作业中的照明有两种，即自然光（天然采光）和人工光（人工照明）。自然光质量好、照度大、光线均匀，在可能条件下应尽量采用自然光照明。实现良好照明环境的要求可概括为两点：适宜的照度和好的光线质量。

6.3.3.1 适宜的照度

自然光对生产操作是有利的，因为光线质量好、经济且照度大，室外的照度高达4500lx。但自然光照射下的照度和日照时间是随季节变化的，一日之中，也随时间的推移而变化。表6-5所示为几种环境中自然光的照度。然而，人们的作业时间是固定的。在作业时间内，最好根据作业种类保持最低照度，并维持在不发生视觉疲劳的程度上。但是，在阴雨天要达到这个最低照度是困难的。通常是尽可能地多采光，当作业面照度不足时，再用人工照明补充。《工业企业照明设计标准》（TJ 34—79）规定，生产车间工作面上的采光系数最低值不应低于表6-6规定的数值。

几种环境中自然光的照度　　表6-5

环境条件	黑　夜	月　夜	阴天室外	晴天室内	读书需要的照度
照度(lx)	0.001～0.02	0.02～0.2	50～500	100～10000	50

生产车间工作面上的采光系数最低值　　表6-6

采光等级	视觉工作分类		室内天然光照度最低值(1x)	采光系数最低值(%)
	工作精确度	识别对象的最小尺寸d(mm)		
I	特别精细工作	$d \leqslant 0.15$	250	5
II	很精细工作	$0.15 < d \leqslant 0.3$	150	3
IV	精细工作	$0.3 < d \leqslant 1.0$	100	2
V	一般工作	$1.0 < d \leqslant 5.0$	50	1
VI	粗糙工作	$d > 5.0$	25	0.5

注：采光系数最低值是根据室外临界照度为5000lx制定的。如采用其他室外临界照度值，采光系数最低值应作相应的调整。

表6-7是《工业企业照明设计标准》中规定的生产车间工作面上的最低照度。标准中还指出，凡符合下列条件之一及以上时，均宜将表中的有关最低照度值按规定的照度系列分级（为2500、1500、1000、750、500、300、200、150、100、75、50、30、20、10、5、3、2、1、0.5、0.2lx）提高一级，即：

1）对I～V等的工作，当眼睛至识别目标的距离大于500mm时；

2）连续长时间紧张的视觉工作，对视觉器官有不良影响时；

3）识别目标在活动的面上，识别时间短促而辨认困难时；

4）工作需要特别注意操作安全时；

5）在深背景条件下，必须提高照度才能满足视觉工作要求时。

生产车间工作面上的最低照度　　表6–7

识别对象的最小尺寸d(mm)	视觉工作分类		亮度对比	最低照度(lx)	
	等	级		混合照明	一般照明
$d \leqslant 0.15$	Ⅰ	甲 乙	小 大	1500 1000	—
$0.15 < d \leqslant 0.3$	Ⅱ	甲 乙	小 大	750 500	200 150
$0.3 < d \leqslant 0.6$	Ⅲ	甲 乙	小 大	500 300	150 100
$1 < d \leqslant 1.0$	Ⅳ	甲 乙	小 大	300 200	100 75
$1 < d \leqslant 2$	Ⅴ	—	—	150	50
$2 < d \leqslant 5$	Ⅵ	—	—	—	30
$d > 5$	Ⅶ	—	—	—	20
一般观察生产过程	Ⅷ	—	—	—	10
大件贮存	Ⅸ	—	—	—	5
有自行发光材料的车间	Ⅹ	—	—	—	30

注：1. 照明的最低照度一般是指距墙1m(小面积房间为0.5m)、距地为0.8m的假定工作面上的最低照度。

2. 混合照明的最低照度是指实际工作面上的最低照度。

3. 一般照明是指单独使用的一般照明。

6.3.3.2 光的质量

光的质量是指光的稳定性、均匀性、光色效果和是否有眩光等。

1）光的稳定性和均匀性

光的稳定性是指在设计的光强度内照度应保持稳定，不产生波动和频闪。光的均匀性是指照度和亮度在某一作业范围内相差不大，分布均匀适度。

① 照度均匀　作业空间的照度均匀或比较均匀的标志是：某一作业范围最大、最小照度与平均照度之差分别小于平均照度的1/3。

$$A_u = \frac{\text{最大照度}-\text{平均照度}}{\text{平均照度}} \text{ 或 } \frac{\text{平均照度}-\text{最小照度}}{\text{平均照度}} \leqslant 1/3 \qquad (6\text{–}5)$$

合理布置灯具是解决照度均匀的主要方法。边行灯具至车间边的距离，应该保持在$L/2 \sim L/3$之间（L为灯具的距离）。如果车间内（特别是墙纸、顶棚）的反射系数太低时，上述距离可减小到$L/3$以下。

对于一般工作面，有效面积为30～40cm^2，其照度差异应不大于10%。

② 亮度分布　亮度分布适当将使人感到愉快，动作活跃。当工作面明亮，周围空

间较暗时，人的动作变得稳定、缓慢。如果周围空间很昏暗时，作业者在心理上会有不愉快的感觉。但是，作业空间的亮度过于均匀也不好，工作对象和周围环境存在着不必要的反应，柔和的阴影会使人心理上产生立体感。亮度分布可通过规定室内各表面适宜的反射系数范围，以组成适当的照度分布来实现，室内各表面反射率的推荐值见表6-8所示。

室内反射率的推荐值 **表6-8**

室 内 表 面	反射率的推荐值(%)
顶棚	80～90
墙壁(平均值)	40～60
机器设备、工作桌(台)	25～45
地面	20～40

室内亮度对比最大允许限度推荐值如表6-9所示。室内视野内的观察目标，工作面和周围环境的最佳亮度比为5：2：1，最大允许亮度比为3：1：1/3。如果房间内的照度不超过150～300lx时，视野内的亮度差别对视觉工作影响不大。

亮度对比最大值 **表6-9**

室 内 条 件	办公室	车间
工作对象与其相邻近的周围之间(如书或机器与其周围之间)	3：1	3：1
工作对象与其离开较远处之间(如书与地面、机器与墙面之间)	5：1	10：1
照明器或窗与其附近周围之间		20：1
在视野中的任何位置		40：1

2）避免眩光

当视野内出现亮度过高或对比度过大时，产生的刺眼和耀眼的强烈光线称为眩光。眩光按产生原因可分为直接眩光、反射眩光和对比眩光三种。直接眩光是由强烈光源直接照射引起的。直接眩光效应与光源位置有关，如图6-13所示。反射眩光是强光照射在过于光亮的表面(电镀抛光表面)后反射到人眼造成的。对比眩光是由被视目标与背景明暗相差太大造成的。

眩光视觉效应的危害主要是破坏视觉的暗适应，产生视觉后像，使视功能下降，影响视觉作业效率；还造成视觉疲劳，视力下降，严重的眩光可使人暂时失明。有研究表明，做精细工作时，眩光在20min内就可使差错率明显上升，使作业效率下降。不同位置的眩光源对视觉效率的影响如图6-14所示。

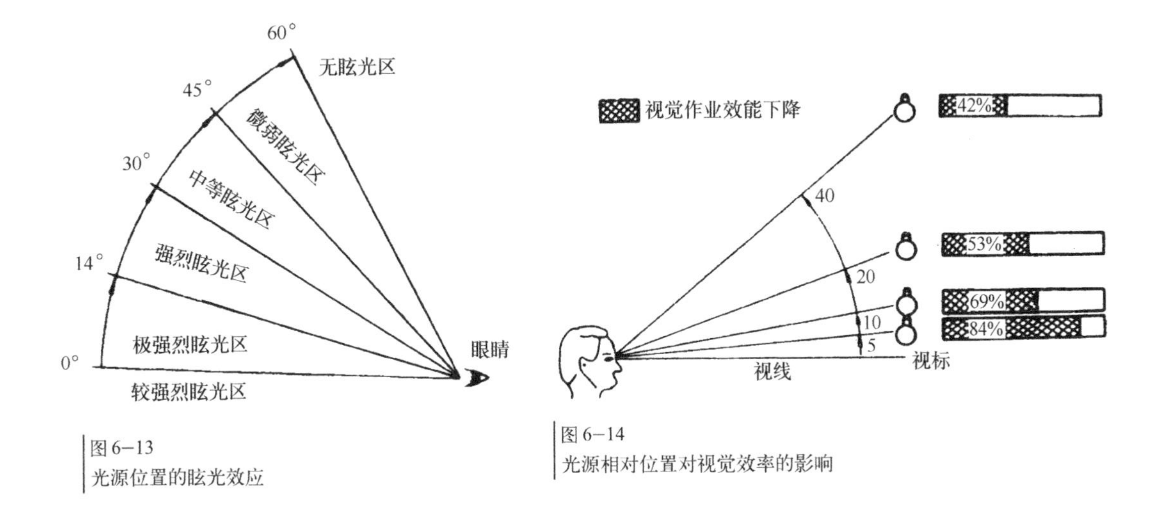

图6-13
光源位置的眩光效应

图6-14
光源相对位置对视觉效率的影响

防止和控制眩光效应的措施如下。

① 限制光源亮度　当光源亮度大于60sb时，无论亮度对比如何，都会产生严重的眩光。对于白炽灯灯丝亮度达300sb以上，应考虑玻璃壳内表面磨砂，或在其内表面涂以白色无机粉末，以提高光的漫性能，使灯光柔和，或用几个低照度灯具代替一个大的高照度的灯具。

② 合理布置光源　尽可能将光源布置在视线外的微弱刺激区，如采用适当的悬挂高度，使光源在视线45°范围以上。也可采用不透明塑料将眩光源挡住，使灯罩边沿至灯丝连线与水平线构成一定的角度。该角度以45°为宜，至少不应小于30°。

③ 使光线转为散射　使光线经灯罩或顶棚、墙壁漫射到工作空间。

④ 避免反射眩光　对反射眩光，可通过改变光源与工作面的位置，使反射眩光不处于视线内。也可通过改变反射物表面材质和涂色降低反射系数，避免反射眩光。

⑤ 适当提高环境亮度　使物体亮度与背景亮度的对比减少，防止对比眩光产生。

3）选择光源

① 光色效果　人眼对不同颜色（波长）光谱的敏感度是不同的。平常机器设备和家具的色彩是在自然光源（日光）照明下呈现的。各种光源都有固有的颜色。因此，用人工光源照明时，机器设备和家具的色彩就会有所不同，如同人戴上有色眼镜看东西一样，要产生色变。表6-10是不同光照色下物体色产生的变化。

物体色与光照色的关系　　**表6-10**

物体的颜色	光照的颜色			
	红	黄	天蓝	绿
白	淡 红	淡 黄	淡 蓝	淡 绿
黑	红 黑	橙 红	蓝 黑	绿 黑

续表

物体的颜色	光照的颜色			
	红	黄	天蓝	绿
红	灿 红	亮 红	深蓝红	黄 红
黄	红 橙	灿淡橙	淡红棕	淡绿黄
天蓝	红 蓝	淡红蓝	亮 蓝	绿 蓝
蓝	深红紫	淡红紫	灿 蓝	深绿蓝
棕	棕 红	棕 橙	蓝 棕	深橄榄棕

光照的这种性质是由光的色表和显色性决定的。色表是光源所呈现的颜色，如太阳光呈白色，荧光灯呈日光色，荧光高压汞灯呈蓝绿色等。当不同光源照射到同一种颜色的物体上时，该物体将呈现真实程度不同的颜色，有的失真，有的不失真，这种现象称光的显色性。显色性用显色指数表征，以显色性最好的日光为标准，定其显色指数为100，其他光源的显色指数均小于100。常用的光源的显色指数如表6-11所示。

常用光源的显色指数　　表6-11

光　　源	显色指数	光　　源	显色指数
白炽灯	97	金属卤化物灯	53～72
氙　　灯	95～97	高压汞灯	22～51
日光色荧光灯	75～94	高压钠灯	29
白色荧光灯	55～85		

② 光色效果及其心理效果　在照明颜色问题中，颜色调和是一个重要而复杂的问题。颜色调和对于舒适感关系很大，应当给予重视。如色温，是指与这一光源的光谱相等或相近的完全辐射体(黑体)加热到温度Tc时发出的光谱，其单位是绝对温度(K)。这种光色与辐射体温度之间的对应关系，使人反映出在色的冷暖感的变化，见表6-12。

色 温 及 其 感 觉　　表6-12

色温(K)	色感觉
>5000	凉爽(冷)
3300～5000	中间
<3300	温暖

另外，对照度和色温有表6-13所示的关系。表6-14是不同人工光源照明时对色彩的影响。

照度和色温的一般感觉 表6–13

照度(lx)	对光源色的感觉		
	暖	中间	冷
≤500	愉快	中间	冷
500～1000	↑	↑	↑
1000～2000	刺激	愉快	中间
2000～3000	↓	↓	↓
≥3000	不自然	刺激	愉快

不同人工光源对色彩的影响 表6–14

色　彩	冷光荧光灯	3500CK白光荧光灯	柔白光荧光灯	白炽灯
	对色彩的影响			
暖色系的色(红、橙、黄)	能把暖色冲淡，或使之带灰	能使暖色暗淡，使浅淡的色彩及淡黄色稍带黄绿色	能使鲜艳的色彩(暖色或冷色)更为有力	加重所有暖色，使之更鲜明
冷色系的色(蓝、绿、黄绿)	能使冷色中的黄色及绿色成分加重	能使冷色带灰，并使冷色中的绿色成分加重	能使浅色彩和浅蓝、浅绿等冲淡，使蓝色及紫色罩上一层粉红色	使一切淡色、冷色暗淡及带灰

综上所述，照明对色彩有很大的影响，所以各种机电产品和日用产品的色彩设计、室内配色等，都应考虑照明光源的色表和显色性这一特性，使产品造型设计色彩不因光源不同而失真，以实现预期的配色效果。

6.4 噪声环境

凡是使人感到烦恼或不需要的声音称为噪声。噪声是当代世界三个主要污染之一。它不仅干扰人们的工作和休息，而且还会危害人身健康。因此，研究作业环境中噪声对人身和工作效率的影响，设计一个良好的声环境是人机工程设计中的一项重要的任务。

6.4.1 噪声的基本概念

6.4.1.1 噪声的物理量度

噪声是声音的一种。它具有声波的一切特性。对噪声的量度，主要有强弱的量度和频谱的分析。

1）声压与声压级

声压是声压通过传播媒质时产生的压强，以P表示，单位为Pa。由于声压随时间迅速起伏变化，人耳感受到的实际效果只是迅速变化的声压的某一时平均结果，叫有效声压。在实际测量中得到的声压为其有效声压。

正常人耳刚刚能听到的声压（听阈声压）是2×10^{-5}Pa。普通人们谈话声的声压约为$2\times10^{-2}\sim7\times10^{-2}$Pa。人耳生产疼痛的声音的声压（痛阈声压）是20Pa。从听阈声压到痛阈声压，具有$10^{-5}\sim10$Pa的压力范围，即最强的到最弱的可听声压之比约为10^6，相差百万倍。由于此范围太大，用声压来衡量声音的强弱是很不方便的，于是便引出一个成倍比例关系的对数量——级，来表示声音的强弱，即声压级。声压级的单位是分贝（dB）。它的数学表达式为：

$$L_P=20\lg\frac{P}{P_0} \qquad (6-6)$$

式中　L_p——声压级（dB）；

P——声压（Pa）；

P_0——基准声压，为2×10^{-5}Pa，是1000Hz的听阈声压。

表6-15给出一些噪声声源的声压、声压级的数据。

一些噪声声源或噪声环境的声压和声压级　　表6-15

噪声源或噪声环境	声压(Pa)	声压级(dB)
喷气式飞机喷口附近	630	150
喷气式飞机附近	200	140
铆钉机附近	63	130
大型球磨机附近	20	120
鼓风机进口	6.3	110
织布车间	2	100
地铁	0.63	90
公共汽车内	0.2	30
繁华街道	0.063	70
普通谈话	0.02	60
微电机附近	0.0063	50
安静房间	0.002	40
轻声耳语	0.00063	30
树叶沙沙声	0.0002	20
农村静夜	0.000063	10
听阈	0.00002	0

2）声强与声强级

在垂直于声波传播方向上，单位时间内通过单位面积的声能量称为声强，以I表示，其单位为W/m^2。

听阈声强是$10^{-12}W/m^2$，痛阈声强是$1W/m^2$。从听阈到痛阈的声强差$10^{-12}W/m^2$，相差亿万倍。与声压一样，用声强级表示，其单位也是dB。声强级的数学表达式为：

$$L_I=10\lg\frac{I}{I_0} \qquad (6-7)$$

式中 L_I——声强级（dB）；

I——声强（W/m^2）；

I_0——基准声强，为$10^{-12}W/m^2$。

3）声功率与声功率级

声源在单位时间内发射的总声能量称为声功率，以W表示，单位是W＝1N · m/s。

声功率的变化范围很广，与声强一样，听阈声功率是10^{-12}W，痛阈声功率是1W，相差亿万倍。声功率级的数学表达式为：

$$L_W=10\lg\frac{W}{W_0} \tag{6-8}$$

式中 L_W——声强率级（dB）；

W——声功率（W）；

W_0——基准声功率，为10^{-12}W。

从上式可以看出，对于同一声音，它的声功率级与声强级是相同的。

4）噪声频谱

音乐有高、低之分，噪声有尖啸的，也有沉闷的。声振动的快慢决定声调的高低。振动快，声调高；振动慢，声调低。一般正常人的可听声的频率范围为20～20000Hz。噪声是声音的一种，其频率范围对人耳来说也是在上述范围内。

各种机器的噪声都不是一个频率。它们是无数频率声音的结合，有低频也有高频。有的机器高频率声音多一些，听起来刺耳，如电锯、铆枪等；有的机器低频率的声音多一些，听起来沉闷，如空气压缩机、内燃机以及小汽车的噪声。有的机器较为均匀地辐射从低频到高频的噪声，如纺织噪声，这种噪声称为宽带噪声。表6–16给出倍频程中心频率及频率范围。

倍频程中心频率及频率范围 表6–16

中心频率（Hz）	31.5	63	125	250	500	1000	2000	4000	8000	16000
频率范围（Hz）	22.4～45	45～90	90～180	180～355	355～710	710～1400	1400～2800	2800～5600	5600～11200	11200～22400

6.4.1.2 噪声的主观量度

人耳对声音的感觉不仅与声压有关，而且与频率有关，对高频声音感觉灵敏，对低频声音感觉迟钝。声压级相同而频率不同的声音，听起来可能不一样。因此，噪声的物理量度并不能表征人身对声音的主观感觉。因此，在一定程度上，对噪声的主观评价比噪声的客观评价更为重要。

1）响度级与响度

① 响度级　它是表示声音响度的量。它是把声压级和频率用一个单位统一起来，既考虑声音的物理效应，又考虑声音对人耳的生理效应，是人们对噪声的主观评价的基本量之一。以1000Hz的纯音作为标准参考纯音，其他频率的纯音和1000Hz纯音相比较，调整1000Hz纯音的声压级，使它和所研究的纯音听起来一样响，则这个1000Hz纯音的声压级就是纯音的响度级，用Ls表示，单位为方(phon)。使如一个声音听起来和声压级为80dB、频率为100Hz的标准纯音一样响，则这个声音的响度就是80(phon)。

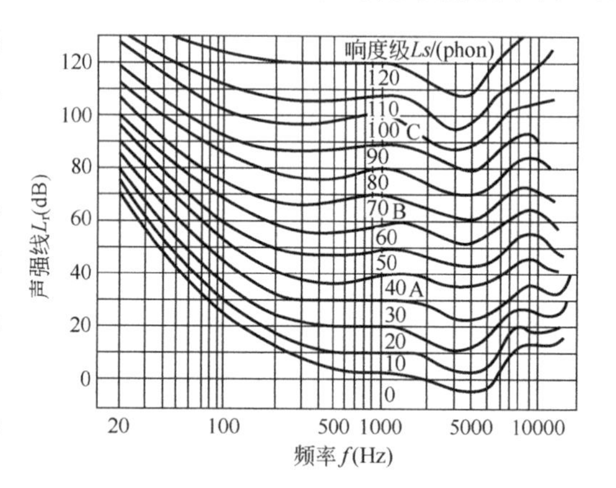

图6-15
等响曲线图

利用与基准声音比较的方法，可以得到整个可听频率范围内的纯音的响度级，这就是等响曲线(图6-15)。图中每一条曲线都是由不同声压级、不同频率。但具有相同响度级的声音对应点组成的连线。图中各等值曲线上的数字表示声音的响度级v。图中最下面一条曲线是听阈曲线(0phon)，最上面一条曲线是痛阈曲线(120phon)。

从等响曲线上可以看出，人耳对2000～5000Hz的声音最为敏感。例如，同样是80phon的响度级，对于1000Hz的声音，其声压级是80dB，而对3000～4000Hz的声音，其声压级是70dB，对于20Hz的声音，其声压要达到113dB时才能同样响。

② 响度　响度级是一个相对量，有时需要把它化为自然数，即用绝对值来表示。这就引用一个响度，用S表示，单位为sone，40phon为1sone，50phon为2sone，60phon为4sone，70phon为8sone……即响度每改变10phon，其响度级改变1倍，其计算式如下：

$$S=2^{(ls-40)/10} \tag{6-9}$$

$$或\quad Ls=40+10\lg_{2}S$$

式中　S——响度(sone)；

　Ls——响度级(phon)。

2）计权声级

人们对声强弱的主观感受可用响度描述，但其测量和计算都十分复杂。为了使测量的声压值能够直接近似地代表人耳对于声音响度的感觉，在等响曲线中选择了40phon、70phon和100phon的三条曲线，分别代表低声压和高声压的响度感觉。在声级计中相应设置了40phon、70phon、100phon三个计权网络，分别对应于倒置的等响曲线。

A计权网络对高频敏感，对低频不敏感，这正与人耳对噪声的主观感觉一致。把A计权网络测得的噪声声级称为A声级，记为dB(A)。由于A声级能较好地反映人耳对噪声的多频率响应，因此，在很多噪声评价中采用A声级或以A声级为基础的噪声评价参数。若用B或C计权网络测量则分别用dB(B)或dB(C)来表示。

从图中6−15可看出，C计权网络在50～5000Hz范围内是平直的，所以在这一频率范围内的噪声分量均可无衰减地进入仪器的读数中。因此，C计权可代表总声压级。

3）等效连续A声级

稳态噪声可用A声级评价。但当噪声的幅值随时间变化较大，或间歇暴露在几个不同的A声级时，就要用统计分析来描述。等效连续A声级就是在声场中某一定点位置上，用某一段时间内能量平均的方法，将间歇暴露的几个不同的A声级噪声，以一个A声级表示的该段时间内的噪声大小。这个声级即为等效连续A声级，单位仍是dB(A)。

等效连续声级可用下式表示：

$$L_{eq}=10\lg\left(\frac{1}{T}\right)\int_0^T 10^{0.1L_A}dt \qquad (6-10)$$

式中 L_{eq}——等效连续A声级[dB(A)]；

T——测量时间间隔，可取任意值；

L_A——瞬时声级[dB(A)]。

一般实际测量时不连续的，或将测量的值离散成个等分，则

$$L_{eq}\approx 10\lg\left[\frac{1}{T}\sum_{i=1}^{n} 10^{0.1L_{Ai}}\Delta t_i\right] \qquad (6-11)$$

式中 T——测量时间，$T=\sum\Delta t_i$

Δt_i——每个L_{Ai}测量的时间间隔；

L_{Ai}——对应于时间间隔Δt_i所测的A声级[dB(A)]。

若测量的时间间隔相等，则上式可以简化为：

$$L_{eq}\approx 10\lg\frac{1}{N}\sum_{i=1}^{n}10^{0.1}\Delta t_i \qquad (6-12)$$

式中 N——测量总次数；其余符号同上。

6.4.2 噪声的危害

人耳所能听到的声音频率一般为20～20000Hz。低于20Hz的次声和高于20000Hz的超声，人耳听不到。

声音强弱的单位是分贝(dB)。对人耳的声级单位以dB(A)表示。大于85dB(A)的噪声就会造成人身的危害。噪声越大，危害越大。噪声危害可归纳为以下几个方面。

6.4.2.1 噪声可使人耳聋

人暴露在噪声环境中，特别是在强噪声环境中工作和生活，时间长了就会听觉能力下降。当听力损失为10dB以下时，可视为听力正常；听力损失为10～30dB以下时，为轻度噪声性耳聋；听力损失40～55dB时为中度噪声性耳聋；听力损失55～70dB时为显著噪声性耳聋；听力损失70～90dB为重度噪声性耳聋。所谓听力损失，是指人耳对接收到的声音的减弱程度。例如对80dB的声音只能接收到60dB，则听力损失即为20dB。

短时间或不是很强烈的噪声引起人耳的功能性病变，即所谓听觉疲劳，经过一定时间可以自行消除。但强噪声引起的人耳器质性病变，就难以恢复而形成听力的永久性损伤。一般地说，如果长期工作和生活在90dB(A)以上的环境中，就可能造成噪声性耳聋。国际标准化组织(ISO)1971年公布的听力损伤者的百分比数如表6–17。

连续噪声的A声级与听力损害百分比的关系 表6–17

连续等级A声级 dB(A)	暴露年数=年龄–18						
	5	10	15	20	25	30	40
≤80	2	3	5	7	10	14	33
85	3	6	10	13	17	22	43
90	6	13	19	23	26	32	54
95	9	20	29	35	39	45	62
100	14	32	42	49	53	58	74
105	20	45	58	65	70	76	87
110	28	58	76	85	88	91	95
115	38	74	88	94	94	95	97

噪声性耳聋与噪声的频率和强度有关。频率越高，强度越大时，越容易引起噪声性耳聋。突然暴露在极其强烈的噪声下[如高达150dB(A)]时，听觉器官会发生急性外伤，引起鼓膜破裂等现象，成为暴露性耳聋。这时两耳完全失去听觉。

6.4.2.2 噪声引起多种疾病

噪声在85dB(A)以下时，对人的生理作用不明显。90dB(A)以上的噪声，对神经系统、心血管系统、消化系统等均有明显的影响。

1）对神经系统的影响

噪声作用于人的神经系统，使人的基本生理过程——大脑皮层的兴奋和抑制平衡失调，导致条件反射异常，出现中枢神经功能障碍，表现为头痛、脑胀、耳鸣、失眠、多梦、心慌、乏力、记忆力减退、恶心、心悸等症状。

2）对心血管系统的影响

噪声可使交感神经紧张而使心动过速、窦性心律不齐、心电图改变、血压移动以及导致植物神经系统紊乱而使末梢血管发生收缩，血压升高。

3）对消化系统的影响

长期接触噪声会引起消化机能减退、胃功能紊乱、胃液分泌异常、胃酸度降低，造成消化不良、食欲不振、恶心呕吐，导致胃病及胃溃疡的发病率增加。

4）对内分泌系统的影响

噪声对内分泌机能亦有影响，表现为甲状腺机能亢进、肾上腺皮质功能增强、性功能紊乱、月经失调等。

6.4.2.3 噪声对心理状态的影响

噪声会引起烦躁、焦虑、生气、心神不定、急躁以及牢骚等情绪。这些情绪称为“噪声烦恼”。噪声引起的烦恼程度一般与噪声强度有关。强度增高，引起烦恼的可能性增大。另外，在低噪声时，高频噪声要比低频噪声更使人烦恼。

人在准备睡觉时，30～40dB(A)的声音就会产生轻微的干扰。睡着的人，仅在40～50dB(A)的噪声刺激下，脑电波就会出现觉醒反应。这就说明40～50dB(A)的噪声就已经影响了人的睡眠。

6.4.2.4 噪声对人的信息交流的影响

语言和听觉是人接受和交流信息的重要方式和器官。但是噪声会干扰人检测到听觉信号，这种现象称为掩蔽。掩蔽将影响到检测的声信号，如警告信号和警报，但最普遍的影响是对语言通信的干扰。

1）噪声对语言通信的影响

噪声对语言通信具有掩蔽作用。人的语言的屏蔽范围大约在0.5～2KHz。所以，噪声的频率正好在这个范围内时，对语言干扰最大。为了在噪声环境中正确地获得语言和听觉语言，一般要求信噪比大于10dB。所谓信噪比是指信号强度与噪声强度的比值或信号声级与噪声级的差，即

$$信噪比=20\lg\frac{P_X}{P_N}=20\left(\lg\frac{P_X P_0}{P_0 P_N}\right)$$

$$=20\left(\lg\frac{P_X}{P_0}-\lg\frac{P_N}{P_0}\right)=L_{P_X}=L_{P_N} \tag{6-13}$$

式中 P_X——信号的声压(Pa)；

P_N——噪声的声压(Pa)；

P_0——基准声压(Pa)；

L_{P_X}——信号声压级(dB)；

L_{P_N}——噪声声压级(dB)。

在许多场所，噪声干扰会严重影响人的语言交流。因为声信号只能传递有限的信息，此时人们不得不用手势作为传递信息的补充，或提高讲话的声音，其结果会对语言的理解产生副作用，且常常造成错误。

对电话通信，一般语言声压级为60～70dB(A)，在55dB(A)的噪声环境下通话清晰可辨；在65dB(A)时通话稍有困难；在85dB(A)时几乎不可能通话。因此，电话间要适当地隔声。工厂有电话的控制间或休息室，应保证背景噪声不大于70dB(A)。

2）噪声对声信号的干扰

声音可以用来表示一台机器运转得是否正常，也可用声信号作为报警信号。在复杂的人机环境系统中，可能同时用多种报警信号。噪声对声信号的掩蔽作用，有时会使作业者分辨不出危险信号而导致伤亡事故发生。

为了能区分报警信号和一般声信号，减少事故发生，可采用下述方法：改善噪声环境；使用比背景噪声高15dB的报警信号；使用特定的声信号(如声脉冲、若干谐音组成的声音等)，选择与噪声率差别大的频率作为信号频率等。

6.4.2.5 噪声对工作的影响

人在噪声环境中会引起"噪声烦恼"，工作容易疲劳，反应也迟钝，对生产和工作效率带来一定的影响，特别是对于那些要求注意力高度集中的工作，影响更为显著。例如，对于电话交换台的工作，将噪声由50dB(A)降至30dB(A)，差错率可减少12%。

噪声作用于听觉器官，由于神经传入系统的互相作用，使其他一些感觉器官的功能状态发生变化。有人曾用800Hz和2000Hz的噪声试验，发现视觉功能发生一定的改变，视网膜锥体细胞光受性降低，视野也有所变化。如对蓝色、绿色的光线视野增大，闪光融合频率降低；对全红色光线视野变小，闪光融合频率增大。112～120dB的静态噪声能影响睫状肌而降低视物速度，130dB以上的噪声可引起眼球震颤及眩晕。长期暴露在强噪声环境中，可引起永久性视野变窄。上述结果，都会在一定条件下影响安全生产。

6.4.2.6 噪声对仪器设备、建筑物的影响

大功率的强噪声会妨碍仪器设备的正常运转，造成仪表读数不准、失灵，甚至是金属材料因声疲惫而疲劳。180dB的噪声能使金属变软，190dB能使铆钉脱落。大型喷气式飞机以超声速低空掠过时，它所发生的大功率冲击波有时能使建筑物玻璃震裂，甚至房屋倒塌。

6.4.3 噪声评价标准

1）国际标准化组织(ISO)听力保护标准

1971年提出的听力保护标准为等效连续A声级85～90dB(A)。标准规定，时间减半，允许

噪声提高3dB(A)，见表6–18。

1971年ISO噪声标准 **表6–18**

连续噪声暴露时间(h)	8	4	2	1	1/2	……	最高限
允许等效连续A声级[dB(A)]	85～90	88～93	91～96	94～99	97～102	……	115

2）我国工业企业噪声卫生标准。

我国1979年颁布的《工业企业噪声卫生标准》中规定：工业企业的生产车间和作业场所的工作地点的噪声标准为85dB(A)。现有工业企业经过努力暂时达不到标准时，可适当放宽，但不得超过90dB(A)。具体规定见表6–19。

我国工业企业噪声标准参照表 **表6–19**

每个工作日接触噪声时间(h)	新建、改建企业的噪声允许标准[dB(A)]	现有企业暂时达不到标准时，允许放宽的标准[dB(A)]
8	85	90
4	88	93
2	91	96
1	94	99
最高不得超过	115	115

3）环境噪声标准

为了保证人们的正常工作和休息不受噪声的干扰，ISO 1971年提出声级允许标准：住宅区室外噪声允许标准为35～45dB(A)，对不同时间、不同地区按表6–20修正。

ISO公布的各类环境噪声标准 **表6–20**

Ⅰ 一天不同时间修正值			
不同时间	白天	晚上	夜间
修正值[dB(A)]	0	–5	–10
Ⅱ 不同地区的住宅对标准的修正值			
不同地区	修正值[dB(A)]	不同地区	修正值[dB(A)]
农村、医院、修养区	0	城市中心(商业区)	+20
市郊区、交通很少地区	+5	工业区(重工业)	+25
市内居住区	+10		
少量交通区或交通混合区	+15		
Ⅲ 室外噪声传到室外时的修正值			
窗户条件	开窗	关单层窗	光双层窗
[dB(A)]	–10	–15	–20
室的类型	允许类型	室的类型	允许类型
寝室	20～50	办公室	25～60
生活室	30～50	车间	70～75

我国科学院声学研究所根据生理和心理声学研究结果，结合我国具体条件，提出了环境噪声标准建议值，见表6—21。

环境噪声标准建议值[dB(A)]　　表6—21

人的活动情况	最　高　值	理　想　值
体力劳动(听力保护)	90	70
脑力劳动(语言清晰度)	60	40
睡眠	50	30

表6—22是我国1982年公布的城市环境噪声标准。

我国城市区域环境噪声标准Leq[dB(A)]　　表6—22

适　用　区　域	白　　天	夜　　间
医院、修养区、高级宾馆区	45	35
居民、文教区	50	40
居民商业混合区	55	45
商业中心区、工商业少量交通与居民区	60	50
工业集中区	65	55
交通干线道路两侧(车流量100/h以上)	70	55

6.4.4　噪声控制概述

确定噪声控制措施时，应从以下三个环节考虑。首先是从声源根治噪声。如果技术上不可能或经济条件不允许时，则应从噪声传播途径上采取控制措施。若仍达不到要求时，则在接受点采取措施。

6.4.4.1　从声源上根治噪声

从声源上根治噪声，这是一种最积极最有效的措施。根据噪声频率，通过分析找出产生噪声的原因，然后采取针对性的技术措施。其方法可归纳有以下几个方面。

1）改进机械结构设计

工厂中噪声源很多，大体上可归纳为机械性、气流性和电磁性三大类。机械性噪声源一般是由高速旋转零件运转不平稳、往复运动时机械的冲击、轴承精度和安装不妥等造成的。

① 选用发声小的材料，一般金属材料(如钢、铜、铝等)的内阻尼、内摩擦较小，消耗振动能力小。因此，凡用这些材料做成的零件，在振动力作用下，会辐射出较强的噪声。若用内耗大的高阻尼合金(亦称减振合金)或高分子材料(如尼龙等)就可获得降低噪声的效果。例如，锰—铜—锌合金与45号钢试件比较，前者的内耗是后者的12～14倍，在同样的作用力下，前者辐射的噪声要比后者低27dB(A)。

② 改变传动方式采用不同的传动方式，其噪声大小是不一样的。皮带传动比齿轮传动噪

声低。在较好的情况下，用皮带传动代替齿轮传动，可降低噪声3～10dB(A)。

在齿轮传动装置中，齿轮的线速度对噪声影响很大。选用合适的传动比减少齿轮的线速度，可获得较好的降低噪声的效果。另外，若选用非整数齿轮传动比，对降噪亦有利。

③ 改进设备结构，提高箱体或机壳的刚度或将大面积改成小面积，如加筋或采用阻尼减振措施来减弱机器表面的震动、降低机械辐射噪声，会带来良好的效果。

又如风机叶片的形式不同，其噪声的大小也有很大的差别。选择最佳叶片形状，能降低风机噪声。例如，将风机叶片由直片形式改为后弯形，亦可降低噪声6～7dB(A)

2）改进工艺和操作方法

如用焊接代替铆接，用液压机代替锤煅机，用压力打桩代替柴油打桩机等，均能显著降低噪声。发电厂等工业锅炉的高压蒸汽放空时产生很大的噪声，通过工艺改进，将所排空的蒸汽回收进入减温减压器，不仅可消除放空噪声，而且可提高经济效益。

3）提高加工精度和装配质量

机械性噪声绝大部分由振动产生。减少机械零件的振动撞击和摩擦，调整旋转部件的平衡，都可降低噪声。例如，提高齿轮的加工精度，可使运动平稳，这样就可降低噪声。当齿轮转速为1000r/(min)时，齿轮误差从17μm降为5μm，其噪声可降低8dB。

6.4.4.2 在噪声传播途径上降低噪声

传播噪声的媒质有空气、液体和固体。在这些传播途径上降低噪声也有不少方法。

1）利用吸声、隔声材料降噪

人在车间听到的噪声有由机器传来的直达声，也有车间各种表面的反射声。直达声和反射声叠加，加强了室内噪声的强度。如果在车间顶棚和墙壁表面装饰吸声材料或制成吸声结构，在空间悬挂吸声体或设置吸声屏，都可将部分声能吸收掉，使反射声能减弱。吸声效果与吸声材料的吸声系数有关。

把声音隔绝起来是控制噪声最有效的措施之一。隔绝声音的办法一般是将噪声大的设备全部密封起来，做成隔声间或隔声罩。隔声材料要求密实而厚重，如钢板、砖、混凝土、木板等。

2）采用隔振与减振降噪

噪声除了通过空气传播外，还能通过地板、金属结构、墙、地基等固体传播。降噪的基本措施是隔振和减振。对金属结构的传声，可采用高阻尼合金或在金属表面涂阻尼材料减振。

隔振用隔振材料或隔振元件，常用的材料有弹簧、橡胶、软木和毡类。将隔振材料制成的隔振器安装在产生振动的机器基础上吸收震动，可降低噪声。

表6-23是常用的噪声工学控制措施适用的场合及降噪效果。

噪声工学控制措施应用举例　　表6–23

现场噪声情况	合理的技术措施	降噪效果(dB)
车间噪声设备多且分散	吸声处理	4～12
车间人多，噪声设备台数少	隔声罩	20～30
车间人少，噪声设备多	隔声间	20～40
进气、排气噪声	消声器	10～30
机器震动、影响近邻	隔振处理	5～25
机壳或管道振动并辐射噪声	阻尼措施	5～15

6.4.4.3　个人防护

在接受点进行防护就是个人防护，是减少噪声对接受者产生不良影响的有效方法。常用的防护用具有耳塞、防声棉、耳罩、防声头盔等。不同材料的防护用具对不同频率噪声的衰减作用不同，见表6–24所示。因此，应当根据噪声的主要频率特性，选用合适的防护用具。表6–25是几种国产防护用具的效果。

国产的几种耳塞的降噪性能　　表6–24

耳塞类别	不同频率下的衰减值(dB)							研究单位
	125	250	500	1K	2K	4K	8K	
锦铁Ⅱ型	16	14	14	16	20	21	25	锦州铁路卫生防疫站
北京TFZE–2型	17	15	13	15	24	25	27	北京纺织科研院
北京82–5型	16	14	14	17	26	24	22	北京八十二中
天津JMS–1型	15.3	16	17	17	20	27	27	天津第三棉纺织厂
上海SFES–1型	14	15	14	16	22	22	22	上海纺织科研院

几种防护用具的效果　　表6–25

种类	说明	重量(g)	衰减dB(A)
棉花	塞在耳内	1～5	5～10
棉花涂蜡	塞在耳内	1～5	10～20
伞形耳塞	塑料或人造橡胶	1～5	15～30
柱形耳塞	乙烯套充蜡	3～5	20～30
耳罩	罩壳内衬海棉	250～300	20～40
防声头盔	头盔内加耳塞	1500	30～50

6.5　建筑环境设计

人机工程的主要理论和实践一直是与复杂系统的设计和环境要素（噪声、照明、气温）紧密相关的。然而，人机工程的基本理论和方法又可为许多领域采用，几乎涉及人造的或受人影响、支配的所有事物，建筑环境人机工程就是其中之一。所谓建筑环境是指包括市区、社区、邻居、住宅和自然环境的一个大生活空间。人机工程研究人与建筑环境的关系，特别是人与建筑和建筑设置的关系。近年来，又出现了一些新的学科，如环境心理学、建筑心理学等，它们与建筑人机工程研究是相互联系的。

6.5.1 人与空间

建筑的空间不只是物理的空间，它更重要的是人的空间、"社会性"的空间，因此设计建筑环境也要为人设计，从人的视角去理解空间。

1）密度和众度

密度(Density)和众度(Crowding)有时是交换使用的，但它们的意义不同。密度是一个表示单位面积内人口的数量的物理度量。众度则是个体的、主观的感觉，例如个体感觉属于他的空间太小。众度的个体感觉受多种因素影响，如：

① 室内物理要素，如房间的尺寸、家具的摆设等；

② 室外物理要素，如一栋住宅的住户数、人口数、社区人口密度等；

③ 社会性要素，如文化价值、群体关系、社交性质等。

2）个人空间

个人空间是一个与众度有一定关系的概念，是"属于"个体的一个心理空间。个人空间是始终包围个体的，随个体移动而移动。当另一个闯入者"侵犯"个体的个人空间时，个体感到心理上的不适、不安，甚至主动撤离，避免心理冲突。个人空间是弹性的、情境性的，就是说个人空间可以随不同情境而发生扩张或收缩的种种变异。例如观看体育竞赛时，个人空间收缩；职位差异使对话者的个人空间扩张。同样，文化传统也是决定个人空间的重要因素。

个体空间具有明显的显性行为表现形式。人们走路、谈话、乘车都表现出相互尊重个人空间的行为。发生个人空间的冲突时，个体也会明显表现出不快，例如用眼睛盯一下"闯入者"。因此，个体空间的研究在方法上具有直接观察的可能。

3）个人地域

个人地域与个人空间不同，个人承包地域不是个体运动的，而是更加固属于个人的某一空间范围。动物的地域表现在它对闯入者的攻击性行为上。人的地域则与建筑环境密切相关。一栋住宅本身就圈定了一个个人地域。人们以街道、围墙、门、篱笆、花台等等作为个人地域的"标记"。因此，从文化意义上理解，"门"、"墙"是构成人的心理结构的、物化的形式标记，艺术家和设计师无一不是在描绘它、理解它、赞叹它。

爱得尼(Edney)认为，个人承包地域包含了许多与人的行为相关的意义，如空间、防御、占有、自我、符号、个性、控制等。个人地域是人的精神世界的一部分，构成人的空间意识。

4）防御空间

防御空间是一个关于寓所单元的地域的概念，它用一定的建筑形式表达不许闯入的防御意识，划定空间保护自我。防御空间的表现形式，有助于空间内的居住者产生社区意味，建立个人的责任感，共同维护一个有秩序、安全的生活空间。防御空间的边界是通过建筑表达的，如图6–16所示的两种设计。一种是铁围栏，有密闭、隔离、肯定的印象，但也不是一个不可越过的屏障。另一种是花台“边界”，是所谓软性边界。它只在心理上定义出地域的边界，有提醒闯入者的功能，但没有铁围栏那样严厉，可谓“友好”边界。

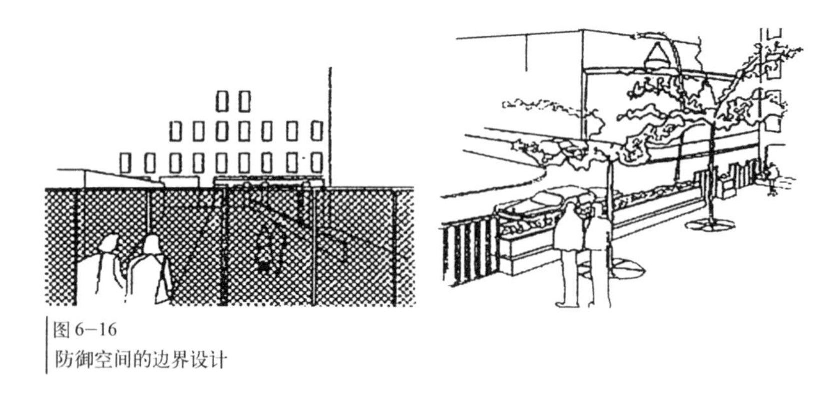

图 6–16
防御空间的边界设计

5）隐私性

隐私不是空间问题，但它与众度、个人空间、个人地域都有关系。隐私性是人的独立自在、单独活动的行为趋向，是个人选择在不同情境下，选择交流对象和交流内容的权利。建筑环境应该具有隐私性，以维持个体的心理平衡和健康。

6.5.2 建筑环境的研究

建筑环境对人的作用是十分复杂的问题，也是一个跨学科的研究领域。除了建筑环境的物理特征以外，人还受到社会的、文化的、技术的、经济的、政治的等等各种建筑所表述的内涵的心理影响。建筑环境引起人的许多行为变化，如生活方式、社会态度、满意程度、心理健康状态、工作成绩等。

1）研究的自变量

人们对建筑环境的感受是一个内在的心理的过程，无法进行直接观察研究。但人们在评论建筑环境时，仍反映出一些共通的评价标准和价值，主要有以下几方面：

① 建筑形式的方便性，如位置、房间、空间、设置；

② 户内外的活动，如工作、家务、业务活动；

③ 舒适性，如温度、噪声、家具使用；

④ 安全性；

⑤ 社交的可能性；

⑥ 隐私性；

⑦ 造型风格；

⑧ 个体本身的心理特征，如态度、满意程度、从众心理。

2）人机工程的可参考信息

建筑环境的设计应该以人为中心，满足人的需求。在建筑环境设计，运用人机工程，首先有一个信息交流的任务。赫雷根(Harrigan)建议从七个方面交流信息：

① 设施设计；

② 社会文化要素；

③ 使用者行为(如家具、日用品、环境控制等设计)；

④ 外形(色彩、肌理、形、耐用、维护)；

⑤ 流通(信息、人、物料)；

⑥ 空间(人体尺度、协调性)；

⑦ 地理位置(与交通、服务设施的关系)。

3）建筑环境的心理研究

建筑环境与人的行为和意识的关系是心理学研究的主要内容。对于外在的事物，作为刺激形式，人趋向于一定的反应定势，总是以人的态度和知觉方式而决定的。建筑环境的反应定势，应该有一些特征为设计者掌握和了解，但目前这方面的研究尚未广泛开展。伍尔斯(Wools)曾采用比较科学的方法，研究影响人评价建筑环境的心理要素，并对其进行了分类。他们采用的是“语义区分量表法”的问卷量表设计，这种量表由一系列“双极形容词”配对组成，如令人愉快的—令人不愉快的，并运用七点定位(图6-17)，一共用了49对与描绘建筑有关的形容词。实验时，给被试者展示24种由单线条描绘的典型建筑设计形式，图6-17是其中的两种。然后，被试者按自己的感受，在49个双极形容之间记分。经过统计计算(聚类分析)，求出各概念之间的“语义距离”。最终定义出表示个体评价建筑的八个心理维度(dimensions)，其中三个主要的如下：

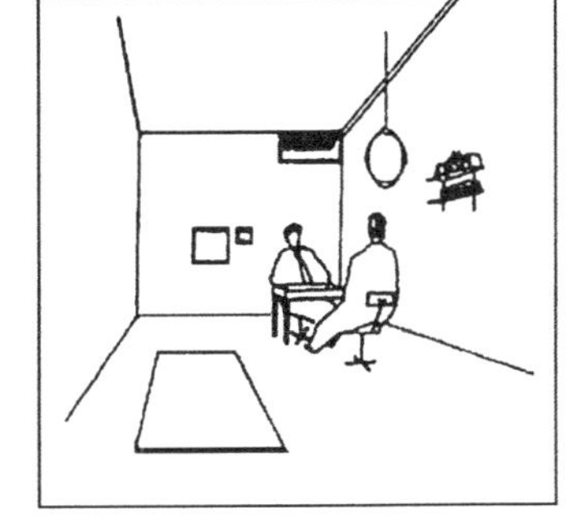

图6-17
典型建筑设计示意图

① 活动性维度：如“快—慢”；

② 协调性维度：如“清晰的—含糊的”；

③ 友好性维度：如“受欢迎的—不受欢迎的”。

对于八种不同的布局设计，如桌子的摆放方式、窗子的设计等，也作了进一步研究。被试的任务是判断设计的“友好性”，结果如图6-17所示，八种设计中最友好的是(左侧图形)，倾斜顶棚、全景窗、座椅之间无桌子等。

建筑环境的心理维度研究涉及建筑学、心理学、社会心理学、心理学研究方法等多门学科。目前，较为容易理解的心理维度可以综合为以下八个：

① 中意性(个体感受到的愉快和安全)；

② 复杂性；

③ 统一性或整体性；

④ 完整性(封闭的或开展的、广阔的)；

⑤ 力度(个体感受到的权威性、某种表示男性和女性特征的象征意义)；

⑥ 社会地位；

⑦ 亲切性(个体对历史的和纯正的一种感受，如古典传统建筑)；

⑧ 独创性。

根据上述八个心理维度，可以编制出各种双极形容词量表，对建筑的设计方案进行评价。

6.5.3 办公环境设计

办公室是从事脑力劳动的场所。设计界对办公室设计的一些基本理论和观点，一直存在分歧和争论。

1）办公室的规模和社会行为

一种设计观点认为，小型办公室比大型办公室更有利于培养人际关系。研究证明，在小型办公室内工作的人比大型办公室的人更倾向于接近同事。例如小型办公室的工作人员乐意接受同事一起工作的为81%，而大型办公室的仅为64%。小型办公室中的工作人员相互受欢迎率可达66%，而大型办公室只有38%。但是，小型办公室的人员会产生“排外心理”，对个别不受欢迎的人易产生集体排斥。

2）办公室规模和主观选择性

显然小型办公室有利于团体意识的形成，但从主观选择性看，并不是多数人乐意选择小型办公室。研究证明，对办公室规模的主观选择性，个体之间存在较大差异性。事实上，人对建筑环境的反应，就其主要特点而言，就是差异性。里麦克(Nemecek)认为，大型办公室有以下优缺点(以赞成人数的百分比表示)。

优点：更好地信息交流(40%)；更多的人际接触(28%)；便于工作流程、管理、纪律(15%)。

缺点：干扰注意力(69%)；不能保持谈说的机密(11%)。

一般认为，除了需要大量信息交流、人员接触和严格工作程序的情况以外，人们仍然乐意选择小型办公室。

3）全景办公室

全景办公室的概念最早是由德国人创造的，现已风行世界各国设计界。全景办公室是按工作流程设计的大型开放式办公室，“全景”反映了办公室的布局模式计划性和过程性，而且每一个工作单元都用观赏植物、可移动的低隔离屏、书架等作非限制性划分。

个体对全景办公室的喜恶同样存在差异。全景办公宏观世界缺少“地域定义”，噪声大，隐私性差，交流的保密性差。但全景办公室提供更多的近距离接触，而它的最大特点是新的审美视角，使设计更富现代感。

4）有窗与无窗

现代办公室设计，窗的功能已不仅是采光和通风，它的“心理功能”更受到设计者的重视。韦尔思(Wells)发现，当你问办公室人员窗和人工照明的效果时，人们总是过高地估计窗透过的照明量，从而间接地说明人对自然光的偏爱。

5）办公室家具和布置

在办公家具和摆设方面，个体反应比较一致。一般喜欢适当中度的家具陈设，以获得一定的空间感。陈设太少或太繁引起不良心理反应。植物和招贴画特别受办公人员欢迎，也使来办公室的其他人员产生一种受欢迎的感受。

研究还证明，谈话人座椅面对面、中间有桌子时，为不“友好”摆设方式。座椅在桌子同一边时，为“友好”摆设方式。

6.5.4 其他家具设计

1）室内空间要适应人的基本生理特性

其他家具主要有办公桌、衣柜、书架及各种小型储藏柜、装饰柜等。目前，这些家具形态各异，色彩多样，在一定程度上满足了不同层次和不同审美观点的人的需求。从人使用的角度而言，其长、宽、高的尺度，都是从使用功能的使用方便程度出发而设计的。如办公桌桌面的高度始终是在760～780mm的范围内，否则人使用起来就不方便和不舒适，如图6-18；大衣柜的高度要适应于人手摘挂衣服(图6-19)；电视柜的高度，要保证人看电视时电视屏幕与人视平线的高度一致等等。

图6-20为人摆放物品时家具的高度尺度。

图6-21为厨房家具的尺度。

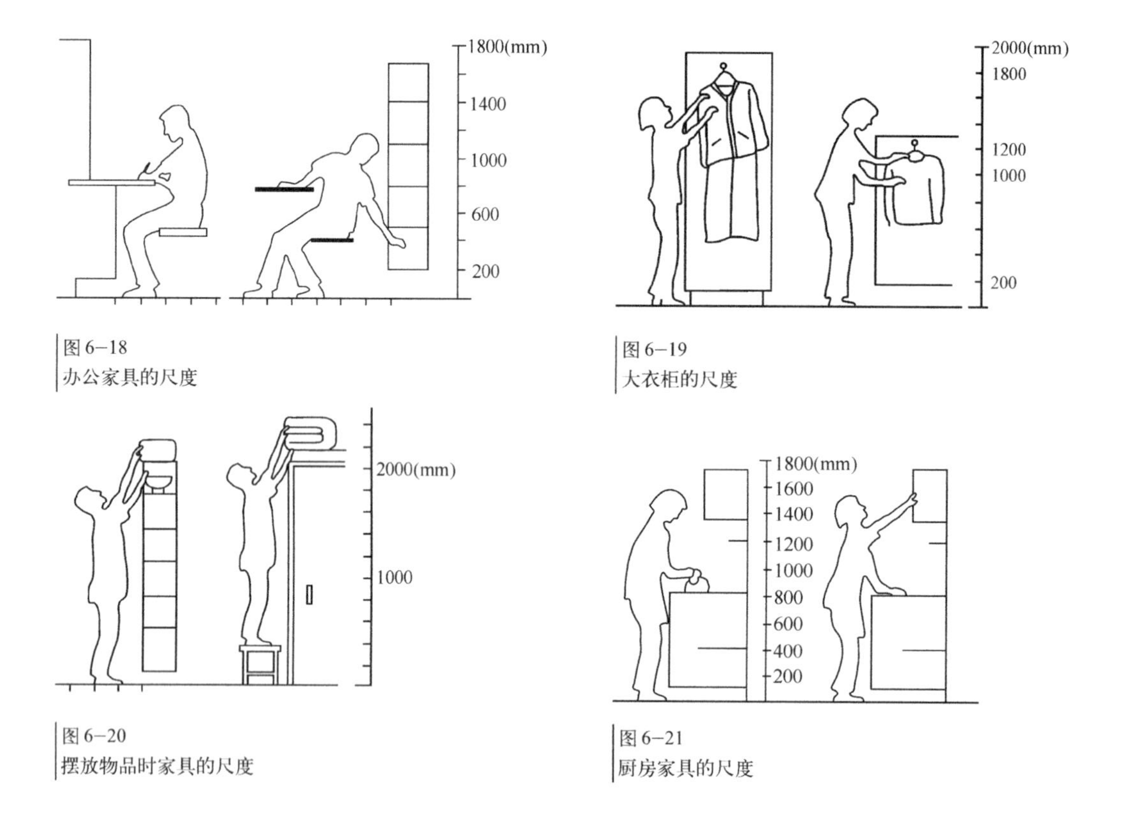

图 6–18
办公家具的尺度

图 6–19
大衣柜的尺度

图 6–20
摆放物品时家具的尺度

图 6–21
厨房家具的尺度

2）室内空间要适应人的心理特性

① 室内色彩

色彩在室内设计中是非常重要的因素。不同的色彩给人以不同的生理、心理反应。舒适的室内色彩，主要在于房间的一切装修、家具和陈设等色彩之间的相互协调。

通常，室内色彩要有一个总体色调，也即色彩的变化都应服从同一个基本色调。这个基本色调要视房间的使用功能而定，如卧室就应是宁静、安详的偏冷色调为主，以利于休息和睡眠；客厅的色调，就应以活跃、对比适中、偏暖色调为主，以利于与客人交谈的热情气氛；厨房的色调应以洁净的色调为主，显得干净、卫生。

室内的墙壁、窗帘、地面、家具、陈设物品等，根据人的不同爱好，色彩宜丰富多样。但是，总的设计原则是不要过分刺激，要保持它们之间的协调性，要有一个色彩的总倾向。如家具的涂饰，过分明亮容易产生眩光，对人眼睛刺激强烈，造成心理上的不舒适感。因此，随着现代设计的发展和人与室内设计的进一步研究，亚光和无光的家具逐渐取代了锃光瓦亮的家具。

② 室内照明

灯光是室内照明的重要设备。吊灯、壁灯和台灯等灯具都可以根据不同需要安设到不同的位置上，而且明亮度要调整自如。这样就为照明与人的适应性设计带来了方便。

室内照明设计，首先要防止光线直接照射人眼或直接反射人眼。现代灯具通常以不同材质或表面的凹凸装饰纹理，使光线扩散，以免产生眩光。

光线的反射角与它的入射角是相同的，工作台灯放置位置不当会产生炫目反光，使人不安，只要改善台灯的位置，情景就可以得到改变，见图6–22。

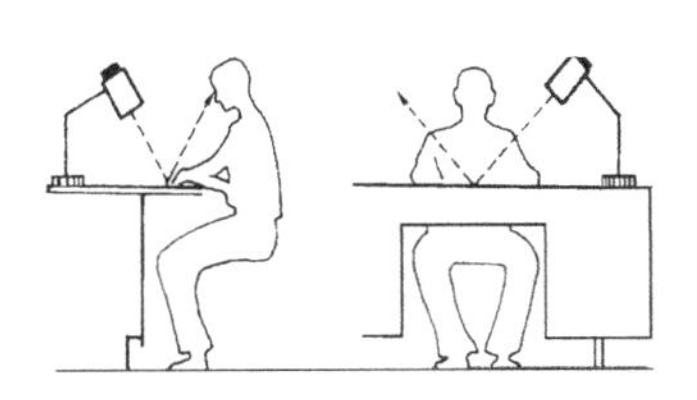

图 6–22
工作照明

室内照明除基本照明外还有局部照明。局部照明适应视觉要求高的工作。如果在室内只有局部照明，而没有基本照明，就会导致工作面与环境的强烈对比，使人眼睛不舒服，以致疲劳。在适当的基本照明条件下看电视就是这个道理。明与暗的对比不宜过大，否则就会损伤眼睛。表6–26列出了一般情况下亮度的对比限度。

允许的亮度比　　表6–26

两者之间	比值
工作面与环境之间(如书、信与桌面)	3：1
工作面与背景之间(书信与桌子后的墙面)	10：1
灯具和灯的周围	20：1
在视角内任两点之间	40：1

3）空间尺度

人要在室内活动、工作、干家务，因此，室内的空间尺度要利于人的这些活动和动作，尤其是室内家具的布局要充分考虑人活动的方便，如家具与家具之间，各种设施之间都要留一定的空间。

图6–23为卧室的空间尺度。

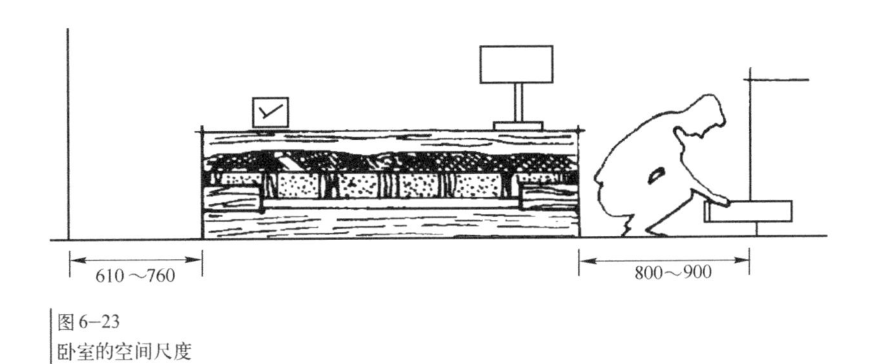

图 6–23
卧室的空间尺度

图6–24为办公地点的空间尺度。

图6–25、图6–26分别为客厅和餐厅的基本空间尺度。

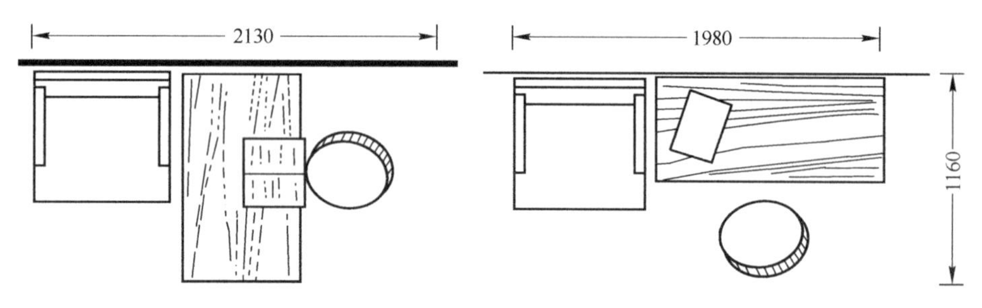

图 6–24
办公地点的尺度与形式

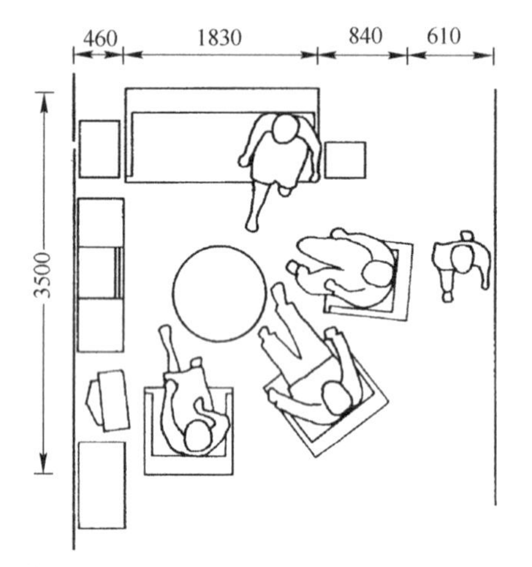

图 6–25
客厅的空间尺度

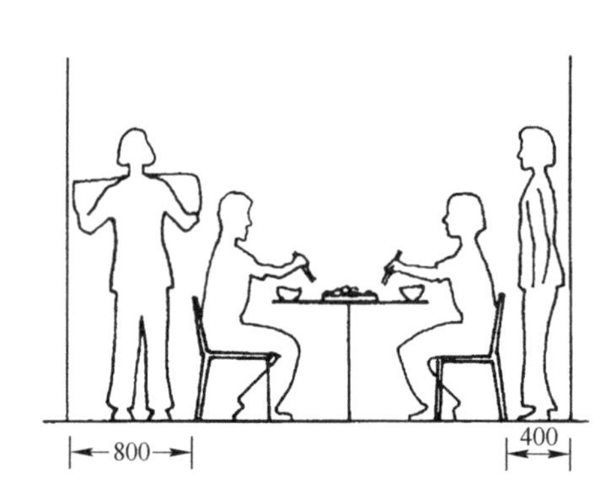

图 6–26
餐厅的空间尺度

第7章 | 人机系统的设计与可靠性分析

所谓系统，即相互关联的各个部分的集合。一个完整的系统中，有的是只有两三个部分构成的简单系统，也有由许多部分或子系统构成的复杂的巨大系统。安全人机系统主要包括人、机、环境三部分。因为任何机器都必须有人操作，并都处于各种特定的环境下，人、机、环境是相互关联而存在的。现代机器的发展趋势是日益先进、复杂和精密，这不仅对环境条件提出一定的要求，而且对使用机器的人的要求也愈来愈高。因此，人们不仅要着眼于人、机、环境每一要素的性能的提高，更要正确处理好这三者的关系，从而提高系统的整体性能。这就是系统论的分析、设计与评价的方法。

7.1 人机系统的设计

人机系统设计是在环境因素适应的条件下，重点解决系统中人的效能、安全、身心健康及人机匹配优化的问题。

人机系统设计是多学科联合设计的一部分，这也是由人机系统的设计性质所决定的。因此，只有采用系统科学的方法，才能综合各学科的观点，实现设计的优化。系统科学的设计方法可概括为：①明确系统的目的，亦即系统的必要性和依据一定的分析明确其目的性；②明确系统分配制约的条件；③建立系统的数学模型；④研究和分析数学模型；⑤提出新系统的方案；⑥对新系统进行分析、评价。

这一方法，同样也适用于人机系统。

7.1.1 人机系统

人机系统作为一个完整的概念，表达了人机系统设计的对象和范围，从而建立了解决劳动主体和劳动工具之间矛盾的理论和方法。系统中的人是主要研究对象，但又并非孤立地研究人，它同时研究系统的其他组成部分，并根据人的特性和能力来设计和改造系统。

1）人机系统的组成

在一定的环境条件下，人机系统包括人和机两个基本组成部分，它们互相联系构成一个整体。图7-1为人机系统的模型。该图表明，人机之间存在着信息环路，人机互相联系。这个系统能否正常工作，取决于信息传递过程能否持续有效地进行。

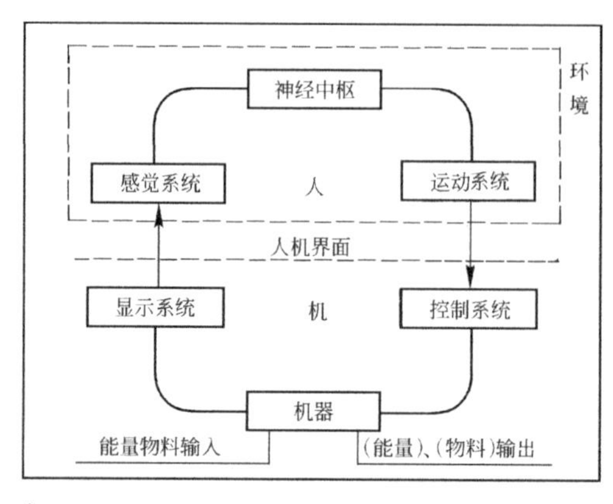

图7-1
人机系统模型

在人机系统中，人起着主导作用。这主要反映在人的决策功能上，因为人的决策错误是导致事故发生的主要原因之一。

2）人机界面

如图7-1所示，人与机之间存在一个相互作用的“面”，所有人机交流的信息都发生在这个作用面上，通常称为人机界面。显示器将机器的工作信息传递给人，实现机→人的信息传递；人通过控制器将自己的决策信息传递给机器，实现人→机的信息传递。因此，人机界面主要指显示和控制系统。合理的人机界面要符合人机信息交流的规律和特性。

3）系统中人和机的不同特点

在人机系统设计中，首先要按照科学的观点分析人和机器各自所具有的不同特点，以便研究人与机器的功能分配，从而扬长避短、各尽所长，充分发挥人与机器的各自优点；从设计开始就尽量防止产生人的不安全行动和机器的不安全状态，做到安全生产。

人与机器的不同特点见表7-1。

人与机器的不同特点 **表7-1**

	机　　器	人
1. 检测	物理量的检测范围广泛而准确 能够检测到人所不能检测到的电磁波	感觉器官 具有同认识直接联系的高度检测能力 没有固定的标准值，易产生飘移 具有味觉、嗅觉和触觉
2. 操作	速度、精度、力与功率的大小、操作范围和耐久性比人远为优越 对液体的、气体的、粉状体的处理技巧比人优越，但是对于柔软物体的处理不及人	操作器官： 特别是手具有非常多的自由度，并且各自由度能够极其巧妙地协调控制，可做多种运动 来自视觉、听觉、变位和重量的感觉等高级信息，被完美地反射到操作器官的控制，从而进行高级的运动

续表

	机　　器	人
3. 信息处理机能	按照预先安排的程序，对于精度、正确的操作数据处理而言，人不如机器 记忆准确，经久不忘 记忆不太多的时候，取出速度快	认识、思维和判断 具有发现、归纳特征的本领，特性的认识、联想和发明创造等高级思维活动 丰富的记忆、高度的经验
4. 耐久性、维修性、持续性	有必要适当地维修 对于连续的、单调的操作作业也能持久	必须适当地休息、修养、保健和娱乐，难以长时间地维持一定的紧张程度，不宜于做缺乏刺激及无趣的单调作业
5. 可靠性	与成本有关。按照适当的设计而制造的机器，完成预先规定作业的可靠性高，但对于预想之外的情况则完全无能为力 特性一定、完全没有变化	在突然紧急状态下，完全不能应付的可能性大 作业因意欲、责任心、体质或精神上的健康情况等心理或生理条件而变化 易于出现意外的差错 不仅在个性上有差别，而且在经验上也不相同，并且能影响他人 若时间富裕、精力充沛，则处理预想之外的事情也就多
6. 联络	和人之间的联络及其方法极其有限	和人之间的联络容易 人与人之间关系的管理很重要
7. 效率	若具备复杂功能，则重量增加并要有大的功率 应按照适用的目的设计必要机能，避免浪费 即使万一发生损坏也没有关系，因此可在危险环境下使用	相当于一台轻小型的机器，功率在100W以下 必须饮食 必须进行教育和训练 对于安全必须采取万无一失的处置
8. 柔软性、适应能力	对于专用机器而言，不可能改变用途 容易做合理化的处理	由于教育、训练，能够适应处理多方面困难
9. 成本	购置费和运行维修费 机器一旦不能使用时，失去的仅仅是这台机器的价值	除了工资之外，必须考虑福利卫生和家属等 意外时可能失去生命
10. 其他		人具有独特的欲望，希望被人重视 必须生活在社会之中，不然，由于孤独感、疏远感就会影响工作能力 个人之间差别大 人的尊严、人道主义

7.1.2 人机系统设计程序

人机系统设计是按照系统论的方法而进行的一种总体设计，亦即将整个人机系统划分为一系列具有明确定义的设计阶段，而每个阶段的设计活动和任务必须是明确的。"总体"的意义是强调人机系统的各个部分，如人、硬件、软件，都要给予全面考虑，以克服长期以来工程设计中忽视人和人的效能问题，其设计的目的是使系统的每个成分都为实现系统目标而能够协调一致地发挥各自的功能。

人机系统设计的每一阶段都是由互相联系的一系列设计活动组成，而各个阶段之间具有时间上的顺序性，即只有上一阶段的设计活动完成后，才能进行下一阶段的设计活动。这就构成了人机系统的设计程序，通常可分为以下几个阶段。

1）定义系统目标和参数阶段，包括确定使用者的需求、特性，确定群体的组织特性，确定作业方式，确定作业效能的测量参数和测试方法。

2）系统定义阶段，包括定义功能要求，定义操作(作业）要求。

3）初步设计阶段，包括功能分配、作业流程设计和作业反馈机制设计。

4）人机界面设计阶段，包括显示装置设计、控制装置设计和作业空间设计。

5）作业辅助设计阶段，包括制定使用者素质要求、设计操作手册、设计作业辅助手段和设计培训方案。

6）系统评价阶段，包括制定评价标准、实施评价和做评价结论。

以上为人机系统设计过程中的总体程序，具体的设计步骤见表7–2。

人机系统的设计步骤 **表7–2**

系统开发的各阶段	各阶段的主要内容	人—机系统设计应考虑的事项	人机工程学专家的工作事例
明确系统的重要性	目标的设定	关于人员的要求及制约	人员的特性、训练等的调查预测
	使命的确认	系统运用的制约、环境的制约、组成系统人员的数量和质量	从安全和舒适性方面对系统的必要条件进行复核以及对人员的士气进行预测等
	运用条件的确认	能够确保数量和质量的人员，能够到手的训练设备等	
系统分析与系统计划	系统必要条件的明细化	系统必要条件划分的明细化	系统性能的判定
	系统机能的分析	分析各种可能的构思，并比较研究系统的机能分配	实施系统的总体轮廓
	系统构思的发展(各种可能构思的分析与评价)	有关设计的必要条件，为了人的必要条件之机能分析 人员的配备与训练方案的制定	人与机的任务分配与各种方案系统性能变化的调研与评价 关联各个性能的作业分析 调查决定必要的信息，确定显示与控制的种类

续表

系统开发的各阶段	各阶段的主要内容	人—机系统设计应考虑的事项	人机工程学专家的工作事例
系统设计	预备设计(大纲的设计)	为了人，在设计上应该考虑的事项	准备使用的可能的人机工程学资料
	细节设计	设计细节与人的作业之关系	人机工程学的设计标准提示等 关于信息与控制必要性的研究与实现方法的选择及开发 （潜在的要求及最繁忙异常时的要求） 作业性(工作方面）的研究 居住性的研究
系统设计	具体的设计	当系统最终构成时确认人机系统的协调操作与维修的详细分析和研究(提高可靠性与安全性） 宜人性高的机器的设计 考虑适于人的空间设计	决定构成系统的最终方案及其实现步骤的意见 最终决定人机间的机能分配 各作业中为了正确判断而必须的信息、联络、执行等 对安全性的考虑 防止士气、情绪下降的措施 显示、控制装置的选择与设计 控制板的配置计划 提高安全性的措施 空间设计、人员与机器的布置决定 照明、温度、防噪等环境条件
系统设计	人员的培训计划	人员的指导训练及配备计划 其他专业组的协定	决定编写手册的内容与样式，决定系统运转与维修的必要人员的数量与质量、训练计划、训练器材的开发 事故的预测、效率的预测等
系统的考核与评价	计划阶段的评价 模型制作阶段 原始样式 判断考核模型的缺陷 变更设计的意见	根据人机工程学的考核评价 从考核资料的分析等决定变更设计	设计图阶段的评价 模型或操纵训练用模拟装置的人机关系评价 评价基准的设定(包含考核方法、资料的种类、分析法等） 安全性、舒适性、对士气意志的影响等的评价 机械的设计变更，使用顺序的变更 人的作业内容的变更，人员、设备和训练方式的改善等的建议，系统计划内的调整
生产	生产	以上几项为准	以上几项为准
运用	运用、维护	以上几项为准	以上几项为准

7.1.3　人机系统的设计方法

人机系统的设计方法包括自成体系的设计思想和与之相应的设计技术，好的设计方法和策略使设计行为科学化、系统化。

1）功能分配

在人机系统中，把已定义的系统功能按照一定的分配原则，合理地分配给人和机器。这当中，有的系统功能分配是直接的、自然的，但也有些系统功能的分配需更详尽的研究和更系统的分配方法。

系统功能的分配要充分考虑人和机器的基本界限。人的基本界限包括：准确度的界限、体力的界限、知觉能力的界限、动作速度的界限。机器的基本界限包括：机器性能维持能力的界限、机器正常动作的界限、机器判断能力的界限、成本费用的界限。

人和机器各有局限性，所以人机间应当彼此协调、互相补充。如笨重、重复的工作，高温剧毒等条件，对人有危害的操作以及快速有规律的运算等都适合于机器(机器人、计算机)承担，而人则适合于安排指令和程序，对机器进行监督管理、维修运用、设计调试、革新创造、故障处理等。

在长期的实践中，人们总结了系统功能分配的一般原则。

① 比较分配原则

通过人与机器的特性比较，进行客观的和符合逻辑的分配。例如在信息处理方面，机器的特性是按预定程序高度准确地处理数据，记忆可靠且易于提取，不会“遗忘”信息；人的特性是有高度的综合、归纳、联想创造的思维能力。因此在设计信息处理系统时，要根据人和机器的各自处理信息的特性来进行功能分配。

② 剩余分配原则

在功能分配时，首先考虑机器所能承担的系统功能，然后将剩余部分功能分配给人。在这当中，必须掌握和了解机器本身的可靠度，如果盲目地将系统功能强加于机器，则会造成系统的不安全性。

③ 经济分配原则

以经济效益为原则，合理恰当地进行人机功能分配。如对某一特定功能，由机器承担时，需要重新设计、生产和制造；由人来承担时，则需要培训、支付费用等。根据这两者的经济效益通过比较和计算来确定功能的分配。

④ 宜人分配原则

系统的功能分配要适合于人的生理和心理的多种需求，有意识地发挥人的技能。

⑤ 弹性分配原则

即系统的某些功能可以同时分配给人或机器，这样人可以自由选择参与系统行为的程度。例如许多控制系统可以自动完成，也可手动完成，尤其现代计算机的控制系统，要有多种人机接口，从而实现不同程度的人机对话。

2）作业分析

作业分析是指对已分配给人的功能进行分析，从而使系统中的作业与作业之间建立协调一致的关系，使作业者清楚地了解要做什么、怎样做、什么时间完成。只有这样科学的作业管理，才能获得人的高效率，防止作业失误。

作业分析包括：确定系统的作业结构、确定作业、编制作业流程图、建立作业序。

① 系统的作业结构

系统的作业结构是指对系统的作业和作业技能的整体要求。系统的作业结构取决于人机系统的设计和分配给人的功能。有些功能可以分解为几乎每个人都能做的作业，即分解为低技作业；而有些功能则可以形成复杂的作业，即为高技作业。因此，系统的作业结构决定了系统对整个作业人员群体的素质、培训计划等一系列运动的基本要求。系统的作业结构的复杂程度大体可分为三种基本形式（图7–2）。

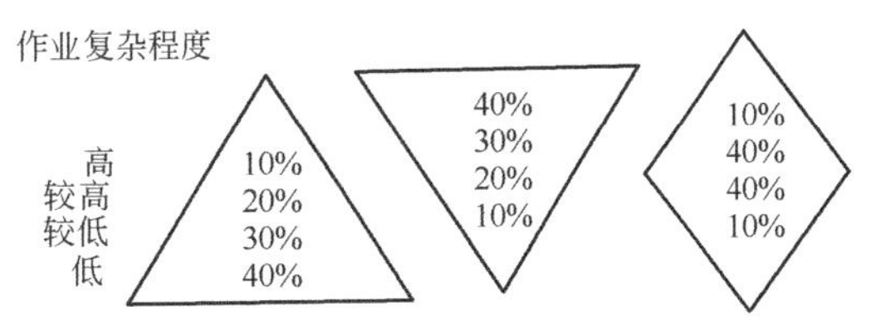

图 7–2
系统作业结构的三种形式

第一种形式以低技作业为主，系统作业的人力资源广大，人员上岗培训时间短，而且可以从低技作业者群体不断选择和培训高技作业者。第二种形式以高技复杂作业为主，这样必须由经过一定培训的高技作业者来完成。第三种形式以中等复杂的作业技能为主，低技和高技的作业相对比较少。

② 确定作业

根据分配给人的功能，具体地分析和确定人实现该功能的作业活动。这当中要确定出作业人员应具备的技能水平、作业的输入和输出形式、作业内容、作业之间的关系、作业的复杂程度。

③ 作业流程图

作业流程图是根据所确定的作业来编制的表示作业内容和作业顺序的一种框图。图7–3为一条形恒温箱的作业流程图。通过作业流程图就可以清楚地了解人机系统中，人实现功能的情况；同时，根据作业流程图还可以进一步分析动作的经济性，从而寻求工作环境舒适、操作力量小、操作时间短、疲劳强度低、工作效率高的有效方法。

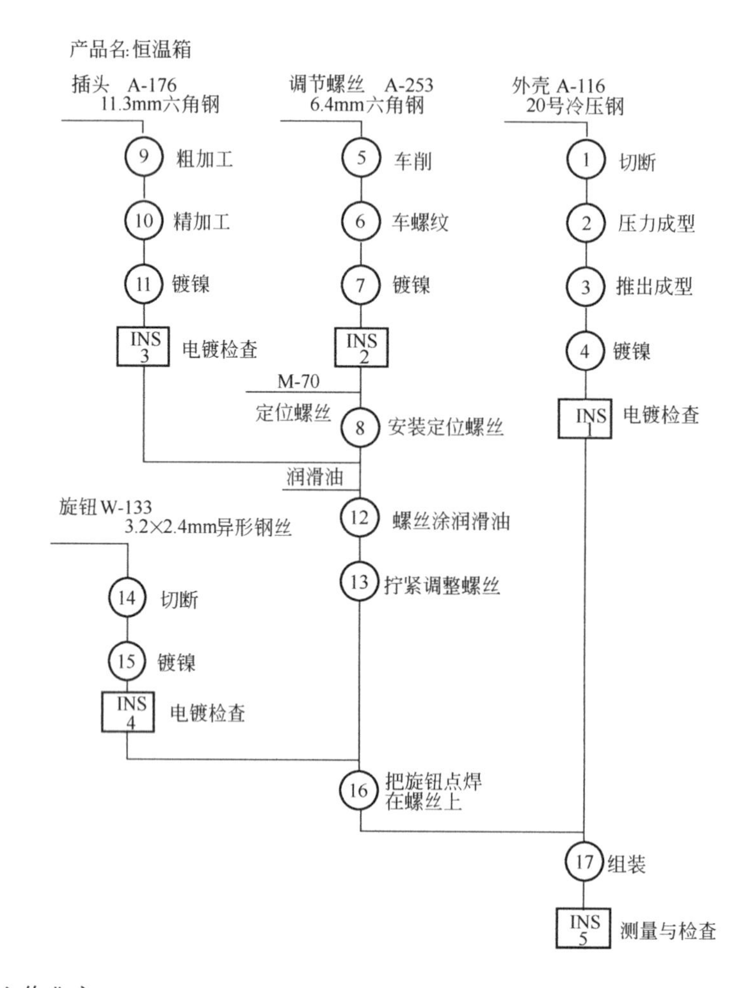

图 7-3
作业流程图

④ 建立作业序

作业序是指一个操作人员单独从事的一组作业。根据系统分配给的功能，分解为若干个作业，然后根据人操作的方便性、准确性、合理性，将这些作业组成不同的作业序。

一个作业序也可以由几个分配给人的功能中分解出的作业组成，见图7-4。合理的作业序组成，使作业和作业者之间更能协调一致。

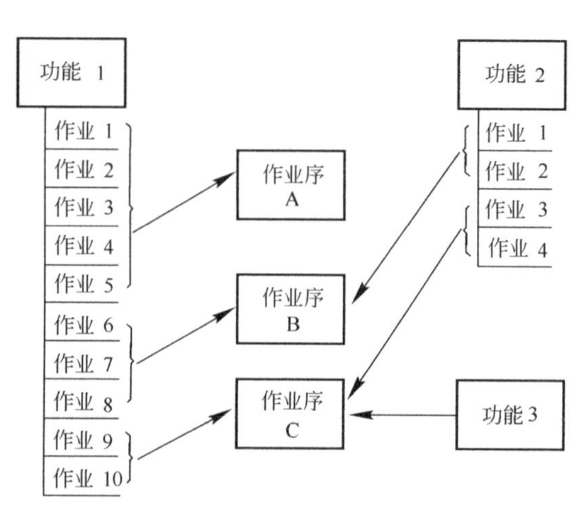

图 7-4
作业序

组合作业序时要充分考虑以下几方面关系：作业的信息或数据关系；作业的技

能水平；作业的顺序关系；作业的时间安排；人机界面关系。

通常处理同类信息或数据的作业应该组合，具有相同或相近复杂程序的作业应该组合。若高技能作业与低技能作业组合为同一作业序时就不经济。作业性质相同，并有顺序关系的作业可以组合。在同一时间区域内进行的作业可以组合；同一工作位置，不同的工作界面的作业也可以组合。

以上的组合原则应根据人机系统的整体要求，综合考虑和统一安排。

一个作业序可以由多个作业组合，但组合的数量应与人处理信息的能力相适应，输入层次和量过多会使作业者不能准确处理。

3）人机界面设计

在人机系统中，人机界面是连接人与机器的重要通道。因此，人机界面设计，首要的是人与机器的信息交流过程中的准确性、可靠性及有效度。

操纵装置与显示装置是人机界面的典型部件。现以这一控制显示系统的设计为例，阐明人机界面设计的程序，见图7–5。

控制与显示系统的设计原则：①优先性，即把最重要的操纵器和显示器配置在最佳的作业范围内；②功能性，即根据操纵器和显示器的功能进行适当的划分，把相同功能的配置在同一分区内；③关联性，即按操纵器和显示器间的对应关系来配置。

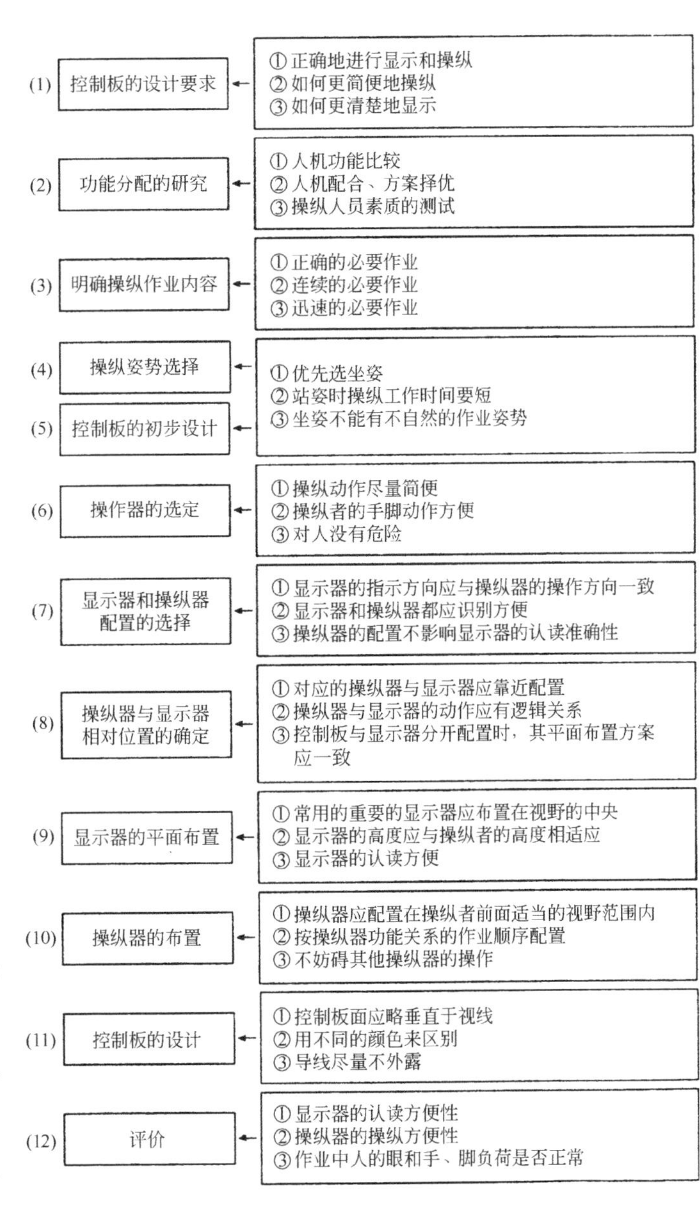

图7–5
人机界面设计程序

7.2 人机系统的可靠性分析

在现实生活和生产工作中，每时每刻都在发生各式各样的事故，以致夺走大批的生命。这主要归结于人、机、环境之间关系不相协调的结果。于是，以减少事故、提高系统安全性为目的的人、机、环境系统的可靠性研究，日益被人们所重视。

长期以来，可靠性研究对象被局限在“机”，事实上很多事故是由人的差错造成的。1979年3月28日发生的美国三哩岛核电站放射性物质泄露事件和1986年4月26日发生的苏联切尔诺贝利核电站事故，主要是由人的因素造成的。随着社会的进步，人在各方面都成为非常重要的因素。同时，由于“环境”因素所造成的事故也屡见不鲜，美国“挑战者”号航天飞机爆炸就是由于助推器密封圈在低温环境中失效引起的。再如，高温作业时，人的细胞异常活动，易于早期产生疲劳，增加了发生事故的可能性；低温作业时，环境从人体夺走热量，由于寒冷而束缚了手脚，也易于诱发事故。因此，作为系统的可靠性研究对象即为人、机器、环境三方面。

当把人作为可靠性研究对象时，机器的状态和所处环境即为规定条件；当把机器作为可靠性研究对象时，人的状态和所处环境为规定条件；当把环境作为可靠性研究对象时，人和机器即为规定条件。

如果人在规定的时间内和规定的条件下没有完成规定的任务，就称为人为差错，相应的用人的差错率来度量。机器在规定时间和规定的条件下丧失功能，就称为故障，相应的用机器的故障率来度量。环境如果没有达到规定的指标要求，就称为环境故障，相应的用环境故障来度量。

由此可见，可靠性的定量描述可以表明系统中的某一方面，如果在规定条件下能够充分实现其功能要求时，就是可靠的；反之，若随时间的进程，系统中的某一方面在某一时刻出现故障、失效，不能实现其功能要求时，是不可靠的。

7.2.1 人的可靠性

人的行为的可靠性是一个非常复杂的问题。一个活生生的人本身就是一个随时随地都在变化着的巨系统。这样一个巨系统被大量的、多维的自身变量制约着，同时又受到系统中机器与环境方面的无数变量的牵涉和影响，因此，在研究人的行为的可靠性时，可采用概率的方法和因果的方法进行定量和定性的研究。

概率的方法是借助工程可靠性的概率研究来解决人的行为的可靠性定量化问题。这种方法便于和机器可靠性进行综合，从而获得系统的总的可靠性量值。但有时对人过于硬件化的描述，会造成一定程度的不准确性。

因果的方法的立足点是人的行为不是随机的，而是由一定原因引起的。只要系统地分析产生某种人的行为的内部和外部原因，采取相应的措施解决它们，人的差错就会消除或减少，就会提高人的可靠性。因此，这种方法对于评价和修正人机系统设计及改进作业人员的选拔和训练都是十分有益的。

关于人的不安全行为分析，是从人的行为、动机和心理状态开始，研究产生人为失误造成不安全动作的主要原因。

1）产生不安全动作的原因

产生不安全动作的原因有：①缺乏对危险性的认识，由于安全教育训练不够，不懂危险，从而进行不安全作业；②在操作方法上不合理、不均衡或做无用功；③准备不充分、安排不周密就开始作业，因仓促而导致危险作业；④作业程序不当，监督不严格，致使违章作业自由泛滥；⑤取下安全装置，使机器、设备处于不安全状态；⑥走捷径、图方便，忽略了安全程序；⑦不安全地放置物件，使工作环境存在不安全因素；⑧在运行的机器和设备上检修、清扫、注油等；⑨接近危险场所时无防护装置。

人为失误而产生的不安全后果，除与操作人员本身的因素有关之外，指挥不利或违章指挥也是重要的有关因素，并且在大多数情况下是引起不安全后果的基本原因。因此，在安全生产中，除建立严格的作业标准外，还需加强企业领导的安全管理水平。

2）不安全行为分析

由于千差万别的个性，人的自由度比机器大得多。每个人的心理特征和心理状态要在人机系统中得到协调一致，是一个非常复杂的问题。为此，要根据人的共性和人的信息特征来深入研究和分析操作人员容易产生不安全行为的基本原因以及事故发生的一般规律，从而采取必要措施来减少人为失误，保证安全生产。

分析1　因循守旧，弃难就易图省力、走捷径而造成违章作业。通常由于系统的变化和更新改变了作业工序。

工人对已经掌握的操作方法和工艺流程已形成习惯。因为人长期工作，运用自如的操作已经通过信息输入—判断—功率输出的全过程渗透于脑、其他神经、肌肉和四肢，形成了一套成熟的人机程序。因此人们对新的安全装置、新的工艺和工具设备就会感到不太得心应手，有些人便采取走捷径找窍门的办法，不执行新工艺，不用新工具，而且一经试行，取得一点甜头就会长此以往，重复照干。相互感染，成为恶习，而有意漏掉了安全工序，为整个系统埋下了不安全因素。

例如：某热轧车间，一挂吊工与吊车司机配合进行钢管的包装作业，即将已捆扎后的钢管吊运到小车上。这是一个较简单的作业，且长时间形成了一种习惯性的配合作业。一次，挂吊工在完成挂吊之后，突然发现小车上的隔杠蹿动，他即上小车拔隔杠，这时司机将刚挂吊完的一捆钢管吊起，恰好落在挂吊工的后背上，挂吊工被重压而死。

本例中，司机与挂吊工都是受习惯作业的影响，司机没有认真了解和确认被吊物下是否有人就盲目落钩，挂吊工认为人在小车上，司机不能落钩，也没有进行正常的联系。同时，挂吊工与司机都疏漏了安全工序。因为吊车司机应服从挂吊工的指挥，而挂吊工必须正确地发出信号。

分析2　忘记、看错、念错、想错造成记忆与判断的失误。

通常人们在应急的瞬间忘记了危险。例如有一伏案设计的电气工程师，突然想起要测一下变电站电机的某一尺寸。在这种情况下没有换工作服，而穿着宽松的长袖衫到低矮的变电间屈身去实测。正当测量之时长袖衫脱卷，他下意识地举起右手，并用左手去卷右衣袖，结果右手指尖接触电线，触电死亡。这就是在完全应急的情况下忘记了危险的不安全行为。防止的办法就是采用连锁断电或根本禁止进入这种带电场所。

也有正在作业之时，突然外来干扰(如叫听电话、别人召唤、环境吸引)使作业中断，等到继续作业时忘记了应注意的安全问题。

对信息看错、念错、想错的原因通常有：信号显示不够完善，人机界面设计不合理；存在环境干扰，致使输入信息紊乱；人本身的感知性能低下；在先入感的强烈影响下发生错觉。

分析3　选错操纵装置、记错操纵方向和错误调整而引起操作失误。

选错操纵装置的原因有：操纵器的各种编码不明显以及操作人员对各种操纵器不深入了解和掌握。失去方向性，搞错开关的正反方向，如要“前进”却按了“后退”钮，致使井下巷道装岩机司机将自己挤压于岩壁而死亡。有的设备运行方向与人的习惯方向相反，也易引起误操作。此外由于技术不熟练，对复杂操作产生调整错误。

分析4　体力不支、疲劳和异常状态下也易发生事故。

年龄高、身体动作迟缓、反应迟钝的老工人，在矿山露天开采作业中遭受滚石伤害的概率，要比身轻敏捷的年轻工人的大，这是实践中人所共知的。人在疲劳时对输入信息的判断能力下降，输出动作缺乏准确性，容易产生不安全行为。所以人在连续劳动、加班加点或激烈运动之后不易正确控制自己的动作，应在工间稍加休息。

人在异常状态下，特别是当发生意外事件、生命攸关之际，接受信息的瞬间十分紧张而引起冲动，对信息的方向性不能选择和过滤，只能将注意力集中于眼前的事物之一而无暇他顾，产生行为失误，造成危险。某矿两工人在独头巷道中点炮未完而矿灯熄灭，由于紧张和摸黑向外跑，结果迷失了方向，又摸回了巷子头，炮响而导致一死一伤。某工人在巷道中坐在空车道上等矿车，突然来了重车，该工人由于睡眼朦胧竟向重车迎面跑去，致使被压身亡。这些都是在异常状态下的不安全行为所致。

7.2.2　机器的可靠性

在人机系统中，由于机器设备本身的故障以及人机系统设计的协调性差而导致了许多事故的发生。因此，人们为了防止事故，在进行生产活动开始时，就要对机器设备的安全性进行预测，并根据具体情况，运用已有的经验和知识，及时调整和更正事先的预测，使预测的准确性达到最优。由此所决定的人的行动和机器性能方面的预测在实际工作中与最初设想达到一致的程度就是可靠性。

就机器设备而言，可靠性是指机器、部件、零件在规定条件下和规定时间内完成规定功能的能力。

规定条件包括使用条件、维护条件、环境条件、贮存条件和工作方式等。某些电子元器件在实验室中使用和在火箭上使用，其可靠性就可以相差几个数量级。机器在超负荷下使用和连续不断工作都会使可靠性降低。相反，产品在减负荷(低于使用负荷)下使用，可靠性提高。

规定时间依据不同对象和工作目的而异，如火箭要求几秒或几分钟内工作可靠，而一台机床要求的可靠使用时间则长得多。一般地说，机器设备的可靠性随使用时间的增加而逐渐降低，使用时间越长，可靠性越低。使用时间不同，可靠性也不同。

规定功能是指机器设备本身的性能指标和包括人方便、安全、 舒适地操纵机器的使用功能。当机器和设备达到规定功能，则可靠；当产品丧失规定功能，则称其发生故障、失效或不可靠。

度量可靠性指标的特征量称为可靠度。可靠度是在规定时间内，机器设备或部件能完成规定功能的概率。若把它视为时间的函数，就称为可靠度函数。就概率而言，可靠度是累积分布函数，它表示在该时间内成功完成功能的机器或部件占全部工作的机器或部件的百分率。设可靠度为$R(t)$，不可靠度为$F(t)$，则

$$R(t)=1-F(t) \tag{7-1}$$

若$F(t)$对时间微分，即可得函数$f(t)$，称为故障密度函数，即

$$f(t)=\frac{\mathrm{d}F(t)}{\mathrm{d}t}=\frac{-\mathrm{d}R(t)}{\mathrm{d}t} \tag{7-2}$$

故障率$\lambda(t)$可用下式表示：

$$\lambda(t)=\frac{f(t)}{R(t)}=\frac{-\mathrm{d}R(t)}{R(t)\mathrm{d}t} \tag{7-3}$$

如$\lambda(t)$已知，可将上式变为积分形式，即可求得$\lambda(t)$与$R(t)$的关系：

$$R(t)=e^{-\int_0^t \lambda(t)dt} \tag{7-4}$$

当$\lambda(t)$是常数时，即$\lambda(t)=\lambda$，则有

$$R(t)=e^{-\lambda} \tag{7-5}$$

其中故障率λ等于机器或部件平均无故障时间的倒数，即

$$\lambda=\frac{1}{\text{平均无故障时间}}=\frac{1}{\theta} \tag{7-6}$$

所以式(7–5)可写为

$$R(t)=e^{-\frac{t}{\theta}} \tag{7-7}$$

显然，随着使用时间的增加，机器或部件的可靠度不断降低，见图7–6。根据上式，当机器或部件使用时间等于平均无故障间隔时间，即$t=\theta$时，机器或部件的可靠度为$R(t)=e-1=0.386$。为了提高机器或部件的可靠度，必须使t/θ的比值最小。

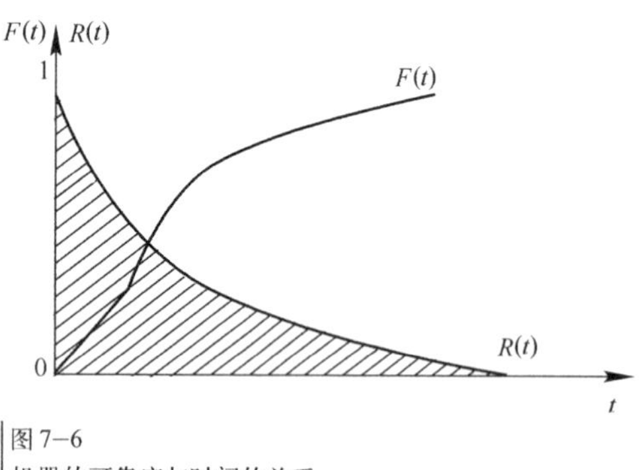

图 7–6
机器的可靠度与时间的关系

1）机器故障

机器或部件的故障率$\lambda(t)$是随使用时间的递增按不同使用阶段变化。通常可分为三个阶段。

① 初期故障，发生于机器试制或投产早期的试运转期间。其主要原因是由于设计或生产加工中潜在的缺点所致。潜伏未被发现的错误、制造工艺不良、材料和元器件的缺陷，在使用初期暴露出来，就呈现为故障。例如螺钉、螺栓免不了有次品，焊接有可能假焊等等。为了尽早发现这些缺陷，就要对材料、元器件进行认真的筛选、试验、改进制造工艺，以及对成品做延时、老化处理、人机系统的安全性试验等，以提高机器在使用初期的可靠性。

② 随机故障，是在机器处于正常工作状态下的偶发故障。这期间，故障率较低且稳定，称为恒定故障期。这期间的故障不是通过检修等方法可以避免的。这些故障常由于超过原器件设计强度和应力过于集中所致。偶发故障是随机的，既无规律又不易预测。但是对一般机器都可规定一个允许的故障率，而把相应于这个故障率的寿命称为耐用寿命，或有效工期。在一定条件下耐用寿命越长越好。

③ 耗损故障，也即后期磨损故障。随着时间的增长，故障率迅速增加。这一时期的故障原因主要是由于长期磨损，机器或部件老化、疲劳、腐蚀或类似的原因所致。在研究机器耗损故障之后，就可以制定出一套预防检修和更换部分元件的方法，使耗损故障期延迟到来，以延长有效工作期。

机器或部件的以上三个阶段的故障率与时间的关系见图7–7。

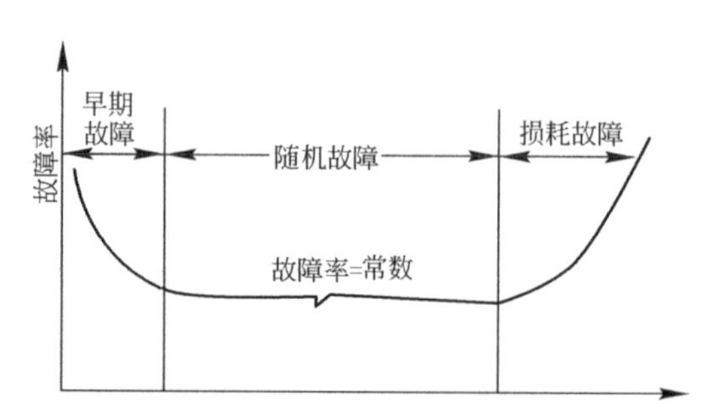

图 7–7
故障率与时间的关系

2）机器的可靠性分析

可靠性是机器或部件的重要指标之一。在制定设计方案时，就需要考虑可靠性的估计问题，对机器或部件进行可靠性的定量分析。定量分析的方法是根据故障率来计算机器或部件可能达到的可靠度或计算在实际应用中符合性能要求的概率。

一台机器由许多部件组成，一个生产单元又由许多机器或设备组成，进而，许多生产单元组成了整个生产系统。无论是组成机器或设备的许多部件或零件之间，还是组成生产单元和生产系统的众多机器设备之间，在完成规定功能和保障系统正常运动时，都是按一定连接方式进行配置的。构成系统的各单元之间通常可归结为串联配置方式和并联配置方式两类。

① 串联配置方式

如图7–8所示，系统能量的输入按顺序依次通过功能上独立的单元A_i=1，2，3…n，然后才输出。串联配置的时候，欲使整个系统正常工作，必须使所有单元都不发生故障。如果系统中的任一个单元发生故障，就会导致整个系统发生故障。因此对于重要的和可靠性要求高的系统，应力求避免采用串联配置方式。

如果每个单元的可靠度为R_1，R_2，$R_3 \cdots R_n$，则系统的可靠度

$$R_s(t)=R_1R_2R_3\cdots R_n$$

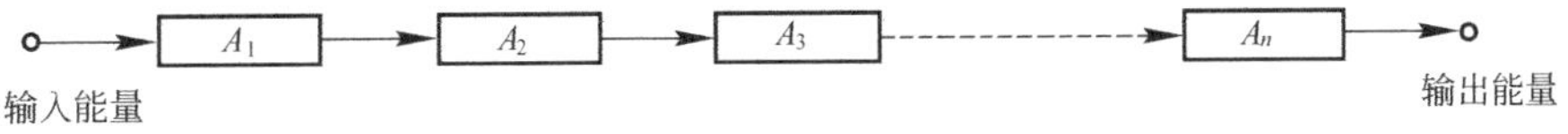

输入能量 A_1 → A_2 → A_3 - - - → A_n 输出能量

图7–8
串联配置系统

或

$$Rs(t)=\prod_{i=1}^{n} Ri(t) \tag{7–8}$$

如将上式变为故障率，则系统的总故障率

$$\lambda s(t)=\lambda_1+\lambda_2+\lambda_3+\cdots\lambda_n \tag{7–9}$$

或

$$\lambda s(t)=\sum_{i=1}^{n}\lambda i(t) \tag{7–10}$$

在计算可靠度时，要注意系统类型的复杂性。例如电子计算机系统在整个运算过程中，不是所有元件都投入运行，所以还须注意这种因素，以免可靠度的计算结果偏低。另一方面，还要注意使用条件，因为相同的元件在不同的环境下使用，其故障率或寿命也是不相同的。

② 并联配置方式

如图7−9所示，它是由一系列平行工作的单元组成系统。该系统中只要不是全部单元发生故障，系统仍可以正常工作。因为系统中没有发生故障的单元照样保持能量的输入和输出。实际上所有单元同时发生故障的概率极低，所以并联配置方式保持系统正常运行的可靠性比串联方式高得多，但经济性差，因此选择并联配置方式时要根据系统的重要程度而定。

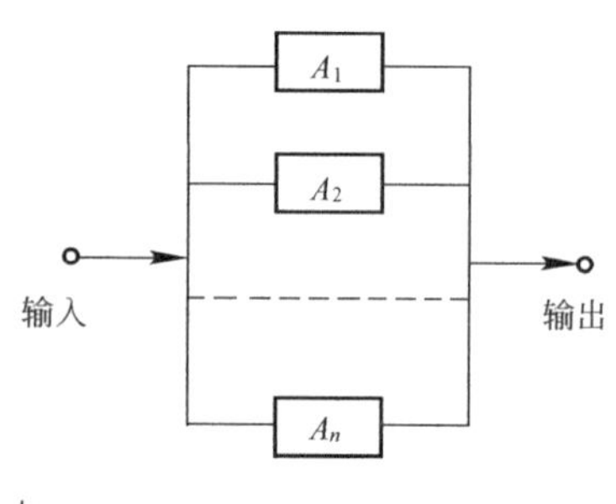

图 7−9
并联配置系统

并联配置方式的系统可靠度按概率公式可表示为

$$Rs(t)=1-(1-R_1)(1-R_2)\ \cdots\ (1-R_n)$$

或

$$Rs(t)=1-\prod_{i=1}^{n}Fi(t) \tag{7-11}$$

式中　$F_i(t)$为系统单元的不可靠度。

3）提高机器的可靠性

提高机器设备可靠性的目的有二：一是延长机器设备的使用寿命，一是保证人机系统的安全性。

可靠性高的产品，使用效率就高，使用寿命就长，甚至一个产品能顶几个用。 在现代设计中，一个元件不可靠，影响的不是元件本身，而是一台设备、一条生产线以至整个生产系统。

机器设备可靠性高，就会使人操作起来感到安全，减少失误，避免伤亡事故的发生和经济损失，相应地人机系统的可靠性就会提高。

提高机器设备可靠性的方法从两方面考虑：减少机器本身故障，延长使用寿命，提高使用安全性。

① 减少机器故障的方法

（1）利用可靠性高的元件。机器设备的可靠性取决于组成部件或零件的可靠性。因此必须加强原材料、部件及仪表等的质量控制，提高零部件的加工工艺水平和装配质量。

（2）利用备用系统。在一定质量条件下增加备用量，尤其是厂矿的关键性设备，如电源、通风机、水泵等都应有备用的。再如矿井的主扇、连接电机及电源都应有备用品，以使井下通风不致因偶然事件而中断。

（3）采用平行的并联配置系统，当其中一个部件出现故障时，机器设备仍能正常工作。如果两个单元并联系统中的一个单元发生故障，则系统的可靠性就降低到只有一个单元的水平。所以为保持高可靠性，必须及时察觉故障，并迅速更换和调整。

(4) 对处于恶劣环境下的运行设备应采取一定的保护措施，如通过温度、湿度和风速的控制来改善设备周围的条件；对有些机器设备以致零部件要采用防振、防浸蚀、防辐射等相应措施。

(5) 降低系统的复杂程度，因为增加机器设备的复杂程度就意味着其可靠性降低，同时机器设备的复杂操作也容易引起人为失误，增高故障率。

(6) 加强预防性维修。预防性检查和维修是排除事故隐患、消除机器设备潜在危险、提高机器设备可靠性的重要手段。通过检修查明，有的部件仍可继续使用，有的部件已达到使用寿命的耗损阶段，必须进行更换，否则会因为存在隐患而导致更严重的事故发生。

提高机器设备使用安全性的方法，主要是加强安全装置的设计，即在机器设备上配以适当的安全装置，尽量减少事故的损失，避免对人体的伤害；同时，一旦机器设备发生故障，可以起到终止事故、加强防护的作用。以下仅举几例。

(1) 设计安全开口，图7-10为一模具设计实例。在合模处，开口的设计宽度要小于5mm，这样，作业者身体的任何部位就不会进入危险表面。所以对于需要合口的机器设备，在设计时应尽量将合口的宽度减小，消除危险性。

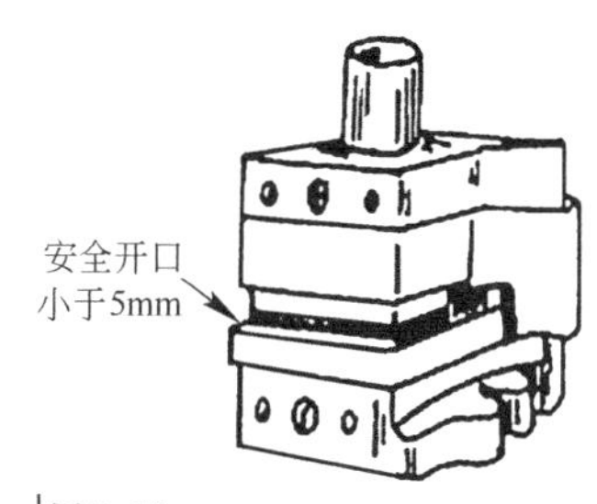

图7-10
模具安全开口

(2) 设置防护屏。如果机器设备的工作部分为危险区，而作业者又时有进入的必要，可以在作业者与机器设备之间设计一个防护屏，以保障安全作业。图7-11为一碟式电锯的护罩设计。电锯座板上方的护罩为固定装置，下方为可调的形式。电锯不工作时，护罩全封闭；工作时，活动护罩可回缩，使其与工件一起成为一封闭式的防护屏，所以，在任何情况下都不易发生危险。

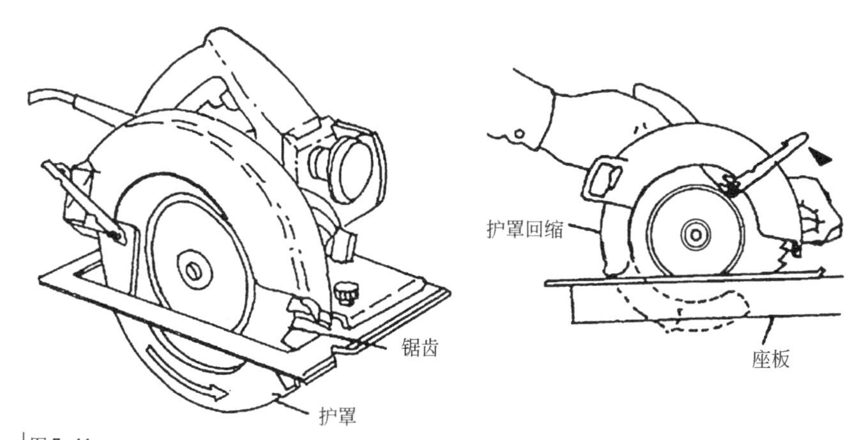

图7-11
护罩可调式碟型电锯设计

（3）加联锁装置。当作业者要进入电源、动力源这类危险区时，必须确保先断电，以保证安全，这时可利用联锁装置。图7－12中，机器的开关与工作区的门是互锁的，当作业者打开门时，电源自动切断；当门关上后，电源才能接通。这样就为检修人员提供了安全保护装置。

（4）设置双手控制按钮。有些作业者习惯于一只手放在按钮上准备启动机器，另一只手仍在工作台面上调整工件。为了避免在开机时，一只手仍在工作台面上，可采用图7－13所示的双手控制按钮，即只有双手离开台面去按开关钮，机器才能启动，从而保证了安全。

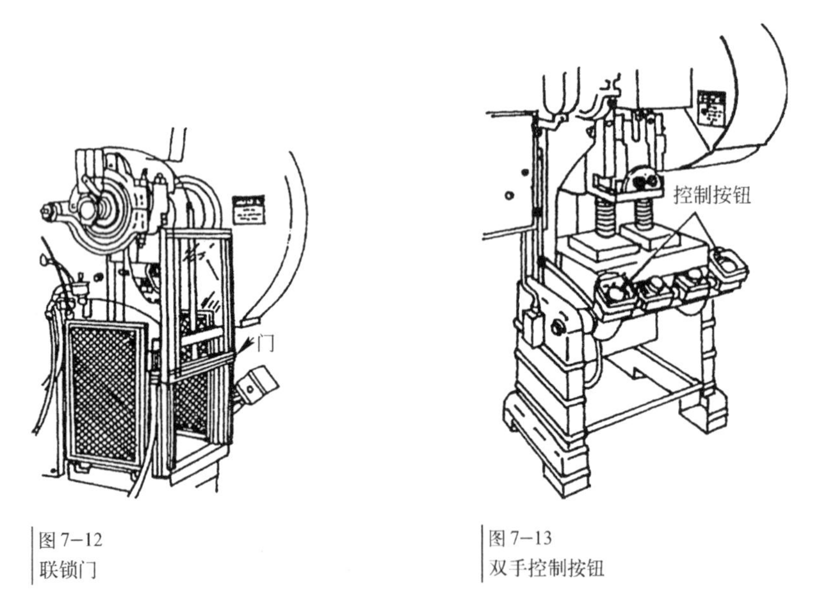

图7－12
联锁门

图7－13
双手控制按钮

（5）安装感应控制器。当作业人员的身体经过感应区进入危险区时，感应区的感应器（红外线、超声波、光电信号等各种感应器）就会发出停止机器工作的命令，保护作业者，以免受到意外伤害。见图 7－14。

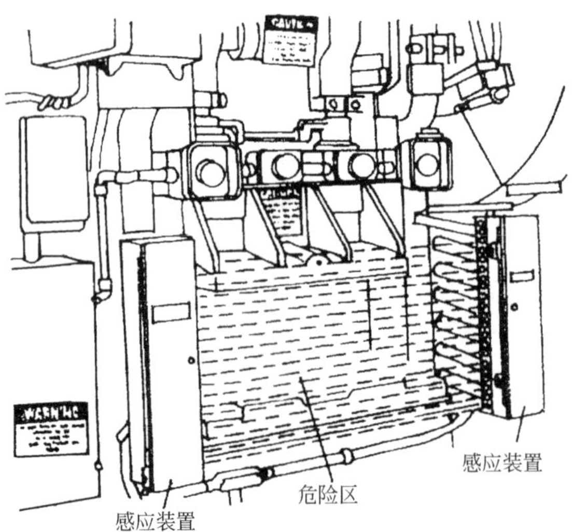

图7－14
感应式安全控制器

(6) 设示警装置。当作业者接近危险区时，通过某种手段，示警装置就会发出信号(闪频、音响信号)以提醒作业者注意。

(7) 设应急制动开关，可在紧急状态下，停止机器设备的运转，以保证作业者的安全。

安全装置的种类还有很多，如熔断器、限压阀等，应根据机器设备的具体情况采用。

7.2.3 环境因素

环境条件是影响安全人机系统可靠性的重要因素。人使用和操纵机器设备都是在一定的空间环境里进行的。在正常条件下，人、机、环境之间互相制约而保持平衡，且随时间的推移而不断调节这种平衡关系，以保证整个系统的可靠性。一旦人、机、环境系统中的某一因素出现异常，使系统的平衡遭到破坏，就会发生事故和财产损失。因环境因素而造成事故的例子也是很多的。不同的环境条件对人、对机器设备都会有不同程度的影响。优良、舒适、合理的环境条件可使作业人员减轻疲劳、心情舒畅、减少失误；可以提高机器设备、元器件的使用寿命，降低故障率。反之，恶劣的环境条件，给人和机器设备带来不利影响，降低了系统的可靠性。

就人、机、环境的总系统而言，人与环境、机与环境可以作为子系统来对待。下面对这两个子系统分别进行讨论。

1) 人—环境系统的可靠性

① 温度、湿度

在作业环境中温度和湿度的变化，除来自机器、装置和人的热能通过传导、对流和辐射产生影响外，主要是季节变化带来的影响。

夏天环境温度高、湿度大，而冬天温度低、湿度小。高温高湿的环境使人感到不舒适、心情烦躁、疲惫、头晕，增加了操作人员生理上的疲劳和懈怠，反应迟钝，操作能力降低，容易产生人为失误，使人—环境系统的可靠性降低。

低温条件会影响人手脚动作的灵活性，尤其对于用手指进行的精细操作，温度过低会使手指的灵活性降低，手肌力和动感觉能力都明显变差，以致发生冻伤和无法工作。

要使作业人员舒适、安全和高效率的工作，就要为生产工作场所创造适宜的气候环境，即适宜的温度、湿度及合适的风速。

高温防护的措施可以采用通风降温、空调装置、防护服装等方式。低温防护主要是保持工作环境的温度，通常以加温设备即可做到。

② 照明度

人在作业场所从事的各种生产活动，是通过光来观察环境并作出判断而进行的。然而，如果作业环境的光照条件不好，作业人员就不能清晰地识别物体，从而容易接受错误信息，产生行动失误，导致事故发生。同时，因照明度不足，作业人员在识别显示装置和操纵装置的过程中，就会产生疲劳，引起心理上的变化，使思考能力和判断能力迟缓，也增加了发生事故的潜在危险。因此，保证作业环境的良好光照度，对于减少事故，提高系统的可靠性具有非常重要的意义。

为了减少由于光照不足带来的事故，作业场所应尽量设法利用日光来达到作业照明度的要求，如采用大面积玻璃钢窗；在可能的条件下，机器设备的色调应明快、干净，避免使用灰暗色调。在需要人工照明的情况下，应尽量使光线不要太暗，但也不要太亮。太亮的光线易产生明暗对比很强的阴影，会造成作业人员的视觉疲劳。作业照明的选择和确定，要根据作业特点和作业环境，以舒适和减少事故为原则。

③ 环境噪声

噪声是人们不需要的声音，是一种公害。在工业生产中，各种机器和装置由于振动、冲击、摩擦而产生的各种杂乱频率交织在一起的声波，就形成作业环境的噪声。噪声的升高，会给人的各种生理机能带来危害。

在噪声环境下，语言的清晰度降低，影响正常的交谈和思维能力。短时间暴露在噪声下，会引起听觉疲劳，使听力减退；暴露时间过长会引起永久性耳聋，甚至还会引起多种疾病。更主要的是在某些重要场合，噪声掩盖音响报警信号会引起伤亡事故。

此外，噪声对人的心理影响也是生产操作中不安全的一个重要因素。噪声的声压升高，人的交感神经就会紧张，引起心情烦躁，注意力不集中，这样就容易发生人为失误，而使事故增多。

所以，在安全生产中，必须采取积极的防护措施，尽量减少噪声对人的生理和心理的不良影响。防止噪声的主要途径是：降低源噪声，包括更换装置，改善噪声源；控制有源噪声，包括隔声、吸声、消声、减振等；调整总体布局；加强个人防噪措施等，将噪声控制在国家规定的标准以下。

④ 环境污染

目前，有害气体、蒸汽和粉尘等所造成的污染最为普遍。人们长期处在这种环境中，日积月累，各种有害物质必将对人体产生不良的生理效应，轻则引起精神不快，感官受刺激，工作效率降低；重则造成职业病及生产事故，甚至危及生命。所以环境污染越来越受到人们的重视。

控制环境污染，要根据污染的性质采取不同的措施。例如，对空气污染，可采取通风、除尘和净化空气的方法；对污水要采用污水净化处理器进行净化处理；对其他有害物质，要尽量提高设备与装置的安全性，防止有害物质的泄漏，并设置有效的吸收、燃烧和处理装置，尽量使作业环境的有害物质含量减少到最低限度，保证作业人员的身心健康，减少事故，使人机系统能够可靠、有效地工作。

2）提高机—环境系统的可靠性

① 温度

通常机器设备所处的环境温度越高，对其可靠性的影响越大。因为机器设备在运行过程中都需散热，如果作业环境的温度过高，便不利于机器和设备的散热，就会增加机器设备发生故障的可能性。因此要利用传导、对流、辐射等散热途径来降低各种热源对机器设备的不利影响。

利用传导散热的主要措施有：选用导热系数大的材料；扩大热传导零件间的接触面积；缩短热传导的路径，路径中不应有绝热和隔热元件。

利用对流散热的主要措施有：加大温差，降低周围对流介质的温度；加大散热面积；加大周围介质的对流速度。

利用辐射散热的主要措施有：在零件或散热片涂黑色粗糙漆；加大辐射体的表面积；加大辐射体与周围环境的温差等。

在机器设备温升过高的工作环境里，需采取降温通风措施，如强迫通风、液体冷却、蒸气冷却以及半导体制冷等。

② 腐蚀

潮气、霉菌、盐雾和环境中其他腐蚀性气体对机器设备的影响，主要表现在金属表面腐蚀、材料绝缘性能下降、其他性能劣化和失效等，由于腐蚀而造成了机器设备寿命周期的下降。

防止腐蚀主要采用的方法：a.为了防潮，可以将金属件电镀和表面涂覆；b.为了防霉，可以选用不生霉和经防霉处理的材料，机器设备还须经常维修清理以保证干燥和清洁；c.为防止不同金属接触而造成电化腐蚀，要采用金属表面保护措施，如烧蓝和煮黑等工艺；d.当使用环境恶劣时，要求高的产品应采用密封和灌封结构，以防止环境中腐蚀性气体的影响。

③ 振动

机器设备和装置在运行当中的变频、冲击、加速等会造成不同程度的振动。强烈的共振会导致机器设备或零部件损坏，且给作业人员带来不利影响，大大降低系统的可靠性。因此，在设计上采取相应的防振、耐振措施，也是提高机器—环境系统可靠性的重要方面。

防振、耐振的措施是充分利用了加固技术、缓冲技术、隔离技术、去耦技术、阻尼技术和刚性化设计原理，尽量减轻振动给机器设备带来的不利因素。

在要求严格的情况下，必须设置减振器。减振器的选择主要考虑减振系统的重量、重心位置和各方的固有频率等。

机械振动是一门专门的学科系统，这里不赘述。

④ 辐射

具有辐射的环境对机器和设备产生不同程度的不利影响。辐射主要有电磁辐射，如γ、x射线和电磁脉冲；粒子辐射，如正负电子、质子、中子和α粒子。辐射对机器设备的损伤包括：瞬时的电离效应、半永久性的表面效应和永久性的位移效应以及各种热效应。

为了提高设备抗辐射能力，尤其对电子设备，必须进行防辐射研究。如合理地选择材料和元器件；进行设备本身抗辐射电路的设计；采用良好的组装工艺；采用真空密封或灌封结构来隔绝器件表面的空气，以防止电离效应的影响；采用屏蔽措施。此外，还须尽力控制辐射源，使作业环境的各种辐射降低到最低限度，以保障机器设备和人正常工作的条件。

第 8 章 | 人机工程学的综合应用

8.1 人机工程学与汽车

交通运输业是现代社会活动和经济活动中的重要内容之一，几乎所有人都离不开交通工具。因此从人机工程学的观点来研究交通工具与人的关系，具有非常重要的意义。

研究的主要内容包括以下三个方面。

1）人的方面：驾驶人员和乘坐人员，其中主要是驾驶人员的心理、生理状态对运输作业系统的影响。

2）运输工具方面：操纵装置、显示装置、驾驶空间、坐席、视界及作业环境的微气候等。

3）环境方面：天气的影响、交通标志、道路设施、交通噪声、照明条件等。

下面仅以汽车运输作业为例，研究人机工程学的应用问题。

8.1.1 汽车事故与人的作业研究

汽车司机、乘客与汽车构成了一个典型的人机环境系统。在这个系统中，安全性和舒适性是最重要的。因此，进行交通事故的分析和人的作业研究是提高汽车作业人机系统可靠性、保障作业安全的重要方面。

1）汽车交通事故

汽车交通事故(车祸)，是当前世界各国所面临的严重问题。据统计，自发明汽车以来(1885年)已有2000多万人死于车祸，全世界每年平均有30万人死于交通事故，伤残者就更不计其数(表8–1)。

一些国家一年中车祸数据　　表8–1

国　别	车祸次数	死亡人数	受伤人数	经济损失	年度
美　国	17000000	56278	2000000	194亿美元	1972
日　本	718080	16765	900000	8000亿日元	1970
法　国	216080	11946			1983
中　国	100000	20000	1000000		1980
合　计	18034160	104989			

在各国发生的交通事故中，80%～90%是人的因素造成的。因此，在事故的分析当中，需用人机学的观点分析人为失误的直接原因，还需研究含有隐性事故和潜在事故的间接原因，即容易引起事故的条件。表8-2为北京市一年的交通事故直接原因的分析结果。

交通事故的直接原因分析 **表8-2**

次数	比率(%)	原　因	次数	比率(%)	原　因
1047	41.35	思想麻痹	42	1.66	侵占慢车道
264	10.43	开快车	26	1.03	技术不良
265	10.47	逆　行	17	0.67	过路口超速
111	4.38	抢　道	15	0.59	装载不当
306	12.09	违章超车	11	0.43	酒后开车
140	5.33	非司机开车	11	0.43	打瞌睡
132	5.21	跟前车太近	2532	100	合　计
145	5.37	刹车不灵			

间接原因的分析有以下几方面。

① 司机身体状况：如身体过高或过矮，操作驾驶不方便；是否正在患病；有无睡眠不足；是否过于疲劳等。

② 司机的心情与情绪：在发生事故前，司机的心情是否愉快或忧郁、气愤、急躁、注意力不集中和是否爱开快车。

③ 汽车的内外环境：如车窗的透明度如何、操作失误、对信号标志的判断错误、被驾驶室外的眩光照射、道路照明太暗而看不清。

④ 其他原因：如与别人谈话、司机对新车不习惯及未预料到的突然情况等。

发生交通事故的原因是错综复杂的。交通事故发生的一般规律，从时间上来看，往往是在上下班高峰时间里频率最高。从环境来看，因天气阴暗、雪天、雾天、雨天等恶劣的环境条件，影响了司机和行人的视觉反应，也是事故增多的原因之一。从司机本身来看，大多是思想意识水平和心理、生理状态不佳所致。

为了汽车的行车安全，还需对有关方面采取政策，即：(1)加强对司机的选择和训练，提高驾驶水平；(2)对行人心理和行动的研究；(3)汽车设计上应尽量减轻司机的操作负担，提高视认性和方便性，提高汽车性能的可靠性；(4)在道路方面，要注意道路的合理结构，交通标志要方便易认；(5)在管理上要设置有效的安全措施，制定行之有效的交通法规。

2）人的作业研究

汽车司机在驾驶作业中，要时刻不停地从交通系统、交通条件等信息中，准确认读、快速判断，随时随地按照新的信息采取适当的操作，使汽车连续地安全运行。司机因注意力高度集中而容易引起精神负担过重。又由于驾驶姿势相对固定，司机的活动自由度大为减少，这些都会导致司机疲劳，使知觉感减退，引起反应迟钝，很容易产生判断错误而发生行车事故。

汽车司机驾驶作业分析，主要反应在由心理因素和生理因素所引起的疲劳问题上。汽车司机的作业疲劳是一种特殊的典型驾驶职业疲劳，它是由于司机高度精神集中而引起的神经系统和大脑皮质活动的衰减，这种疲劳与肌肉疲劳的性质不同，属于体力与脑力混合疲劳。就运输作业而言，这种疲劳更具危险性。

影响驾驶疲劳的因素主要有以下一些：

① 驾驶人员生活上的因素：如家庭生活环境、劳累程度、生活条件等。

② 驾驶过程中的因素：如驾驶室内的温度、湿度是否适宜，车内噪声情况，车内振动情况，坐席的舒适程度，操纵力是否适当，操纵器的配置是否合于人的生理需要。再如车外环境，白天、黄昏还是深夜，气候是晴天、雨天还是雪天，道路条件、标志条件、交通条件、交通设施条件等。

③ 驾驶员的条件：如体力、视力、身体健康状况、年龄、经验以及性格等。

④ 驾驶的连续时间：连续长时间驾驶汽车是引起司机疲劳的主要方面。通过对司机疲劳症状的调查、闪频值的测定、司机脉搏的连续测定以及反应时间与反应失误率测定等，上述结果都与驾驶的连续时间有关。一次驾驶时间过长而产生的疲劳，往往是导致事故发生的主要因素。研究表明，一般情况下，一次性驾驶时间不超过3h为宜，若驾驶时间更长时，应有备用司机轮班驾驶。

司机长时间驾驶而产生的疲劳症状，主要有因困意而注意力不集中及长时间不良姿势引起运动器官的酸痛，同时还常伴有头痛、头晕、全身无力、疲倦等明显症状。因此，防止和减轻司机驾驶疲劳的对策，首先是从管理上考虑司机的年龄、上下班的时间、睡眠时间、休息的安排和休息时间的长短等内容，进行合理调节，尽量使司机的工作合乎人的生理节奏和生理特点。再就是从人机系统的设计上，考虑驾驶室的作业空间、操纵装置和显示装置、道路设施和交通标志等内容，尽可能有利于司机的驾驶作业，从而消除造成疲劳的因素。

在保证汽车的驾驶作业安全性当中，除研究作业人员疲劳这一相关因素之外，驾驶人员的驾驶适应性也是保证作业可靠性的一个方面。驾驶的适应性是指：司机在接受训练或在积累驾驶经验之前，所具有的潜在的心理素质和倾向性的特征。一般来讲，要适应驾驶工作的人员应具备的心理素质和作业能力有：(1)对各种信息(包括危险情况)能迅速反应和接受，并能统筹兼顾，准确判断；(2)对驾驶作业中产生的错误、灾害和事故有一定灵活处置的能力和对危险性的回避和应急能力；(3)热爱本职工作，具有驾驶欲望和提高作业能力的自信心。

8.1.2 汽车的人机系统设计

运用人机工程学的观点进行汽车的设计，主要是要满足人驾驶汽车和乘坐汽车的安全性和舒适性。

表8−3为进行汽车车内设计当中，满足安全性和舒适性的各项条件。

汽车车内满足安全性和舒适性的各项条件　　表8−3

项目	安全及舒适性条件	项目	安全及舒适性条件
与视觉有关的仪表	(1) 确认方便(与重要性有关) (2) 不晃眼 (3) 不需头部运动 (4) 不闪烁 (5) 不太暗 (6) 对比不太强烈 (7) 不刺眼 (8) 可进行调节 (9) 能迅速地定量或定性地认读	车内空间	(1) 不碰其他物体 (2) 不太狭小 (3) 有活动余地 (4) 不浪费时间 (5) 不超出范围 (6) 不扭动身体 (7) 不过分离开坐位 (8) 顶面不太低 (9) 不太高(离地面) (10) 不太近(离仪表及操纵器)
与听觉有关的仪表	(1) 容易听到 (2) 不混入杂音 (3) 无噪声 (4) 人的感觉良好 (5) 能形成调和音	车内气候	(1) 能调节温度 (2) 能调节湿度 (3) 能调节空气对流的速度 (4) 能改变空气的流向 (5) 能换气
操纵器	(1) 握持方便 (2) 无“咯咯”声 (3) 触感良好 (4) 不伤皮肤 (5) 动作平衡 (6) 能快速操纵 (7) 负担分配适当	乘坐舒适性	(1) 座面较宽 (2) 座面弹性和下沉要适当 (3) 座面材质的传热性和通气性良好 (4) 便于保持正确的姿势 (5) 背部弯曲的大小、位置和角度都能适当地调节 (6) 座面能前后调节 (7) 不引起人体共振
控制器	(1) 操作时用力不大 (2) 不过分重 (3) 不太紧 (4) 容易进行正确的控制		

汽车司机驾驶室是人机系统设计的重要内容。驾驶室内的座椅、方向盘、操纵机构、显示仪器及驾驶空间等各种相关尺寸，都由人体尺寸及操作姿势或舒适程度来确定的。但是，由于相关尺寸非常复杂，人与“机”的相对位置要求又十分严格，所以，为了使这种人机系统的设计能更好地符合人的生理要求，在设计中，可采用人体模板来校核有关驾驶空间尺寸、方向盘等操纵机构的位置，显示仪表的布置等是否符合人体尺寸与舒适驾驶姿势的要求。图8−1是用人体模板校核小型汽车驾驶室设计的实例。

1）汽车座椅设计

汽车中的座椅是影响驾驶与乘坐舒适程度的重要设施，而司机的座椅就更为重要。舒适而操作方便的驾驶座椅，可以减少司机疲劳程度，降低故障的发生率。

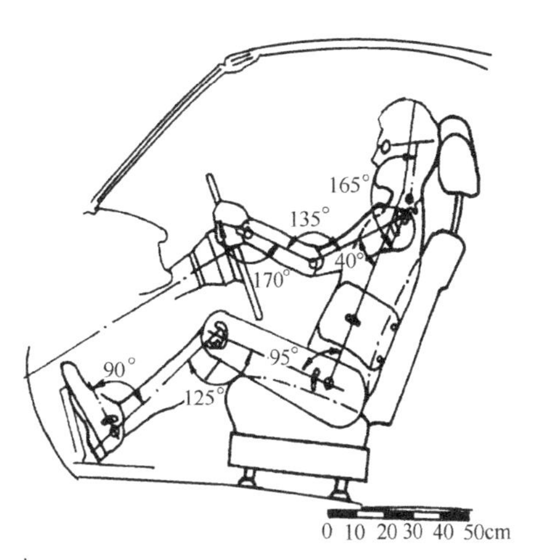

图 8–1
利用人体模板进行小轿车驾驶设计

驾驶座椅的靠背与座面的夹角及座面与水平面的夹角是影响司机驾驶作业的关键。驾驶员在行驶中的视线垂直于视觉目标，观察效果最好，如果靠背倾角太大，就不得不使颈部向前弯曲，这样会造成颈部疲劳。因此，靠背倾角的大小应同时考虑到作业特点和作业的舒适性。通常，司机在驾驶作业中，上身近于直立而稍后倾，保持胸部挺起、两肩微垂、肌肉放松，有利于操纵方向盘。图8–2和表8–4列出了驾驶坐席的基本参数，供设计参考。

驾驶坐席基本参数　　**表 8–4**

类型	γ(°)	α(°)	β(°)	H(mm)	D(mm)
小轿车		100	12	300～340	
轻型载重车	20～30	98	10	340～380	300～350
中型载重车(长头)	10～15	96	9	400～470	400～530
重型载重车(平头)	60～85	92	7	430～500	400～530

对于乘客座椅的设计，由于不强调视觉效应而侧重于乘坐的舒适性，所以其设计的基本参数略有不同，而且旅途的长短要求也不同。图8–3和表8–5，列出了乘客坐席的设计参数。

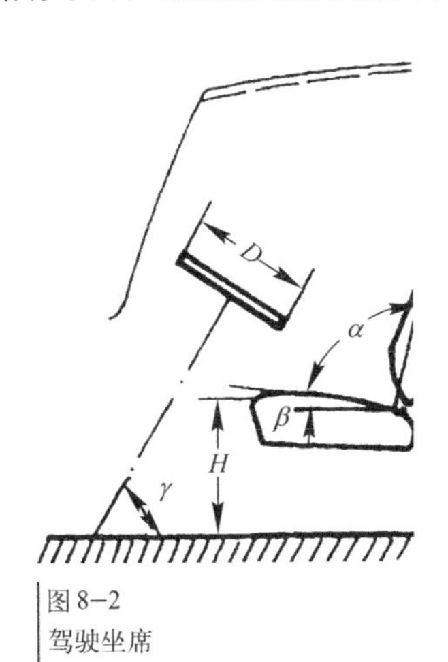

图 8–2
驾驶坐席

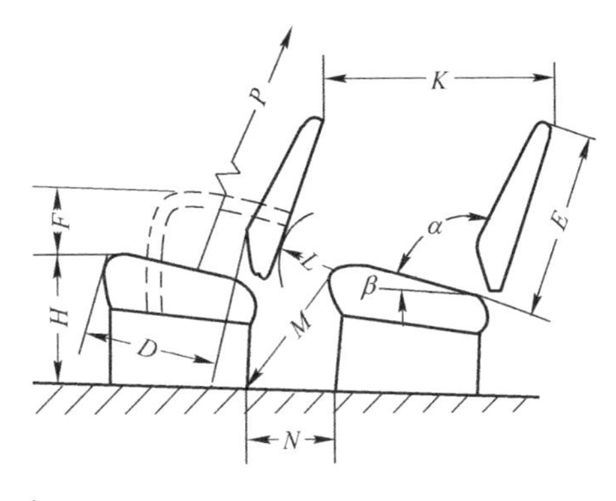

图 8–3
乘客坐席

乘客坐席基本参数　　　　表8–5

代号	项　　目	短途车	中程车	长途车
	靠背与坐垫之间的夹角(°)	105	110	115
α	坐垫与水平面夹角(°)	6～7	6～7	6～7
β	坐垫有效深度(mm)	420～450	420～450	420～450
D	坐椅高度(mm)	480	450	440
H	靠背高度(mm)	530～560	530～560	530～560
E	坐垫宽度(单座)(mm)	440～450	470～480	490～550
	靠背宽度(mm)	440～450	470～480	490～550
F	扶手高度(mm)	230～240	230～240	230～240
K	前后坐椅间距(mm)	650～700	720～760	750～800
L	后椅坐垫前缘至前椅背后面的最小距离(mm)	260	270	280
M	后椅坐垫前缘至前椅后脚下端的距离(mm)	550	560	580
N	后椅前脚至前椅后脚的水平距离(mm)	大于300	大于300	大于300
P	坐垫上平面至车顶内壁间的距离(mm)	1300～1500	1300～1500	950～1000

2）汽车的控制系统设计

汽车的控制系统主要包括：手操纵的方向盘、制动器及各种开关；脚操纵的刹车装置、加速装置等；各种显示仪表盘。这些控制装置设计的优劣、可靠性程度的高低直接影响汽车的运行安全。

手操纵的方向盘以及行驶中需经常操作的一些控制装置，要以人操纵方便的位置来进行合理布局。为了减少手的运动、节省空间和减少操作的复杂性，宜采用复合多功能的控制装置。图8–4为现代汽车中方向盘及各种操纵器的综合设计形式。

汽车中刹车装置、加速器等脚操纵器，在空间的位置直接影响脚的施力和操纵效率。合理的空间布局会给操作带来极大的方便性。图8–5为小汽车脚控制器的空间布置。

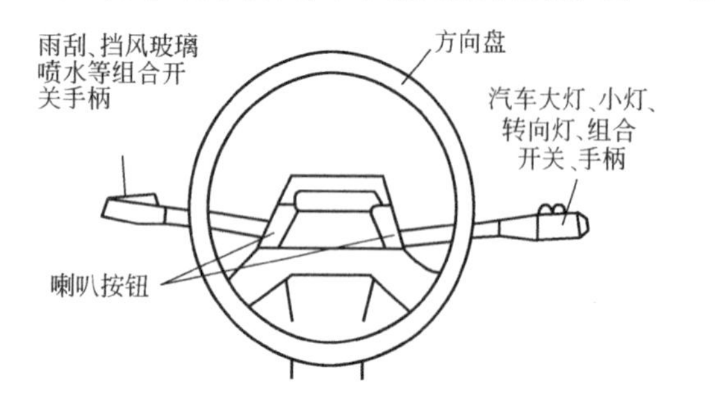

图8–4
方向盘与操纵器的综合设计

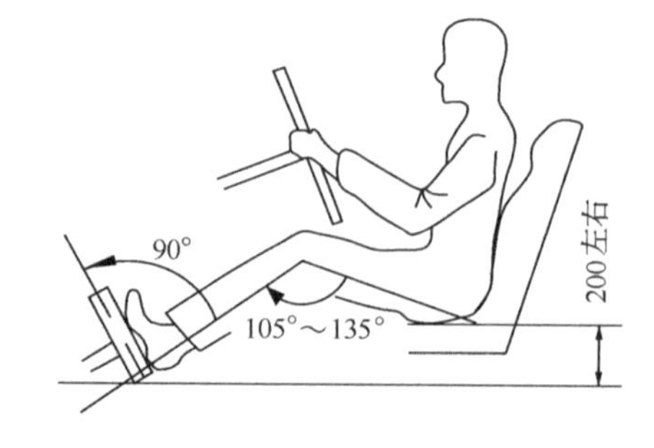

图8–5
小汽车驾驶室脚踏板的空间布置

近年来，有人将脚控制器做如下试验：即将汽车的刹车制动器和加速器合并成一个脚控制踏板，并与分为两个脚控制踏板在反应时间上进行比较。用5种不同类型的汽车从20km/h到

60km/h在一般公路上行驶。试验测定的结果，用一个脚控制踏板操作的反应时间短，并随着车速的增加而更加明显，见图8–6。操作反应时间快，就提高了汽车行驶的安全性，也增加了司机心理的安全感。这也是汽车设计中应当考虑的问题。

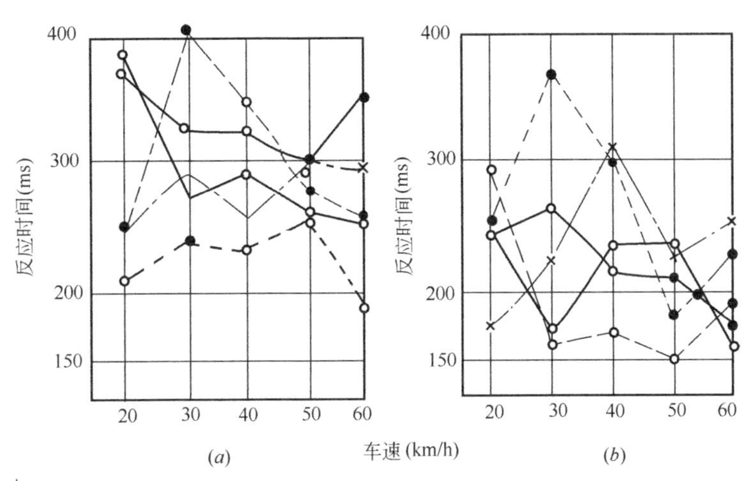

图 8–6
双踏板与单踏板的反应试验测定结果
(a)两踏板式(加速器→制动器)；(b)单踏板式(制动器→制动器)

控制显示的仪表和灯光信号要布置在司机的最佳视觉区域内，利于迅速认读。仪表盘面的总体色调宜用中性的发暗色调，避免采用亮色。

3）驾驶室的空间设计

驾驶室空间是保证驾驶员舒适驾驶汽车的重要条件之一。舒适的驾驶空间可以减轻司机的紧张和疲劳，有利于汽车的安全行驶。

空间的大小要适应驾驶员的作业活动区域。过于狭小，会碰撞其他物体；过于宽松，会造成司机移动身体进行操作。因此，要根据驾驶人员的生理特点和作业要求，合理地设计驾驶室的空间大小，才更经济和更实用。

空间的温度和湿度要根据季节的需要进行方便地调节。既要有保温装置，还要有通风装置。

驾驶室内的环境色彩要根据汽车作业的特点来进行合理的设计。汽车在行驶中，汽车司机的眼睛要注视窗外的交通路面。因此，室内的色彩不宜过于明亮和刺激，否则驾驶室内的色调过于明亮，长时间地刺激驾驶员的眼睛，会造成视觉的疲劳，从而使人反应迟钝，在紧急关头发生失误。所以，驾驶室内的设施和装置必须避免使用反光强烈的部件及装饰鲜艳的色彩。

4）汽车的视野设计

汽车的视野是指司机在汽车行驶中，观察地面上的可见程度。宽阔和方便的视野，有利于司机观察汽车前方和左右方的各种情况，感知车外的各种信息，并能方便地根据路面上行人、其他车辆等采取相应的措施。反之，如果汽车的视野狭窄，司机观察路面的死角很多，不能及时和方便地了解车外的各种情况，势必影响司机对行驶中各种信息的掌握能力，从而增加了交通事故的发生概率。

进行汽车驾驶视野的测定是利用人体三维空间模型和等立体角射影与眼镜头模拟测定的方法，计算并画出地面上的不可见范围。图8-7为两种不同形状的卡车在地面上的不可视范围图。图中的阴影部分为不可见范围，空白为可见视野。车身的后方两侧是司机通过反射镜所获得的可见视野。

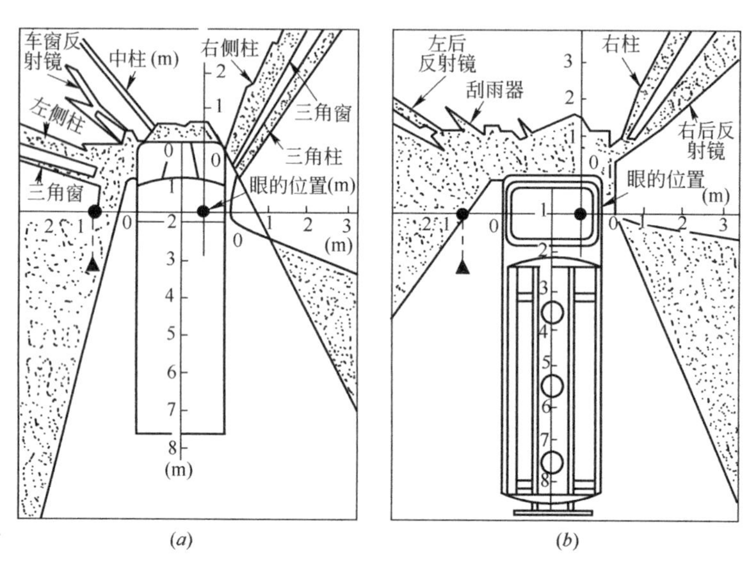

图 8-7
汽车的驾驶视野
(a)长鼻型卡车；(b)平头型卡车

通过比较可以明显地发现，平头型卡车左前方的死角区域要比长鼻型卡车大，如果有一辆与卡车并行的自行车从图中的▲处向●处行进，在卡车左转弯时，就进入了卡车的视野死角，不容易被司机发现，这样就很有可能发生事故。

研究汽车司机的视野，对于汽车转弯行驶的关系最大。通过使用视野记录装置对司机的实际作业进行视线分析表明，左转弯时，司机用于观察前方的时间占全部时间的70%，观察其他方面的时间依次为：反射镜8%，信号灯6%，行人4%，对面车辆4%，左侧方3%，路面3%，路标1%，其他1%以上。这种统计虽不全面，但也看出，对于间接视野的反射镜，不能充分地引起司机足够的注意力，因此，反射镜作为信息显示的功能受到限制。这样，利用增加反射镜的数量来扩大和改善视野的方法是不可取的。根本的办法是对汽车结构的改进，从而扩大和改善直接的视野范围。

为了扩大和改善直接视野，进行汽车结构设计时，可以利用人机系统的模拟试验方法，分别对司机坐席的位置、视点高低、车窗高度等与视野有关的方面进行测定，然后再根据汽车本身的功能和结构特点，进行人机系统的协调设计。

8.1.3 交通系统的改善

随着社会经济、产业结构及现代科技的高度发展，人们对交通系统的先进性、经济性、安全性和舒适性提出了更高的要求。因此，利用现代科学技术、设计理论、管理方法，对目前交通系统中的不利方面进行改善，提高交通系统机能，更高效地为人类的社会生活服务，已成为了当前的重要任务。

目前的交通系统中存在着许多需待改善的方面，主要有：①节约能源；②防止噪声、振动、废气等公害；③道路的专用化、现代化；④交通系统管理自动化；⑤汽车小型化、轻量化；⑥优质服务，能为不便乘车的人提供高效的交通手段。

从人机工程学的观点出发，改善交通系统的基本目的就是提高整个系统的工作效率，提高运输的可靠性，保障作业安全。

交通系统改善的途径有以下几个方面。

1）管理方面

随着电子计算机的广泛运用，在现代交通的管理上采用自动化的管理手段，不仅节省了人力，也大大地提高了运输的安全性和可靠性。

对交通运输要采取必要的限制手段，其中包括：对公害的限制与规定，如噪声限制、排气限制；对运输道路的限制，如单行路、专用路线、停车站限制；对通车时间限制；对交通分区限制等等。

2）设施方面

为了保障交通运输的畅通，要设置必要的交通设施，主要有以下一些。

① 交通标志如指向标志，即向驾驶员指明道路上允许的特定场合，像停止、优先道路、人行横道和安全地带等；警告标志，即向驾驶员警告和注意危险地点的标志；禁令标志，表示交通的禁止或限制，如禁止卡车通行、禁止超车、禁止鸣笛、禁止停车、禁止骑自行车带人、禁止通行等。

② 交通信号灯红色表示危险，黄色表示注意，绿色表示通行。目前交叉路口的信号灯普遍采用筒罩式的圆形三色提示灯，但是由于有些人色盲、色弱，往往对交通信号灯发生误认，以致出现事故。所以现在有的城市采用了如图8–8所示的信号灯。这样，在改变信号时，不仅有色彩的变化，而且还有形状的变化，大大提

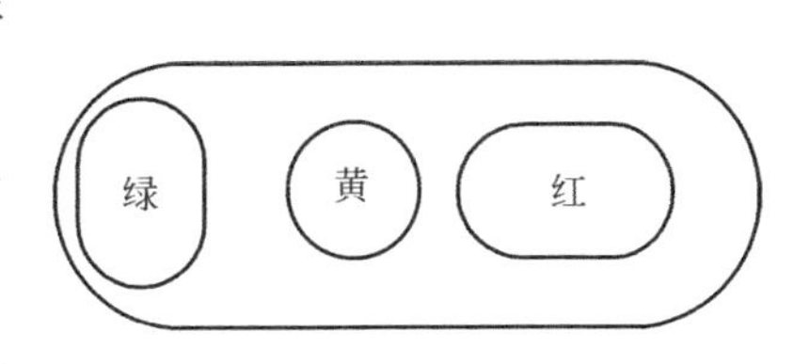

图 8–8
改进的交通信号灯

高了视认度。

③ 交通护栏行人与行车路面、上下道之间设置必须的交通护栏，划分交通区域，这样可以各行其道互不影响，以保证交通安全。

立体交通网络，主要有立交公路、地下人行横道、升降梯式的可动人行道、多层车站(如地铁、公共汽车的立体综合车站)。立体的交通网络大大提高了公路的使用率，提高了交通机能的连续性，保证了人们在交通运输中的安全。

3）工具方面

交通工具方面主要是改善和提高运输工具的使用功能、降低公害、尽量减少和消除噪声和废气。

提高汽车的使用功能，使现代卧车小型化、轻量化和家庭化；大型公共汽车，应多层化，扩大容量减少人力；大型旅行轿车要舒适化、方便化。同时，根据不同功能设计的残疾人使用的轿车，为不方便乘车的人带来方便。

在减少和消除公害污染源方面，发明了磁源列车、气垫车以及改变传统燃料等一系列现代化成果，都为建立新的交通系统开辟了广阔前景。

8.2 人机工程学与机床

我国是一个主要机床生产国，1985年年产量已达13万台。从机床生产总值看，居世界第八位。目前，日本居世界机床生产第一位。同样，日本机床的人机工程学设计也十分成功，这是日本一贯实行的“科研为生产服务”的结果。

利伯特(Lippert)认为：高技术环境下产生的人机工程学，可以为技术条件比较落后的国家吸收，以满足其发展的需要。赫夫墨斯特(Hofmeister)则进一步认为：发展中国家可以采用“适当技术”的原则发展本国的人机工程学。所谓“适当技术”是指如果一门学问的引入，能使引入国开发“新型产品”和“新型生产技术”，这门学问对该国就是一种“适当技术”。因此，发展中国家能否找到“适当技术”取决于对生产技术和产品的改进或更新。

机床不仅是一种产品，它还是生产技术的决定性因素。因此，按“适当技术”的观点，研究机床人机工程设计有特殊意义。尤其是普通机床，我国已经掌握了硬件生产技术，只要运用人机工程学这样一类新学科，就可以改进产品设计，提高产品档次。

8.2.1 机床整机人机工程设计

机床整机人机工程学设计是指按照“系统总体设计”概念对机床进行设计，即按阶段设计程序进行设计。应用《人机工程学手册》提出了一般产品的人机设计程序(图8-9)，图中每一个框图都表示一组相互关联的设计活动，这同样是一个一般性设计模式。为了研究机床设计的特殊性，下面列举三个成功的设计实例，研究它们的设计过程和方法(见表8-6)。

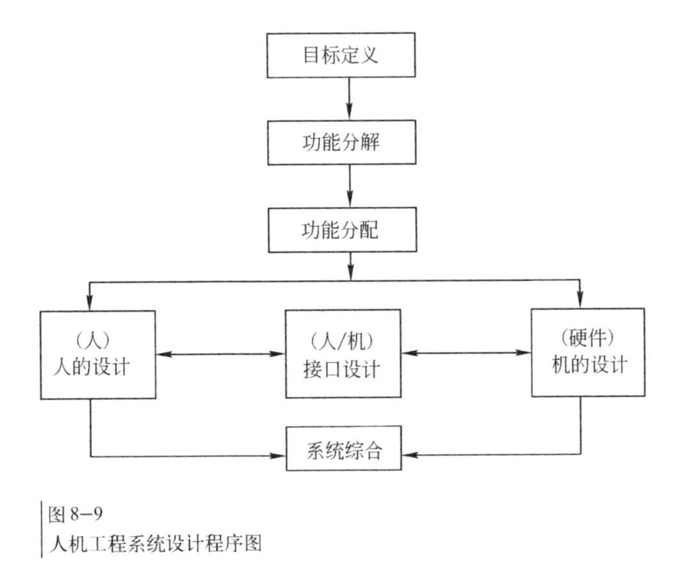

图8-9
人机工程系统设计程序图

三个设计过程和方法实例 表8-6

设计实例	设计过程		
	研究	设计	评价
卡雷特(Corlett，1978)	确定人机接口参数姿势不舒适性研究	改变点焊机的各个尺寸	姿势不舒适性评价研究
牛斯(News，1971)	作业轨迹图	改变车床的控制和显示设计	作业轨迹图
哈顿(Harten&Derks，1975)	姿势分析	改变车床整机设计	模型评价

卡雷特(Corlett)的设计方法是，首先确定人机界面的参数，如控制器的高度、所有与人直接有关的参数，并进行姿势不舒适性评价，"定量"地确定操作者的不舒适程度，然后进行人机工程的改进设计。最后，再进行一次姿势不舒适性评价，以比较新旧设计之间的差别，验证设计。在牛斯(News)介绍的日本Ikegai公司的机床人机工程设计中采取一种作业动作轨迹(摄影)方法，记录操作者的动作轨迹，以反映作业的强度，并用动作轨迹图比较新旧设计。哈顿(Harten)则先进行姿势分析，并用功能模型进行设计的评价和验证。综合以上实例可见，机床整机人机工程设计可分为三个主要阶段，构成一个设计程序(图8-10)。其研究阶段是分析和定义"问题"的过程，设计者采用一定的技术和方法，观察系统存在的人机关系。设计阶段针对定义的问题，按人机工程学原理进行。评价阶段同样也采用一定的技术和方法比较新旧设计。图8-11是机床人机工程设计常采用的分析技术。1971年，日本Ikegai公司推出的

IkegaiA—20车床，由于设计中采用整机人机工程设计，在操作方便、转速控制、刻度标尺、指示、照明和安全方面都达到很高的设计标准，从而降低了操作者的疲劳和设计周期，提高了劳动生产率。

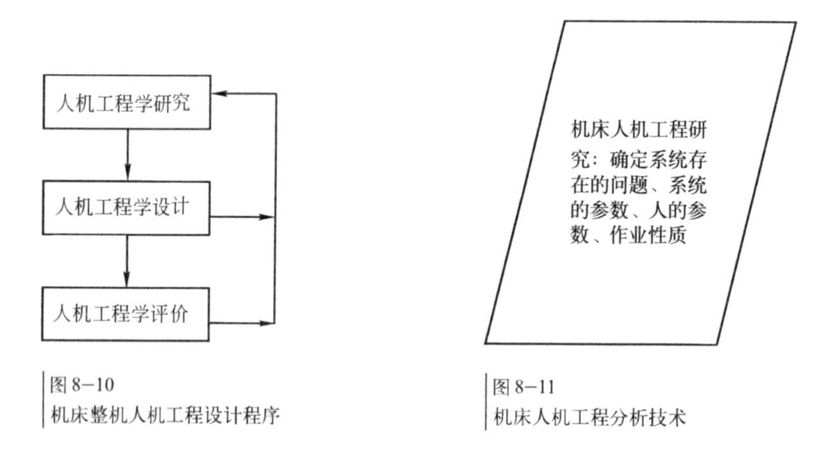

图 8—10
机床整机人机工程设计程序

图 8—11
机床人机工程分析技术

8.2.2 高技术机床的人机工程研究

机床产品发展的总趋势是从劳动密集型向技术密集型又向高技术密集型转变。在工业发达国家，20世纪50年代末就已在生产中采用数控机床。目前，我国已有大量数控机床和加工中心。这种从手工操作向自动化的飞跃，给人机工程提出了新课题。表8—7列举了人机关系随机床技术进步而发生的变化。

机床分类及其特征 **表 8—7**

	分　类		
	劳动密集型	技术密集型	高技术密集型
结构特点	主机复杂，控制简单	配套件及控制系统较复杂	外围设备和控制系统复杂
控制方式	人工	数控系统	计算机集中控制
代表产品	普通机床	数控机床	柔性加工系统
操作者	初等文化程度的技术工人	中等文化程度的技术工人	大专文化程度的技术员
操作技能	手眼协调	中间技能	概念技能
作业性质	体力和技能作业	技能和脑力作业	脑力作业
人机工程学问题	体力负荷大	体力和脑力负荷	脑力负荷大

作业负荷研究以外，还应该注意两方面的问题。

1）维修

一般将维修分为三个步骤：诊断、分析、修理。高技术机床具备自诊断功能，但分析和修理功能仍由人完成。

对某生产凸轮轴磨削加工班组(含维修人员)的人机工程学调研发现，他们使用的是从日本进口的凸轮磨床，自动化程度较高，备有自诊断显示系统。但厂家缺乏分析技术，有些故障竟要打电报给日方，经日方分析后，才能进行修理。对该机床皮带故障处理的分析发现：控制显示板显示"Delt Fault"(皮带故障)的红色信号，工人即按下"Master Stop"(总停)按键，然后更换皮带。然而一天内就有三副皮带烧坏，车间不能进行故障分析和修理。因此，大量使用自动化机器取代人的操作，降低了对操作人员的技能要求。但对维修人员和调试人员的技能和知识要求显著增高，出现复杂程度很高的作业，而且需经较长时间的培训后才能胜任。因而高技术产品的辅助技术设计和培训计划都是十分重要的。

2）心理满意

在上述功能分配问题中，曾讨论过宜人性分配原则，提出一项作业如果能发展人的某项技能，就能获得个人价值的体现。而在调研中发现：自动化凸轮磨床的操作者认为，开这种机床"没意思"、"没技术"，甚至认为人是机床的奴隶、机器人，说明心理满意度很低，

这可能是因为操作自动化机床，工人只是上下料、按开关，是低技术劳动。作业者的心理满意度是一个复杂的课题，为了了解动机、效能、满意之间的关系，可以参考"理想作业环境模型"(图8-12)。该模型的基本意义是，强作业动机取决于是否获得了作业满意，即由于作业获得的某种自我价值；强作业动机促使人产生高作业效能，当然必须由人机系统的合理设计来保证；高作业效能又可获得作业满意。这当然是一种理想的作业心理环境。

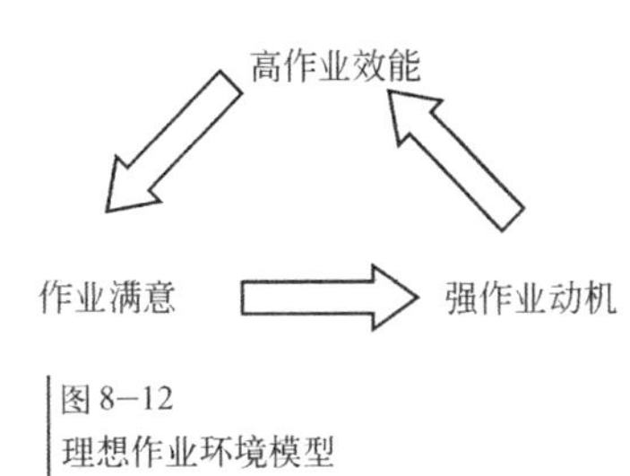

图 8-12
理想作业环境模型

8.2.3 机床的人机界面设计

机床的人机界面设计包括显示、控制、布局设计等内容，这里介绍机床人机工程设计的一个布局问题，设计对象是一台数控群钻磨床。

对操作者而言，机床的人机界面可以分为三个区(图8-13)。监控区是显示比较集中的区域，操作区是人完成主要操作的区域，工件处理区是装卸工件的区域。这三个区在结构上、功能上自然构成相对独立的单元。从人机工程学关于显—控关系的要求看，监控区和操作区可以组合为一个单元，称为控制区。

在机床人机工程设计中，使控制区和工件处理区明确分开，并作为机床外形上非常肯定的部分突出表现出来，是有利于人机关系协调的。它使人机之间建立了形式上客观、逻辑的认识关系，把一种自然的功能分离转化为视觉形式的组织分离。在数控群钻磨床的设计中，采用了"背景效应"原理，突出肯定了控制区和工件处理区，并且将这两个区明确分离，从而满足了人机工程的要求(图8-14)。

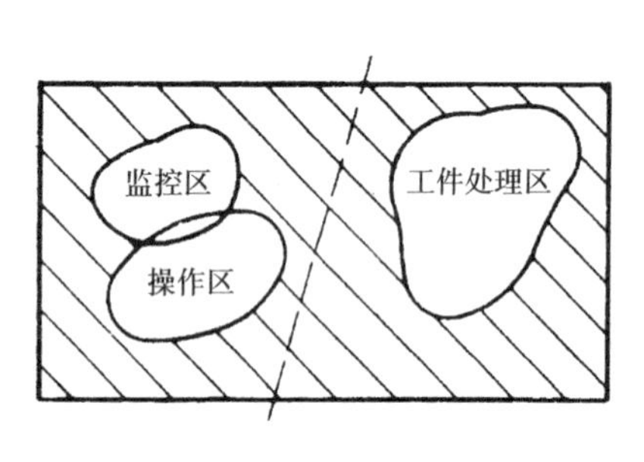

图 8-13
操作者与机床相关的三个区

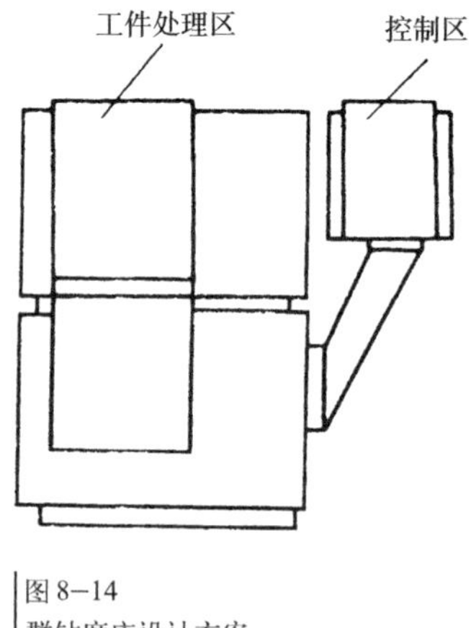

图 8-14
群钻磨床设计方案

背景效应是指，当我们观看东西时，总是注意物体或图形，因此，它们就变得醒目、前凸，而背景则后移而变得模糊、不确定。图中机床的控制区和工件处理区，由于明度对比强和凸出的轮廓，而成为观看者必定注意的图形，从而肯定了这两个区的优势视觉地位。

8.3 人机工程学与舒适生活

在现代工业社会里，随着人类的物质文明与精神文明的日益丰富和提高，人们不仅需要创造良好的生产、劳动和工作条件，而且还需要创造优雅、舒适的生活条件。在人们的日常生活中，许多日用品、家用电器、家具、居室等，构成了一个人为的生活“环境”，这个“环境”无时不在影响着人们生活的舒适程度。人一生当中，有一半以上的时间是在这个“环境”里度过的。因此，运用人机工程学，在一定条件的基础上，研究生活领域中的宜人性问题，具有十分重要的意义。

8.3.1 日用工业品设计

日常生活中，人们离不开工业品，从餐具、炊具到钟表、家用电器等。也正是这些工业产品不断地影响和改变着人们的生活方式。例如，做饭用的煤球炉和电饭煲，不仅动作方式和繁简程度不一样，操作者所付出的时间和精力也不一样，使用电饭煲煮饭不再需要专人看守，原先用于这方面的时间可以用于其他方面。因此，无论从煤球炉到煤气炉、电饭煲，从木杆铅笔到自动铅笔，从电风扇到空调器，以至从收音机到激光唱盘组合音响，每改进一种产品和创造一种新产品，都给人们的动作方式、动作程序、时间精力乃至心理状态带来变化。

从这种变化当中，不难看出，现代工业设计对产品要求的总趋势是一种人性化的设计，也即一切产品都是供人使用的，产品最终设计的成败取决于人与产品之间关系的协调程度。因此，日用工业产品的人性化设计，伴随着人机工程学的发展，越来越被人们所重视。

1）产品功能要适应人的使用要求

① 使用方便

人们对日常工业品的最基本要求，莫过于使用方便。因此，在设计这些产品的时候，首先考虑的就是产品要适应于人，而不是人去适应产品，即使是结构简单的产品，也要研究使其如何达到使用更方便。

图 8–15
与手有关的造型形式

从雨伞的发展看，从20世纪40年代使用竹竿油伞发展到今天自动伞、折叠伞、双人伞等，说明设计在不断地更新，其目的就是方便人的使用和操作。再如有了带脚轮的皮箱，人在旅行中大大减轻了体力。

在日常生活中，人用手进行操作的情况比较多，因此，各种工具的手柄、器具的尺度都应适合于人手的作业特性，如图8–15所示。

在设计当中，要充分运用人机工程学的原理，发挥创造的主动性，达到产品更新换代的目的。图8–16所示，就是根据人手的作业特性而重新设计的佳能照相机。

产品设计使用方面还体现在轻型化和小型化方面，尤其在外出旅行时人们要求产品体积小、携带方便，如扁形容器、袖珍式摄像机、袖珍电视、袖珍缝纫机等，见图8–17。

图 8–16
利于握持的照相机

图 8–17
小型缝纫机

② 多功能、自动化

产品的多功能和自动化，使产品的操作程序得到简化，从而提高工作效率，减轻劳动强度，节约时间。如现在出现的可视电话、录音电话，由于电子技术的飞速发展，其功能更进一步满足了人的需要。图8–18为一种多功能综合的收录电视机便携机。再如家庭电脑的出现，使家务劳动自动化得以实现。很多自动化的设备，如全自动洗衣机、微波炉、空调器等，都为现代化生活增添了光彩，给人们带来了方便。全自动手表可免于每天上发条的麻烦；全自动照相机使不会摄影的人也能拍照片；一步成像机，省去了洗、印的操作等等，举不胜举。随着人们物质生活的日益提高，对日用轻工业产品的多方面要求，也会越来越高。

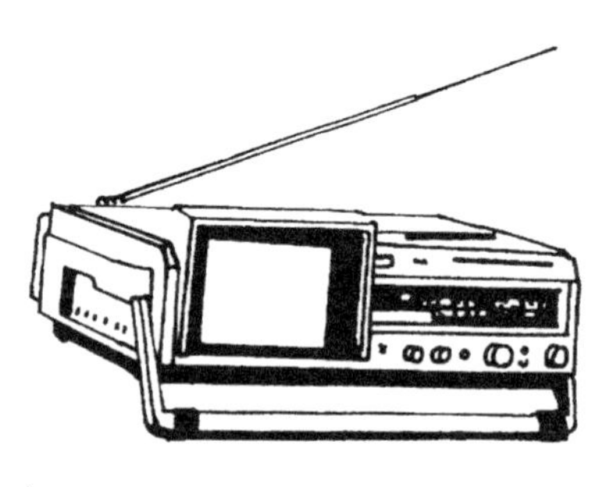

图 8-18
综合收录音电视机

2）产品形态要满足人的审美要求

如果说产品功能的实用性是人的物质要求，那么产品形态的审美性就是人的精神需求。只有所设计的产品同时满足人的精神与物质的双重需要，才能真正达到人与产品的完美协调。

一切工业产品都是实用的。设计的最根本性构思是使产品正常发挥功能、性能稳定、质量可靠。而产品形态的审美要求正是建立在实用的基础上，否则再美的产品也是无用的产品，只有功能与形态、实用与审美有机地结合在一起，产品才具有生命力。

① 造型形式

产品的造型形式是依据艺术造型设计的美学原则，并结合产品的结构和功能设计创造出来的既符合人的使用要求、又符合人的审美要求的产品外观形态。

产品造型设计的美学原则，主要有以下几点。

（1）比例。指产品形态布局之间或局部与整体之间的大小匀称关系。良好的比例关系，给人以条理性强和理性美的感觉。

（2）均衡。指产品形态的各局部之间前后、左右的相对轻重关系。均衡的造型有对称形式和非对称形式。对称造型的产品给人以大方、庄重的感觉，非对称造型的产品给人以生动、活泼的感觉。

（3）稳定。指产品形态各局部之间的上下轻重关系。梯形造型、扩大支撑面的造型使产品具有稳定感。稳定的造型，会使人感到安全、可靠、心理安定；不稳定的造型，会使人感到危险和心理紧张。

（4）统一。指产品造型风格的一致性，如线型风格的统一、色调的统一、材质的统一等。具有统一感的造型，使人感到和谐而不杂乱。

（5）变化。为了打破过于呆板和统一的造型格调，可以从体量的大小、形体的厚薄、线型的方圆和曲直等方面做适当的对比变化，而使产品的造型风格生动、活泼。

（6）简洁。简洁的造型是现代工业产品的一种发展趋势。简洁的造型形态，不仅使生产制造过程得以简化，成本降低，同时也符合现代人使用的方便和简单。除去形态的繁杂成分和多余的装饰，会给人以简单、干练的美感。

② 装饰色彩

任何一种工业产品都具有颜色，而产品的色彩设计，需要根据色彩的物理特征和对人的生理、心理功能特点，以及产品本身的特定功能来进行合理的配置。

不同的色彩，给人以不同的知觉感。如冷暖感觉、轻重感觉、胀缩感觉、进退感觉、软硬感觉以及兴奋与沉静、华丽与质朴的感觉。正是色彩所具有的知觉感，才会引起人的生理和心理上的不同反应。例如，有些颜色使人感情冲动，另一些颜色却使人忧郁懊丧；有些颜色使人感觉轻松愉快、情绪稳定，另一些颜色则使人情绪紧张，甚至脉搏加快、血压升高，引起疲劳。试验表明，悦目的色彩通过人的视觉传入色素细胞以后，对神经系统是个良好的刺激，使人分泌一种有益于健康的生理活性物质，可以调节血液的流量和神经传导，对心血管系统、消化系统也有良好作用，使人保持朝气蓬勃的精神状态。反之，杂乱而刺目的颜色，则会损伤人体健康的正常情绪。

对于各种类别的色彩，人们有以下几种共性的感觉。

暖色：温暖、兴奋

冷色：清凉、宁静

亮色：明快、活跃

暗色：沉静、庄重

鲜艳色：鲜明、活跃

含灰色：素雅、朴实

白色：洁净、纯真

灰色：温和、忧郁

黑色：庄严、沉重

例如：蓝色能帮助高烧病人退烧，使人情绪稳定；紫色有镇静作用；褐色能升高血压；红色、橙色能引起食欲。此外一些明亮的、鲜艳的暖色，容易引起人的疲劳，而一些中性的、柔和的冷色使人有稳重和宁静的感觉。人眼对绿色的刺激最适应，不易疲劳；对紫色的分辨率较弱，容易感到疲劳。所以，进行产品的色彩设计时，必须重视色彩对人的影响，很好地加以利用，使产品的色彩不仅有好的艺术效果，还能对人的身心健康产生良好的影响。

8.3.2　室内设计

随着科学技术的发展，人们的物质、文化生活水平不断提高，人们越来越需要一个使用功能和精神享受都得以满足的生活环境。房间和居室的存在，不在于它的四面墙壁和屋面，而在于供人生活使用的内部空间。因此，居室的内部空间及设计与人的生活舒适程度有密切关系。良好的室内环境，使人心情舒畅、精神愉快、生活舒适；如果不考虑人与室内环境的协调关系，则会得到相反的效果。

家具是人们生活中的必需品，也是室内的主要器具。目前，市场上的家具多种多样，有组合式的、分体式及根据不同的需要进行拆装和配合的家具。但是，这些家具无论如何变化，都必须满足人的使用功能，其基本尺度都要适合人的生理特性。

1）座椅的设计

座椅为使人坐得舒适，必须依据人体坐姿各部分的测量参数来设计。

普通直靠背的座椅，座面高约45cm，因为这正符合一般人的脚底到膝弯处的高度。对于学习和办公座椅，靠背稍直立，以便振作精神；休息时坐的沙发椅，高度应略低，并带有扶手和斜靠背，这样利于肌肉放松，以获得充分的休息；至于躺椅，则高度应更低些，靠背斜度更大，使人彻底处于休息状态。图8-19为适合人体特性的椅子尺度。

进行座椅的设计，通常要注意以下几点：座面与靠背之间的夹角一般不小于105°，否则就很不舒服；椅子应能允许使用者变换姿势；座面的前边缘应做成圆滑的，靠背应根据人的腰脊椎曲线设计；座面与水平面夹角一般不小于15°，如果过大，会使人很难站立起来；扶手应有软垫，并与座面平行。

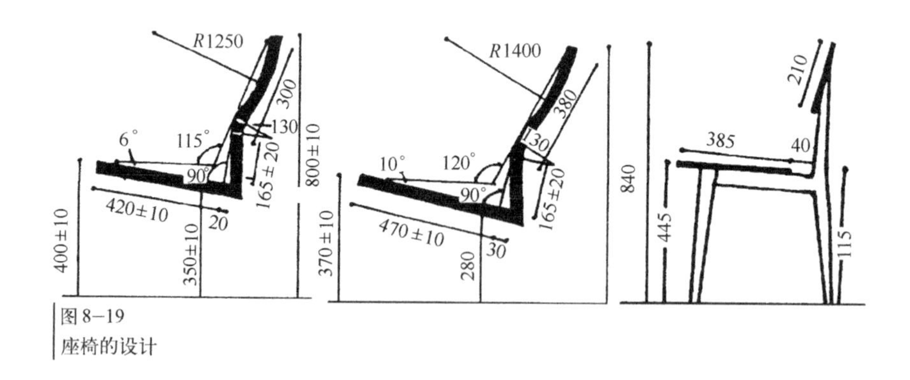

图8-19
座椅的设计

2）床的设计

床是提供人休息的主要家具，目前床的基本尺度已标准化。但是，人在睡眠时，体压分布的状态是关系睡眠的主要因素，即床的软硬程度与人的休息有关。许多试验表明，对软硬适中与过分柔软的床，人的体压分布是不同的。在标准硬度的床上，人感觉迟钝的地方恰是可承受较大体压的肩胛骨、腰、膝等处，而感觉敏锐的地方承压小，这样的体压分布较为合理。过分柔软的床，体压均匀分布在很大面积上，压力不集中，对身体的某些部位形成不合理压迫，而且造成腰部弯曲、身体变形，对于儿童的成长期尤为不利，而且也容易造成失眠或不易入睡。

床的体压分布图如图8-20所示，上面的床床垫弹性好，下面的床床垫过于柔软。床的合理构造应该是接触身体部分的最上层要柔软，最下层应设置能吸收冲击力的弹性元件，这样有三层不同弹性材料构成的床就较为理想。

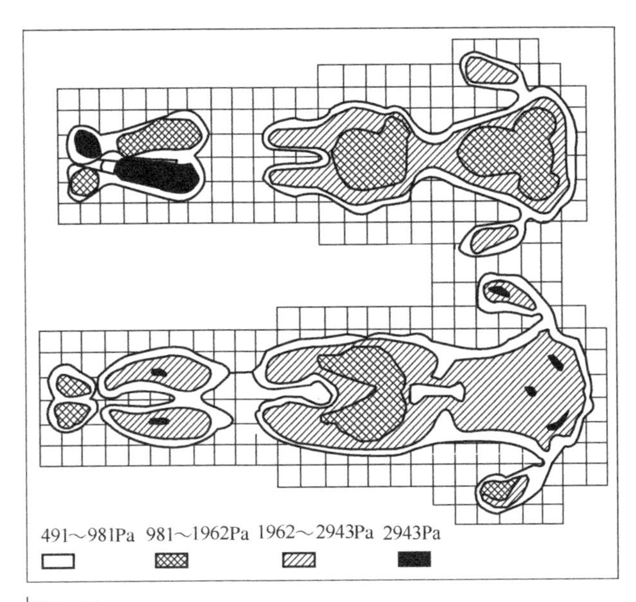

图 8-20
床的体压分布图